Alternative Therapien
von A bis Z

INHALTSVERZEICHNIS

Aerobic	5	Ionen	74
Akupunktur	6	Irisdiagnose	76
Alexander-Technik	8	Kamille	78
Alternative Medizin	9	Kinesiologie	80
Aromatherapie	10	Knoblauch	82
Bachblüten	13	Kräutermedizin	84
Biofeedback	14	Kureinrichtungen	88
Biorhythmus	16	Makrobiotik	92
Callanetics	20	Nachtkerze	94
Chinesische Astrologie	22	Naturheilkunde	96
Chiropraktik	28	Naturkost	98
Diät	30	New Age	102
Edelsteintherapie	36	Ohrakupunktur	104
Eukalyptus	38	Osteotherapie	106
Farbtherapie	42	Pfefferminze	110
Fasten	44	Rolfing	112
Feng Shui	46	Rosenwasser	114
Fußreflexzonen-		Salbei	116
massage	48	Selbstmassage	118
Getreide	50	Shiatsu	120
Ginseng	54	T'ai Chi	122
Gurken	56	Tanztherapie	124
Heiler	58	Thalassotherapie	128
Homöopathie	62	Trennkost	130
Honig	66	Urschreitherapie	132
Hydrotherapie	68	Vitamine	134
Hypnose	70	Wassergymnastik	136
Hypnosetherapie	72	Yoga	140

Aufgrund möglicher unvorhersehbarer Unverträglichkeiten sind sämtliche in diesem Buch empfohlenen Anwendungen ausschließlich nach Absprache mit einem Arzt vorzunehmen.
Der Verlag und der Verfasser sowie der Herausgeber/Verkäufer haften nicht für mögliche gesundheitliche Schäden, die aus Anwendungen oder Einnahmen der in diesem Buch beschriebenen Therapien bzw. Mittel entstehen.

Alternative Therapien
von A bis Z

AEROBIC

Bei Aerobic werden Herz und Lunge durch Bewegung wie Schwimmen, Joggen und Radfahren oder Gymnastik in Schwung gebracht, bis Sie richtig aus der Puste sind.

Bei körperlicher Bewegung wird der Sauerstoff, der die Muskeln versorgt, im Blut vermehrt transportiert. Er verbrennt die dort vorhandenen Vorräte von Glykogen, Zucker und Fett. Dabei entsteht Energie.

Vor dem eigentlichen Training beginnt die Gruppe mit Aufwärmübungen.

Wiederholen Sie hierzu einfach die Aufwärmübungen und ruhen Sie sich ein paar Minuten auf dem Rücken liegend aus.

Was Sie erreichen können

Wenn Sie dreimal wöchentlich zwanzig bis vierzig Minuten trainieren, fühlen Sie sich schon bald rundum fit. Auch das Herz profitiert: Der Herzmuskel wird gekräftigt, er kann mit weniger Anstrengung mehr Blut pumpen.

Übungen

Aerobic läßt sich sowohl in Gruppen und Kursen als auch zu Hause, im Schwimmbad oder beim Radfahren durchführen.

Sie sollten Ihre Übungen langsam und ohne Anstrengung immer weiter steigern. Wenn Sie nicht durchtrainiert sind, bewegen Sie sich zunächst fünf bis zehn Minuten. Beginnen Sie mit weniger anstrengenden Übungen, bei denen die Füße auf dem Boden bleiben.

Wie bei allen Sportarten wählen Sie zuerst einige Aufwärmübungen. Lockern Sie Muskeln und Gelenke durch Dehnen und Strecken, denn dabei wärmen Sie sich auf. Achten Sie schon hier besonders auf die Muskeln, die Sie später brauchen. Wenn Sie beispielsweise radfahren, berücksichtigen Sie in erster Linie die Beine.

Nach dem Training sollten Sie die beanspruchten Körperteile entsprechend langsam „auslaufen" lassen, damit Ihnen von der plötzlichen Bewegungslosigkeit nicht schwindlig wird oder Sie gar in Ohnmacht fallen.

GUT

+ Üben Sie regelmäßig. Dreimal wöchentlich eine halbe Stunde ist ideal.
+ Denken Sie an die Aufwärm- und Abschluß-Übungen.
+ Tragen Sie bequeme Sportkleidung, die Sie in den Bewegungen nicht behindert.
+ Achten Sie besonders auf passendes Schuhwerk.
+ Konsultieren Sie einen Arzt, wenn Sie sich verletzt haben.

SCHLECHT

− Übertreiben Sie den Eifer nicht. Trainieren Sie, bis Herz und Lunge gut arbeiten, überfordern Sie sich aber nicht.
− Üben Sie während einer Schwangerschaft nur nach Rücksprache mit dem Arzt.
− Trainieren Sie nicht mit vollem Magen. Wenn die Muskeln zuviel Blut aus dem Magen abziehen, können Sie Krämpfe bekommen oder sich unwohl fühlen.
− Wenn in Ihrer Familie eine Disposition zu Herzkrankheiten besteht, sollten Sie nur auf ärztlichen Rat hin Aerobic betreiben.

JANE FONDA

In der Schule war Jane Fonda ein mit sich unzufriedenes, pummeliges Mädchen, das seine dauernden Eßgelüste mit Diätkuren zu bekämpfen versuchte.

Im Lauf ihrer Karriere als Model und Schauspielerin in einem Hollywood, in dem Aussehen alles bedeutete, war sie ständig von Ängsten geplagt, obwohl sie sehr hübsch war. Sie ergänzte ihre Diät mit Zigaretten, Kaffee und Amphetaminen.

Erst mit dreißig, während einer Schwangerschaft, achtete sie mehr auf ihren Körper. Sie erkannte, daß Fitneß und vernünftige Ernährung ihre Probleme lösen würden.

1977 leitete Jane Fonda ihre erste Übungsgruppe. Ein Jahr darauf eröffnete sie ihr erstes Fitneß-Studio. In ihrem „Workout" hat sie eine Serie von gleichzeitig angenehmen und wirksamen Übungen zusammengestellt. Sie sollen Kalorien verbrennen, den Körper ins Gleichgewicht bringen und Herz und Lunge stärken. Sie kombinieren Bewegung mit Streck- und Dehnübungen und werden mit musikalischer Untermalung ausgeführt.

AKUPUNKTUR

Akupunktur ist eine in China schon seit über 5000 Jahren praktizierte Behandlungsmethode. Bei uns erfährt sie im Rahmen der alternativen Medizin erst in den letzten zwanzig Jahren größere Aufmerksamkeit.

Die traditionelle Akupunktur basiert auf der Annahme, daß unsere Körperenergie, das Chi, in zwölf Bahnen, den sogenannten Meridianen, durch unseren Körper strömt. Solange keine Stauungen im Fluß auftreten, sind wir gesund. Wenn die Bahnen dagegen gestört sind, werden wir krank.

Bei der Akupunktur werden hauchdünne Nadeln an bestimmten Punkten in die Haut eingesteckt, um die Stauungen zu lösen und den freien Fluß des Chi wieder herzustellen. Bestimmte Punkte am Körper sind Ein- und Austrittsstellen des Chi. Bereits im 14. Jahrhundert legten chinesische Ärzte 675 Akupunktur-Punkte fest. Heute arbeitet man mit über tausend.

Was geschieht bei der Akupunktur?

Vor der Behandlung wird eine Diagnose erstellt. Der Arzt achtet besonders auf Farbe und Struktur Ihrer Haut, Glanz oder Mattheit der Augen, Ihre Art zu stehen, zu atmen, Ihre Gestik und sogar Ihre Stimme. Er wird Ihnen auch Fragen stellen und eine allgemeine Unter-

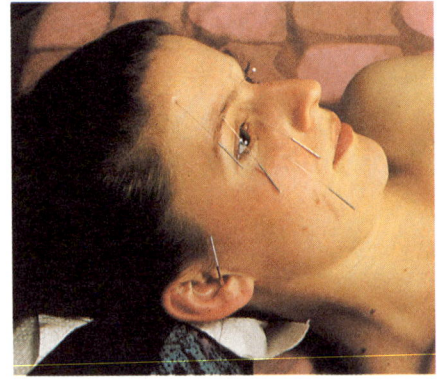

Behandlung eines Patienten, der an Kopfschmerz leidet.

suchung vornehmen. Schließlich mißt er Ihren Puls, allerdings nicht nur an einer Stelle sondern an zwölf Punkten. Jeder Punkt vertritt einen Meridian, an jedem Handgelenk liegen sechs Punkte. Jeder Punkt ist auch einem bestimmten inneren Organ zugeordnet und zeigt dem Arzt an, wo eventuelle Blockierungen oder Schädigungen liegen könnten.

Nach der Diagnose beginnt die Behandlung. Sterile Nadeln werden nach Schema – es gibt hierfür spezielle Akupunktur-Karten – in die Haut eingesteckt. Oft liegen sie weit entfernt von der Stelle, an der die Symptome auftreten. Früher waren die Nadeln aus Gold, Silber oder Bein, heute verwendet man Edelstahl.

Die Nadeln werden schräg oder ganz flach, fast liegend, in die Haut eingesteckt – manchmal nur in die Hautoberfläche, manchmal über 2 cm tief. Oft dreht oder drückt der Arzt die Nadeln oder schickt einen kleinen elektrischen Impuls hindurch. Bis zu zwanzig Nadeln werden bei einer Sitzung angebracht. Sie bleiben maximal eine halbe Stunde im Körper.

Anwendungsmöglichkeiten

Zweifellos lassen sich manchmal große Erfolge erzielen, besonders in der Schmerztherapie bei Arthritis, Neuralgien, Kopf- und Rückenschmerzen, sowie bei rheumatischen Beschwerden und Migräne.

1979 gab die Weltgesundheitsorganisation eine Liste von durch Akupunktur behandelbaren Krankheiten heraus. Dazu gehören Erkrankungen der Atemwege wie akute Sinusitis (Nebenhöhlenentzündung), Bronchitis und Erkältungen, Augenkrankheiten wie Bindehautentzündung, Verdauungsbeschwerden wie Durchfall und Verstopfung, Schmerzen bei Zwölffingerdarmgeschwüren, Kopfschmerzen, Migräne, Muskelstörungen wie Ischias, Tennisarm und schmerzhafte Schultersteife. Oft hört man auch von Erfolgen bei Übergewicht und zu starkem Rauchen. Hier hängt aber sehr viel vom Willen des Patienten ab.

AKUPRESSUR

Die Akupressur stimuliert ebenfalls bestimmte Körperpunkte und regt das Chi an, um Kopf- und Rückenschmerzen, Regelbeschwerden und Verspannungen zu lindern.

Die Akupressurpunkte wirken auf bestimmte Körperteile und -funktionen an den Energiebahnen und werden entsprechend dem zu behandelnden Schmerz ausgewählt. Viele Bücher geben Auskunft zur Selbstbehandlung, doch am besten konsultieren Sie wenigstens einmal einen Fachmann.

Den gewählten Punkt sollten Sie für dreißig Sekunden mit einem etwa 9 kg entsprechenden Druck belasten (drücken Sie ihre Hand auf eine Waage, um ein Gefühl dafür zu bekommen). Hier sehen Sie einige Anwendungsbeispiele:

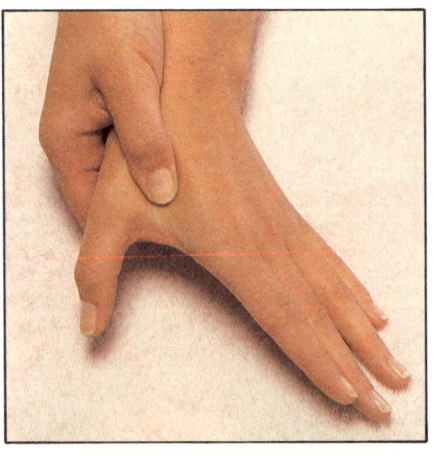

GEGENANZEIGEN

- Keine Akupressur bei Schwangerschaft!
- Bei ungewohnten Kopfschmerzen, besonders verbunden mit Erbrechen, konsultieren Sie Ihren Arzt!
- Keine Akupressur in Verbindung mit Drogen und Alkohol!

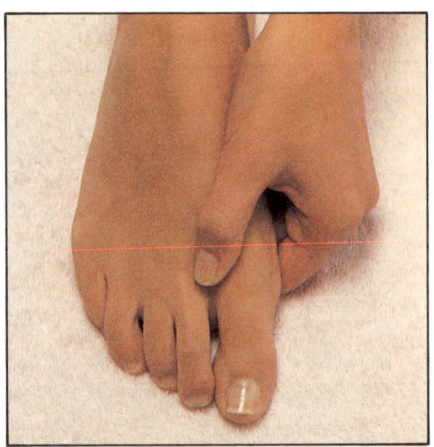

Oben links: Bei Kopfschmerzen drücken Sie mit Daumen und Zeigefinger gegen Ihre Hand, wie auf dem Foto. Der Druckpunkt liegt auf dem Handballen zwischen den beiden Knochen.
Oben: Bei durch Ärger oder Streß ausgelösten Kopfschmerzen pressen Sie den Punkt auf dem Fuß zwischen großem und zweitem Zeh.

AKUPUNKTUR

Gegen Übergewicht und bei Entwöhnungskuren von Rauchern wird oft die Ohrakupunktur angewendet. Eine Nadel wird in einen der etwa 110 Akupunkturpunkte im Ohr eingesteckt. Oft verbleibt sie auch mit einem Schutzmechanismus für längere Zeit im Ohr, so daß der Patient sie bei Bedarf selbst stimulieren kann (siehe Kapitel Ohrakupunktur).

Akupunktur ist auch zur Betäubung erfolgreich einsetzbar. In China führte man westlichen Ärzten und Journalisten größere Operationen vor, bei denen die Patienten bei vollem Bewußtsein nur durch Akupunkturnadeln betäubt wurden und dadurch keinerlei Schmerzen empfanden. Dieser Aspekt wird bei uns noch nicht in größerem Maß genutzt – es sei denn manchmal bei Geburtswehen.

Natürliche Schmerzmittel

Die Existenz des Chi konnte bis heute noch nicht nachgewiesen werden, doch moderne Theorien versuchen weitere Erklärungen für die Wirkung der Akupunktur zu geben. Vielleicht stimulieren die Nadeln den Körper zur Mobilisierung seiner eigenen Kräfte, indem er mehr natürliche Schmerzkiller produziert, oder sie blockieren die Schmerzbahnen.

Bei einem erfahrenen Fachmann ist die Akupunktur völlig ungefährlich und oft erfolgreich. Keinen Sinn hat sie bei akuten Notfällen, ernsthaften Infektionen und Krebs.

Wenn Sie sich nicht sicher sind, fragen Sie Ihren Hausarzt. Manchmal erreicht man auch Erfolge bei chronischen Erkrankungen, die auf die üblichen Behandlungen nicht angesprochen haben.

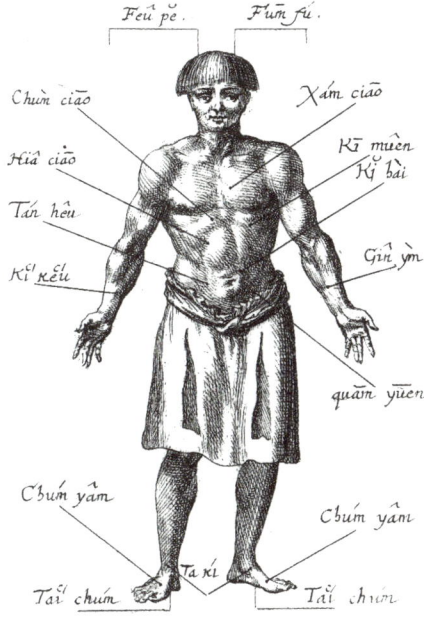

Eine mittelalterliche chinesische Zeichnung zeigt die wichtigsten Akupunkturpunkte am Körper.

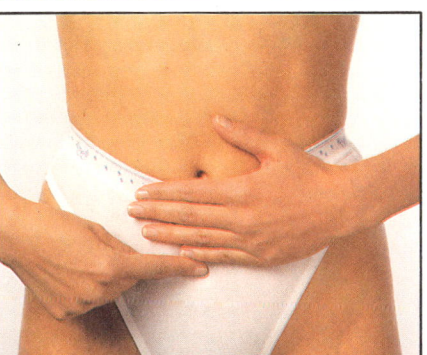

Links: *Der hier gezeigte Punkt liegt vier Finger unterhalb des Nabels. Er wird bei prämenstruellen Beschwerden stimuliert.*

Unten links: *Ebenfalls lindernd bei prämenstruellen Beschwerden wirkt dieser Punkt. Er liegt vier Finger über dem Fußgelenk, direkt hinter dem langen Schienbein-Knochen.*

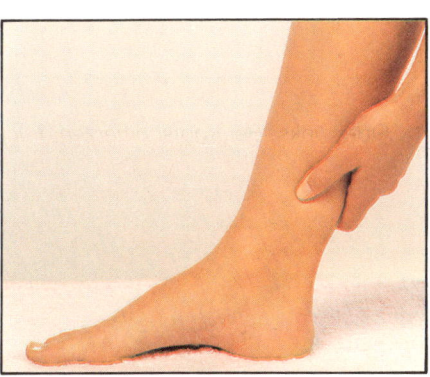

WER FÜHRT DIE AKUPUNKTUR DURCH?

Damit die Akupunktur ungefährlich ist und keine Krankheiten wie AIDS und Hepatitis übertragen werden können, muß sie unter hygienischen Bedingungen vorgenommen werden.

Der Behandelnde muß in Anatomie bewandert sein. Wählen Sie auf jeden Fall einen erfahrenen Akupunkteur. Die Ausbildung reicht von kurzen Einführungslehrgänge bis zu längeren Intensivkursen.

- Am besten sind persönliche Empfehlungen. Fragen Sie Freunde und Kollegen nach einem guten Akupunkteur.
- Lassen Sie sich von Ihrem Arzt beraten. Er sollte sich nicht angegriffen fühlen und Ihnen gute Akupunkteure nennen können.
- Seriöse Akupunkteure arbeiten in einer sauberen, gut ausgestatteten Praxis. Wenn Sie Zweifel haben, verlassen Sie die Praxis lieber.
- Manche Menschen vertrauen nur einem Arzt. Viele Therapeuten haben eine Zusatzausbildung in Akupunktur, die oft allerdings nur auf einem kurzen Kursus basiert.
- Wählen Sie ihren Akupunkteur sorgfältig aus und informieren Sie sich vorab. Die entsprechenden Vereinigungen und Berufsverbände geben Listen anerkannter Akupunkteure heraus, außerdem allgemeine Informationen über die verschiedenen Möglichkeiten.
- Vor einem Termin telefonieren Sie mit der Praxis. Gewissenhafte Therapeuten geben Ihnen gerne Auskunft, wie sie Ihnen zu helfen versuchen werden.

WUSSTEN SIE ...?

- daß die Ursprünge der Akupunktur Jahrtausende zurückliegen. Die Chinesen bemerkten zuerst, daß bei Soldaten durch Pfeilwunden Beschwerden gelindert wurden, an denen sie jahrelang gelitten hatten.
- daß in den Anfänge spitze Stäbchen und Dornen für die Akupunktur verwendet wurden. Mit scharfen Steinen ritzte man teilweise die Akupunkturpunkte ein. Diese Technik wird noch heute in Afrika praktiziert.
- daß Menschen, die Angst vor Nadelstichen haben, die japanische Shiatsu-Technik bevorzugen. Sie entspricht weitgehend der Akupunktur, nur wird statt mit Nadeln mit Fingerdruck auf die Akupunkturpunkte eingewirkt.

ALEXANDER-TECHNIK

Wie wir mit unserem Körper umgehen, uns halten, zeigt unsere Einstellung zu uns selbst. Jahrelange Anspannungen und körperliche Untätigkeit führen nach der Theorie Alexanders zu schlechten Gewohnheiten, die uns schaden.

Als Mitglied einer australischen Theatergruppe litt Frederick Matthias Alexander (1869-1955) ständig an Heiserkeit und verlor oft die Stimme. Er studierte seine Rollen vor einem Spiegel ein und entdeckte dabei, daß er seinen Hals beim Sprechen zurückbog und dabei seinen Kehlkopf überbeanspruchte. Deshalb wurde er heiser.

Schlechte Haltung kann Verspannungen und Schmerzen verursachen. Die Alexander-Technik korrigiert diese und verbessert das körperliche und geistige Wohlbefinden.

Was besagt Alexanders Theorie?

Die Methode Alexanders baut auf richtig koordinierten Bewegungen auf, die, richtig ausgeführt, Streß und schlechter Haltung entgegenwirken. Dazu ent-

Sehr leicht verfällt man immer wieder in alte Gewohnheiten. Versuchen Sie aber nicht nachzugeben. Wenn Sie beispielsweise eine Tasche tragen, ziehen Sie nicht die Schultern hoch, damit sich Rücken und Nacken nicht verspannen.

Wer führt die Therapie durch?

Besonders sinnvoll ist die Technik für Musiker, Zahnärzte, Friseure, Sportler und begeisterte Tänzer, die ständig in eine angespannte Haltung gedrängt werden oder immer die gleichen belastenden Bewegungen ausführen müssen. Geiger beispielsweise ziehen beim

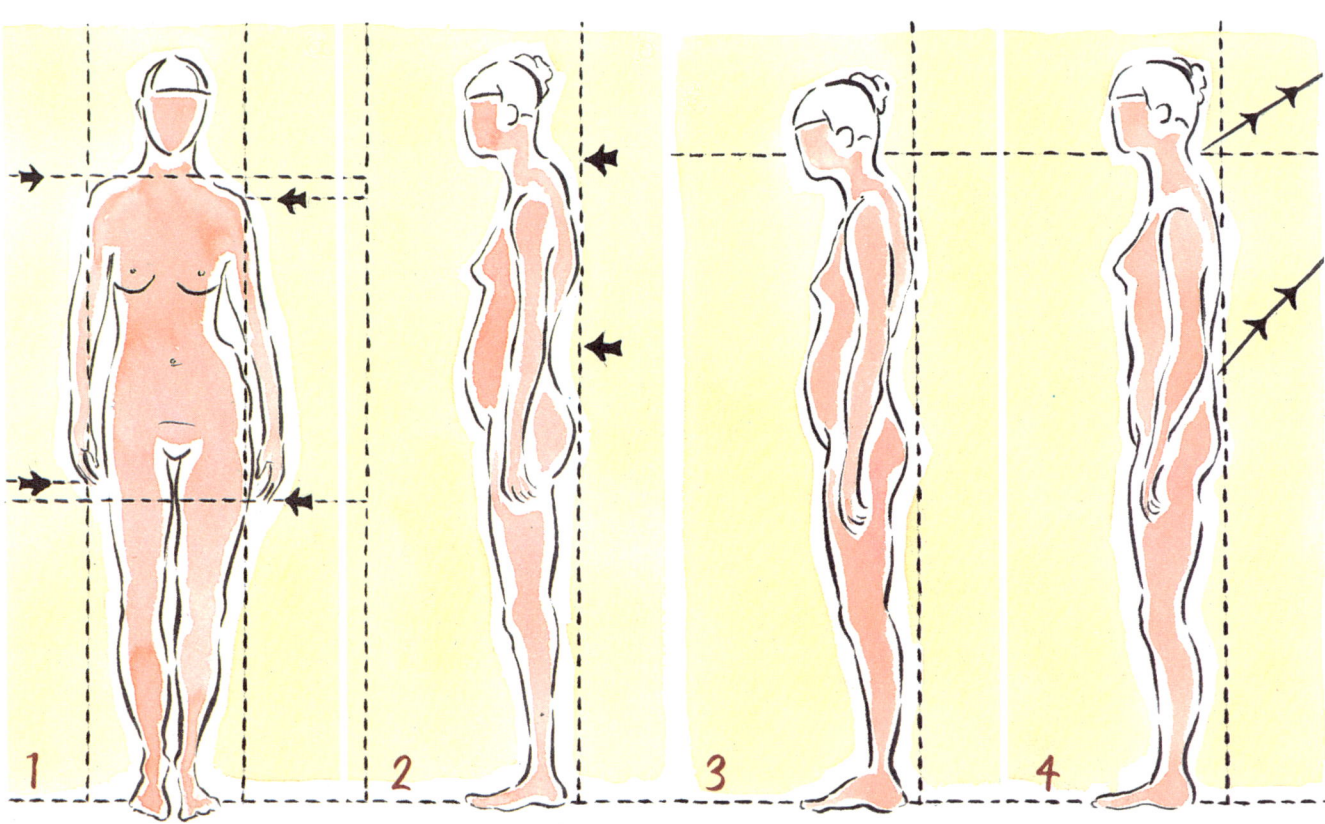

Es gibt verschiedene Schlüsselbereiche, bei denen die Alexander-Therapie einsetzt, um die Körperhaltung zu verbessern.

Bild 1 (oben) zeigt ein typisches Haltungsproblem: Ein Bein wird schief gehalten, wodurch auch die Hüfte in eine schiefe Stellung gerät und eine Schulter herunterhängt. Ursachen können sein, daß der Hals zu weit nach vorn gebogen wird (Bild 2), so daß ein Buckel entsteht und die Luftröhre eingeengt wird. Es kann aber auch durch falsche Nackenhaltung zu Fehlhaltungen im unteren Bauch- und Rückenbereich (Bild 3) kommen.

Bild 4 zeigt eine verbesserte Haltung. Die gestrichelten Linien deuten die Streckung von Nacken und Wirbelsäule an.

wickelte er eine Folge von einfachen Übungen, die das richtige Sitzen, Bewegen und Stehen in Übereinstimmung mit unseren anatomischen Voraussetzungen lehren. Die individuellen Bedürfnisse spielen dabei eine wichtige Rolle, strenge Richtlinien gibt es nicht. Ein qualifizierter Lehrer spürt die verspannten Stellen in Ihrem Körper auf, macht Sie darauf aufmerksam und führt über verstärktes Bewußtsein zu körperlichem Wohlbefinden. Er schlägt Ihnen zur Entspannung beispielsweise vor, die gekrümmte Wirbelsäule zu strecken oder hochgezogene Schultern zu lockern.

Zu den Basisübungen gehört die Lockerung des Nackens sowie das Aufrichten des Kopfes gegenüber dem restlichen Körper. Dies wiederum bewirkt eine Streckung des gesamten Körpers.

Spielen ständig eine Schulter hoch, während der andere Arm mehr oder weniger verdreht in Bewegung bleibt. Die Methode Alexanders zeigt, wie man die notwendigen Bewegungen ohne Verspannung bewältigt.

> „Die Alexander-Technik zeigt uns alles, was wir im Sportunterricht vergeblich erwartet haben ..., und gleichzeitig verhilft sie uns auf allen Ebenen zu größerem Bewußtsein."
>
> *Aldous Huxley*

ALTERNATIVE MEDIZIN

Alternative Heilmethoden erfreuen sich immer größerer Beliebtheit. Mehr und mehr Patienten suchen außerhalb der Schulmedizin Hilfe bei Problemen oder zur Verbesserung ihres Allgemeinbefindens.

Neben den Ärzten gibt es Tausende von Heilern, die sich auf die eine oder andere Therapie spezialisiert haben. Einige davon verwenden keinerlei Medikamente, andere schwören auf Pflanzenauszüge oder sonstige Naturheilmittel.

Viele dieser Methoden gehen von einer Behandlung des „ganzen Menschen" statt einzelner Krankheitssymptome aus. Zusammen mit der Zeit, die sich der Therapeut für seine Patienten nimmt, erwirkt das Konzept oft Verbesserungen.

Die alternative Medizin umfaßt zahlreiche Therapieformen. Einige der bekanntesten sind hier kurz beschrieben. Genaueres finden Sie unter den alphabetischen Einträgen.

Akupunktur
In die Akupunkturpunkte am Körper werden Nadeln eingesteckt, die Blockierungen aufheben sollen. Meist wird Akupunktur zur Schmerzlinderung bei Arthritis, Migräne und Regelbeschwerden angewendet, ebenso als Unterstützung zu Entziehungskuren, etwa bei Rauchern.

Chiropraktik
Neueste Studien haben gezeigt, daß diese Methode besser als die Schulmedizin gegen Kreuzschmerzen hilft. Chiropraktiker gehen davon aus, daß schlecht ineinanderpassende Rückenwirbel die Schmerzen verursachen. Nach vollständiger Aufnahme der Krankengeschichte und einer Röntgenuntersuchung bearbeitet der Therapeut die entsprechende Rückenpartie des Patienten mit der Hand. Auch bei Arm-, Nacken- und Schulterproblemen sowie Migräne, Asthma, Arthritis und sogar Streß kann die Methode sinnvoll sein.

Pflanzenmedizin
Dem Patienten sollen ausschließlich pflanzliche Stoffe zugeführt werden,

um die Selbstheilungskräfte des Körpers zu mobilisieren.

Homöopathie
Die Homöopathie basiert auf dem Prinzip, daß Ähnliches mit Ähnlichem behandelt werden muß. Allergikern wird zum Beispiel eine winzige, stark verdünnte Menge des allergieauslösenden Stoffes gespritzt.

Osteotherapie
Vornehmlich Rückenschmerzen, Ischias, Wirbelsäulen- und Muskelprobleme werden von Osteotherapeuten behandelt. Die Therapie arbeitet mit Massage und Stimulation der betroffenen Stellen.

Von links: *Feige, Erdbeere, Minze und Kamille*

GEEIGNETE THERAPEUTEN

Da noch keine allgemeinen, alle alternativen Therapiemethoden umfassenden Richtlinien bestehen, sollten Sie sich vor einer Behandlung genau informieren:

- Wählen Sie nur einen ausreichend ausgebildeten und qualifizierten Therapeuten. Oft helfen hier die zuständigen Stellen weiter. Auch wenn jemand nur einen kurzen Lehrgang besucht hat, kann er sich „Therapeut" nennen.
- Zuerst sollte eine Diagnose gestellt werden, bevor Sie sich alternativen Therapien zuwenden, um auszuschließen, daß Sie an einer Krankheit leiden, die nur durch die Schulmedizin behandelt werden sollte.
- Achten Sie auf die Hygiene in einer Praxis. Das gilt besonders bei der Akupunktur, wo nur sterilisierte Nadeln verwendet werden dürfen!
- Nehmen Sie homöopathische Mittel nur unter Aufsicht. Die meisten sind harmlos, doch große Mengen können die Leber schädigen.

„Die überkommene Weisheit ... sieht Krankheit als Unordnung der ganzen Person – nicht nur des Körpers, sondern auch des Geistes, des Bewußtseins –, auch in ihrem Verhältnis zur physischen und sozialen Umgebung und zum Kosmos ..."

Fritjof Capra

„In deinem Körper steckt mehr Weisheit als in deiner tiefsten Philosophie."

Friedrich Nietzsche

AROMATHERAPIE

Heilsame Düfte

**Die Aromatherapie wird in der alternativen Medizin immer populärer.
Wundervolle Düfte wirken positiv auf Körper und Geist und helfen bei vielen Beschwerden.**

Aromatherapie ist die Behandlung mit Düften. Praktisch kommen dabei aus Pflanzen gewonnene ätherische Öle zur Anwendung. Die Therapie ist vielfältig einsetzbar – von der Beruhigung trockener, überempfindlicher Haut bis zu Streß und Depressionen.

Zuerst wurde die Aromatherapie vor etwa 3000 Jahren von den Chinesen praktiziert. Der Begriff selbst stammt von dem französischen Apotheker René Maurice Gattefosse, der eher zufällig die heilenden Kräfte ätherischer Öle wiederentdeckte. Er verbrannte sich einmal die Hand bei einem Experiment und griff schnell zum am nächsten stehenden Mittel – Lavendelöl. Zu seinem Erstaunen wurde die Wunde sofort beruhigt und heilte sehr schnell ab.

Ätherische Öle

In der Aromatherapie verwendet man besondere, duftende Öle. Sie sind stark konzentriert und werden wegen ihrer Heilkraft sehr geschätzt. Die Öle kommen in winzigen Mengen in Pflanzenteilen wie Blütenblättern, Stengeln, Wurzeln oder Rinde vor. Sie werden in einem aufwendigen Prozeß extrahiert und sind entsprechend teuer. Aus 90 kg Rosenblütenblättern gewinnt man beispielsweise nur etwa 600 ml Rosenöl. Andere Pflanzen sind ergiebiger. Dieselbe Menge Eukalyptusblätter liefert 8,5 l Öl.

Ätherische Öle sind auch je nach Tages- und Jahreszeit der Ernte unterschiedlich intensiv und heilkräftig. Jasmin duftet zum Beispiel besonders stark um Mitternacht.

Die wertvollsten Öle sind in kleinen Phiolen von nur wenigen Tropfen Inhalt erhältlich. Normale ätherische Öle werden meist in Fläschchen von 5, 10 oder 20 ml angeboten. Achten Sie beim Kauf auf die Bezeichnung „reines" ätherisches Öl, da die billigeren Angebote oft Beimischungen enthalten und weit weniger wirksam sind.

Die verschiedenen Arten von reinen Ölen sind unterschiedlich teuer, je nach Ergiebigkeit der Pflanzen. Jasmin-, Neroli- und Rosenöl sind am mühsamsten zu gewinnen und daher auch am teuersten.

Bewahren Sie Ihre Vorräte an einem kühlen, dunklen Ort auf. Im Sonnenlicht verliert das Öl schnell seinen Duft und auch seine Wirkkraft. Ätherische Öle sind flüchtig, sie verdunsten schnell. Schrauben Sie nach Gebrauch immer sofort den Deckel wieder zu.

Anwendungsgebiete

Ätherische Öle können bei verschiedensten Beschwerden eingesetzt und auf unterschiedliche Weise angewendet werden (siehe Kasten nächste Seite). Viele Sorten – wie Eukalyptus-, Zitronen- und Fichtennadelöl – haben antiseptische Eigenschaften. Sie wirken antibakteriell bei Erkältungen und beim Reinigen infizierter Wunden.

Ätherische Öle können auch bei Streß, Nervosität und Schlaflosigkeit hilfreich sein. Manche Arten wie Thymian- und Rosmarinöl wirken entzündungshemmend, beruhigen schmerzende Knochen und Gelenke und sind schmerzlindernd bei Arthritis und Rheuma.

AROMATHERAPIE

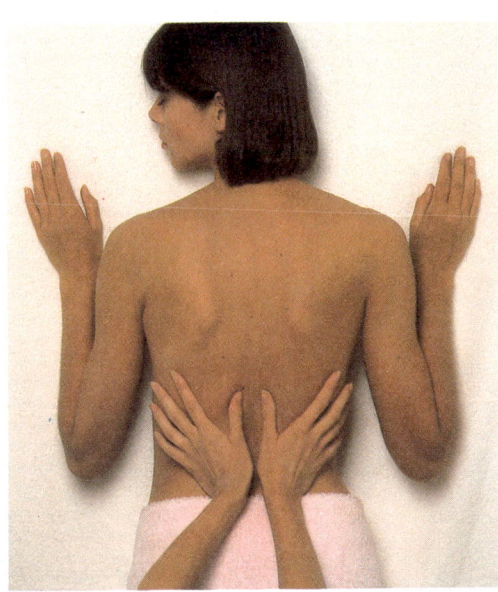

Eine Massage mit ätherischen Ölen ist sehr wohltuend.

Massage
Ätherische Öle werden sehr oft bei der Massage angewendet. In dieser Kombination wirken sie besonders entspannend. Gleichzeitig regt das Öl während der Massage die Blutzirkulation an und hilft, abgestorbene Hautschuppen zu entfernen. Die Haut wird weich und bekommt ein gesundes Aussehen.

Bei dieser Art der Anwendung werden die konzentrierten Öle immer in einer Trägersubstanz wie zum Beispiel Sonnenblumenöl verdünnt, bevor sie auf die Haut aufgetragen werden.

Rechnen Sie etwa vier bis sechs Tropfen ätherisches Öl auf 10 ml Träger-Öl. Manche Menschen bevorzugen etwas stärkere Mischungen, andere vertragen nur sehr schwache Mixturen. Mischen Sie immer nur die Menge, die sie im Moment benötigen, denn das gemischte Öl hält sich nur zwei bis drei Wochen.

Sie können auch fertige Mixturen bei den einschlägigen Läden und Versandfirmen für Naturkosmetik kaufen, wenn Sie selbst keine Zeit zum Mischen haben.

Das Öl wird mit sanften, festen Bewegungen in die Haut eingearbeitet, so daß die Inhaltsstoffe gut in den Körper eindringen. Je nach Sorte ist das ätherische Öl nach zehn bis hundert Minuten absorbiert. Gönnen Sie sich nach der Massage etwas Ruhe, damit das Öl wirken kann, gehen Sie nicht gleich unter die Dusche.

ANWENDUNGSGEBIETE

Die folgenden Möglichkeiten sind alle leicht durchzuführen. Halten Sie sich genau an die angegebenen Ölmengen. Wenn Sie zu viel von diesen stark konzentrierten Substanzen verwenden, könnte sich der Effekt umkehren.

Verbesserung des Raumklimas
Wenn sich hartnäckige Gerüche im Zimmer festgesetzt haben oder die Luft auch nach dem Lüften noch abgestanden wirkt, schaffen Sie mit ätherischen Ölen eine „frische Brise"! Geben Sie einige Tropfen Ihrer Lieblings-Duftnote in eine Schale mit warmem Wasser und stellen Sie sie auf einen Heizkörper. Die Wärme läßt das Öl schnell verdunsten. Thymian, Fichtennadel, Lavendel und Eukalyptus wirken antiseptisch und machen die Luft angenehm frisch. Im Sommer reicht es auch oft, die Schale an einer warmen Stelle mitten im Raum aufzustellen oder etwas Öl auf ein Papiertaschentuch zu tropfen.

Daneben werden überall Aromalämpchen aus verschiedenen Materialien angeboten. Sie werden mit etwas Wasser und wenigen Tropfen Öl gefüllt, man zündet ein Teelicht im Inneren an, und schon beginnt es zu duften.

Armoatischer Badezusatz
Nach dem Alltagsstreß gibt es kaum etwas Angenehmeres als ein Bad in aromatischen Düften. Dies hilft auch bei Müdigkeit, Anspannung und Schmerzen und sogar bei Schlaflosigkeit.

Füllen Sie die Badewanne mit warmem Wasser, geben Sie fünf bis zehn Tropfen von einem ätherischen Öl dazu. Mischen Sie das Öl mit der Hand oder dem Duschkopf unter das Wasser. Steigen Sie ins Bad und genießen Sie es für etwa zehn Minuten. Das ätherische Öl wird durch die Haut aufgenommen. Gleichzeitig inhalieren Sie es mit dem Dampf. Lassen sie während des Bades die Türen und Fenster geschlossen.

Inhalieren
Wenn Sie erkältet sind, an Husten, Kopfschmerzen, Nebenhöhlenentzündung oder Streß leiden, probieren Sie eines der folgenden Rezepte aus. Asthmatiker dürfen allerdings keine ätherischen Öle inhalieren – zumindest nicht ohne Absprache mit einem erfahrenen Arzt oder Therapeuten. Füllen Sie einen knappen Liter sehr heißes (fast kochendes) Wasser in eine Schale. Geben sie fünf bis zehn Tropfen ätherisches Öl dazu. Halten Sie das Gesicht etwa 30 cm über die Schale. Schließen Sie dabei die Augen. Damit der Dampf nicht in den Raum entweicht, hängen Sie sich ein großes Handtuch über den Kopf. Inhalieren Sie den Dampf für etwa fünf bis zehn Minuten – nicht öfter als dreimal täglich. Bei Erkrankungen der Atemwege hilft Menthol sehr gut, bei Nebenhöhlenentzündungen sollten Sie Eukalyptus wählen. Statt der Schale mit Wasser können Sie auch fünf bis acht Tropfen ätherisches Öl auf ein Papiertaschentuch tropfen und die aufsteigenden Düfte mehrmals langsam und tief einatmen.

Potpourri
Potpourris aus Pflanzenteilen, die nicht mehr richtig duften, können Sie mit einigen Tropfen ätherischem Öl auffrischen.

AROMATHERAPIE

WELCHES ÖL FÜR WELCHEN ZWECK?

Die hier genannten Öle sind im Handel erhältlich und wirken bei unterschiedlichen Krankheiten.

Eukalyptus: Wirkt lösend und beruhigend, besonders bei Erkältungen. Hilft auch bei Muskelbeschwerden. Wirkt allgemein erfrischend. Läßt sich gut mit Zitrone und Lavendel mischen.

Fichtennadel: Erfrischendes, antiseptisch wirkendes Öl, hervorragend zur Verbesserung des Raumklimas. Hilft auch bei Nebenhöhlenentzündungen und Grippe.

Geranium: Erfrischende Duftnote, die sehr entspannend wirkt. Adstringierend. Angebracht auch bei Regelbeschwerden und bei unreiner Haut. Kann mit allen anderen Ölen gemischt werden.

Kamille: Beruhigend für trockene, sensible und allergische Haut. Wirkt allgemein beruhigend und entzündungshemmend. Läßt sich gut mit Lavendel, Pfefferminze und Geranium mischen.

Lavendel: Heilsam bei Problemhaut, entspannend, angenehm bei Kopfschmerzen und Schlaflosigkeit. Läßt sich gut mit Pfefferminze, Eukalyptus und Geranium kombinieren.

Pefferminze: Erfrischendes, kühlendes Öl, das auch auf die Haut aufgetragen werden kann. Schleimlösende Wirkung. Läßt sich gut mit Kamille und Sandelholz mischen.

Rose: Beruhigend und harmonisierend, hilft bei Streß und Kopfschmerzen.

Rosmarin: Allgemein erfrischend und gut gegen fettige Haut, besonders als Bestandteil einer Gesichtsmaske. Lust- und antriebsfördernd, angeblich auch gut für das Gedächtnis, ordnet die Verdauung. Sollte während der Schwangerschaft vermieden werden. Läßt sich gut mit Wacholder mischen.

Sandelholz: Beruhigt trockene Haut. Kann auch bei rauhem Hals und Husten lindernd wirken. Bestandteil vieler Massageöle, die man nach dem Baden verwendet. Wirkt entspannend und harmonisierend. Läßt sich gut mit Zitronenöl mischen.

Wacholder: Wirkt anregend, konzentrations- und energiefördernd. Gute Erfolge auch bei fettiger Haut. Sollte bei Schwangerschaft nicht angewendet werden. Läßt sich gut mit Rosmarin mischen.

Ylang Ylang: Wirkt beruhigend und stimmungsaufhellend.

WICHTIGE HINWEISE

- Nehmen Sie ätherische Öle nie innerlich ein, es sei denn auf Anweisung eines Fachmanns.
- Ätherische Öle dürfen nie in die Augen kommen.
- Vor der Anwendung auf der Haut müssen die Öle – wenn nicht ausdrücklich anders verordnet – stets verdünnt werden.
- Lagern Sie die Öle außerhalb der Reichweite von Kindern an einem kühlen dunklen Ort.
- Wenn Sie an Asthma oder anderen allergischen Dispositionen wie Neurodermitis oder Heuschnupfen leiden, lassen Sie sich von einem Fachmann beraten, bevor Sie ätherische Öle anwenden.

BACHBLÜTEN

Die Bachblüten-Therapie arbeitet mit reinen, in Alkohol konservierten Blütenessenzen. Man kann damit sowohl emotionale, als auch seelische Probleme behandeln, die nach Meinung mancher Therapeuten häufig die Ursache von Krankheiten sind.

Dr. Edward Bach (1886-1936) war ein bekannter englischer Arzt, der in Birmingham und London seine Ausbildung erhielt. Er erkannte, daß emotionale und seelische Probleme Krankheiten auslösen können. Deshalb plädierte er dafür, daß die Mediziner diese Probleme selbst behandeln sollten, anstatt gegen die daraus entstehenden Symptome vorzugehen. Durch Angst, Streß und Depressionen, so meinte er, werden die Abwehrkräfte des Körpers geschwächt.

1930 gab er seine Praxis und seine wissenschaftliche Arbeit in London auf und zog aufs Land, wo er seine Heilmethode entwickelte.

Welche Medidamente werden verwendet?

Dr. Bach untersuchte die Natur in seiner Umgebung und fand in 38 Pflanzen heilende Kräfte. Die Medikamente stellte er aus den Blüten bestimmter Pflanzen her (siehe rechts), die er für mehrere Stunden an der Sonne in einem Wassergefäß einweichen ließ. Die Essenz der Blüten sollte dabei auf das Wasser übergehen. Er nahm die Blüten heraus und füllte das Wasser in Flaschen.

Auch aus Baumblüten stellte er solche Mittel her. Diese kochte er eine halbe Stunde lang in Wasser, das er ebenfalls in Flaschen füllte.

Heute werden die Blütenessenzen meist in Alkohol konserviert, damit sie länger halten. Sie sind relativ preiswert. Zur Behandlung wählen Sie einfach die Pflanzenessenz aus, die Sie für passend halten, träufeln zwei Tropfen auf die Zunge oder nehmen sie in einem Glas Mineralwasser ein.

> „Ohne Änderung der inneren Einstellung, innere Ruhe und Glücklichsein gibt es keine wirkliche Heilung."
>
> *Dr. Edward Bach*

Sie können diese Therapie bis zu viermal täglich wiederholen und solange Sie wollen anwenden. Für die meisten Probleme sollten einige Wochen reichen, gelegentlich sind aber auch ein paar Monate erforderlich.

PFLANZENESSENZEN

Bach teilte seine 38 Heilmittel in sieben Gruppen auf - entsprechend der Probleme, die sie behandeln.

- *Gegen Angst:* Gefleckte Gauklerblume, Kirschpflaume, Espe, Gelbes Sonnenröschen, Rote Kastanie
- *Bei Unsicherheit:* Einjähriges Knäuel, Bleiwurz, Waldtrespe, Enzian, Stechginster, Weißbuche
- *Bei allgemeiner Gleichgültigkeit:* Clematis, Geißblatt, Heckenrose, Olive, Weiße Kastanie, Senf, Kastanienknospen
- *Bei Einsamkeit:* Sumpfwasserfeder, Drüsentragendes Springkraut, Erika
- *Bei Überempfindlichkeit und Beeinflußbarkeit:* Kleiner Odermennig, Tausendgüldenkraut, Walnuß, Stechpalme
- *Bei übertriebener Fürsorglichkeit:* Zichorie, Eisenkraut, Wein, Buche, Quellwasser
- *Bei Verzagtheit und Verzweiflung:* Kiefer, Lärche, Föhre, Ulme, Eßkastanie, Weide, Eiche, Holzapfel, Stern von Bethlehem

UNIVERSALMITTEL

Bachs Universalmittel ist eine Mischung aus fünf Pflanzenstoffen - von Kirschpflaume, Clematis, Gelbes Sonnenröschen, Stern von Bethlehem und Springkraut.

Wenn Sie einige Tropfen dieses Medikaments, das als „Rescue" bezeichnet wird, direkt auf der Zunge oder in Wasser gelöst einnehmen, beruhigt es stark. Es wirkt auch gegen Angstzustände, bei Trauerfällen und Panik.

Manche Anwender sind davon überzeugt, daß diese Mittel bei akuten Veränderungen des seelischen Befindens sofort helfen. Bei chronischen Beschwerden dagegen brauchen sie in der Regel länger, bis sie greifen.

BIOFEEDBACK

Dem Körper auf die Sprünge helfen

Unser autonomes (vegetatives) Nervensystem funktioniert im Unterbewußtsein nach eigenen Regeln, wir steuern es nicht durch unser Denken. Es reguliert die Körperfunktionen wie Blutdruck, Herzschlag und Schweißabsonderung.

Bis vor kurzem kannte man nur wenige Menschen, die diese Körperfunktionen willentlich beeinflussen konnten – beispielsweise die indischen Yogis. Die Forschung hat aber herausgefunden, daß auch „normale" Leute durchaus solche Fähigkeiten besitzen.

Dies kann sich enorm positiv auf die Gesundheit auswirken. Anhänger der Technik, die man als Biofeedback

Bestimmte Körperfunktionen können wir allein durch die Kraft unseres Willens steuern. Die Technik ist leicht zu erlernen.

bezeichnet, sind überzeugt, daß man mit ihr viele Streßkrankheiten heilen und sogar verhindern kann.

Kampf gegen den Streß

In unserer heutigen Zeit leidet fast jeder unter Streß. Eine gesunde Prise Hektik brauchen wir allerdings sogar als körperliche und geistige Energie zum Leben. Doch verschiedene Beschwerden, wie zum Beispiel Hautprobleme, ein empfindlicher Magen, Muskelschmerzen, Kopfweh und andere Störungen resultieren oft aus unerwünschter Anspannung.

Die Ärzte wissen schon lange, daß Stimmungsumschwünge eng mit körperlichen Veränderungen einhergehen. Ständiger Streß zum Beispiel hebt nicht nur den Blutdruck und die Schweißabsonderung, er kann auch die normalen Gehirnströme stören.

Man fand heraus, daß die Yogis im Zustand tiefer Meditation mehr Alpha-Wellen im Gehirn aufweisen als bei

BIOFEEDBACK

DER GEIST STEUERT DEN KÖRPER

Selbst wenn Ihnen kein Meßgerät zum Biofeedback zur Verfügung steht, können Sie dennoch einige Körperfunktionen durch Ihren Willen beeinflussen.

An der Harvard University fand man bei Experimenten mit Studenten heraus, daß transzendentale Meditation sehr gut gegen hohen Blutdruck eingesetzt werden kann. Sie erlaubt eine dauernde Kontrolle.

Bei Tendenz zu überhöhtem Blutdruck sollten Sie natürlich einen Arzt konsultieren. Die folgenden Übungen, die Sie auch ohne Geräte ausführen können, unterstützen aber die Therapie.

Suchen Sie sich ein ruhiges Plätzchen. Setzen Sie sich bequem, aber nicht gelümmelt hin. Stellen Sie sich eine idyllische, friedliche Umgebung vor und lassen Sie sich in Gedanken hineingleiten. Sie können auch eine einfache Atemübung probieren: Atmen Sie tief und ruhig ein, halten Sie die Luft an und zählen Sie bis drei. Atmen Sie durch den Mund aus. Das Ganze wiederholen, aber jetzt die Luft durch die Nase ausatmen. Ruhen Sie sich kurz aus und wiederholen Sie die Übung. Das tiefe Atmen wirkt sehr entspannend. Messen Sie vor und nach der Übung Ihren Puls.

Alltagstätigkeiten. Bei Streß dagegen geht die Aktivität der Alpha-Wellen zurück. Das Biofeedback soll unter anderem helfen, diese Aktivitäten zu kontrollieren.

Beruhigungsmittel (Tranquilizer) und ähnliche Mittel wirken zwar gegen die Symptome, heilen aber Beschwerden nicht. Sie sind in erster Linie eine „chemische Keule", die kurzzeitig Erleichterung bringt, gleichzeitig aber unerwünschte Nebenwirkungen hat. Wenn man selbst lernt, die unbewußten Prozesse zu kontrollieren, kann man sich relativ gut vor Streß-Erkrankungen schützen.

Mehrere Studien haben die Alpha-Wellen im Gehirn untersucht. Im Medical Centre der University of California fanden die Wissenschaftler beispielsweise heraus, daß Studenten eine ähnliche Selbstkontrolle wie die Yogis durch Biofeedback erreichen konnten. Die Studenten sollten sich an ihre Gedanken zu erinnern versuchen, die die Alpha-Wellen-Aktivität anregten.

Objektiv messen

Das Biofeedback – das Erkennen körperlicher Veränderungen, die sonst unbewußt ablaufen – erfordert ein Gerät, das den elektrischen Hautwiderstand, Hirnwellen, Muskelspannung und ähnliches mißt.

Manche Geräte werden nur im Labor und bei Experimenten benutzt. In Krankenhäusern helfen sie beispielsweise Patienten mit Herz- und Kreislaufbeschwerden. Wenn der Apparat eine Erhöhung des Blutdrucks anzeigt, muß der Patient versuchen, sich zu entspannen. Wenn der Blutdruck dann wieder fällt, versucht der Patient sich an die Gedanken und Gefühle zu erinnern, die er in der Entspannungsphase hatte. Das kann bei der Ausgleichung von Herzrhythmusstörungen und sogar bei der Absonderung von Verdauungssäften wirken.

Manche Geräte sind tragbar und können auch zu Hause eingesetzt werden. Sie sind unterschiedlich leistungsfähig. Meist muß man Elektroden an Stirn und Händen befestigen. Das Gerät registriert die kleinste Veränderung und zeigt sie entweder optisch (veränderte Farben, Diagramme, etc.) oder akustisch an.

Ein Apparat, der sogenannte Elektromyograph, mißt die Aktivität in angespannten Muskeln. Er zeigt diese durch Töne und ein Diagramm an, wenn man die Elektroden an den Nackenmuskeln oder am Kopf anbringt.

Ein Hautwiderstandsmesser erfordert Elektroden an den beiden ersten Fingern. Er erzeugt ebenfalls einen Piepton, wenn vermehrt Schweiß abgesondert wird.

Ein Elektroenzephalogramm mißt die Gehirnströme und bildet verschiedene Ebenen des Bewußtseins ab. Elektroden werden am Kopf und hinter dem Ohr angebracht. Das ausgesendete Geräusch reflektiert direkt die Alpha-Wellen-Aktivität des Gehirns.

Immer versucht der Anwender, die von den diversen Geräten angezeigte Anspannung abzubauen und auf ein normales Maß zurückzuschrauben. Dabei helfen Entspannungstechniken wie tiefes Atmen oder Meditation. Die Geräte enthalten nichts Obskures. Sie lassen den Patienten einfach Spannungen und Entspannungen leichter erkennen. Wenn man einige Erfahrung mit den Geräten hat, bekommt man ein Gefühl dafür, wie man sein Unterbewußtsein auch ohne Hilfe der Apparate richtig einschätzt.

Mit weiteren technischen Neuerungen auf diesem Gebiet sind wir in Zukunft vielleicht in der Lage, noch viel größere Kontrolle über unsere Gehirnfunktionen auszuüben.

Eines der einfachsten Geräte fürs Biofeedback ist ein Hautwiderstandsmesser, der einen tiefen Summton ausstrahlt. Je besser man sich entspannt, desto tiefer wird der Ton.

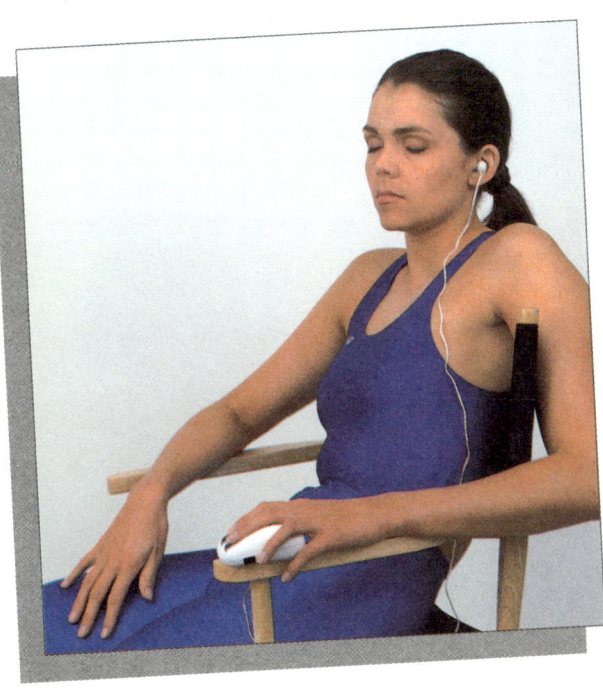

> „Der Geist ist frei,
> was auch den Menschen plagt.
> Ein König ist ein König,
> was auch das Schicksal sagt."
>
> *Michael Drayton*

BIORHYTHMUS
Leben in Rhythmen

Innerhalb des Tages verändern sich Körpertemperatur, Blutdruck und Puls mehrmals, und zwar nach einem täglichen Rhythmus. Wir besitzen mehrere innere „biologische" Uhren, die diesen Rhythmus steuern.

Beinahe alles in der Natur scheint nach bestimmten Rhythmen zu funktionieren: Tag und Nacht, Ebbe und Flut, die Jahreszeiten, der jährliche Wachstumszyklus von Tieren und Pflanzen.

Auch unser Körper folgt solchen Rhythmen. Wichtige Ereignisse im Leben treten offenbar zu vorherbestimmten Zeiten auf.

Geburt

Die Geburtswehen setzen vornehmlich nachts ein – wie das geplagte Krankenhauspersonal bestätigen kann –, vermutlich weil die werdenden Mütter dann am ruhigsten und entspanntesten sind.

Eine weitere Regelmäßigkeit liegt darin, daß die meisten Kinder im Frühjahr geboren werden. Diese Babys sind fast immer etwas kräftiger und schwerer als die, die zu anderen Jahreszeiten geboren werden. Eine Studie in New England ergab sogar, daß im März Geborene im Durchschnitt vier Jahre länger leben. In New York fand man heraus, daß im Mai Geborene bei Intelligenztests im Durchschnitt etwas besser abschneiden.

Die Zeit stärkster sexueller Aktivität liegt zwischen April und Juni. Die meisten Menschen sterben gegen vier Uhr morgens.

Derartige Statistiken erfassen die großen Lebenszyklen. Doch was ist mit den Tageszyklen, die wir für mehr oder weniger selbstverständlich halten? Kinder haben, wie junge Eltern bestätigen können, noch keinen festgelegten 24-Stunden-Rhythmus. Daraus schließt man, daß die Tagesrhythmen wahrscheinlich durch äußere Einflüsse eingeübt werden. Vielleicht sind sie aber auch bereits im genetischen Code festgelegt, der die Chemie des Körpers steuert. Man weiß nicht, welches Organ diesen Körperrhythmus bestimmt oder die Mechanismen in Gang setzt. Man vermutet aber, daß dafür bestimmte Zellen im Hypothalamus im Gehirn zuständig sind.

Hochs und Tiefs

Innerhalb eines Tages treten immer wieder erstaunliche Veränderungen in unserem Körper auf. Wissenschaftler fanden zum Beispiel heraus, daß wir beim Aufstehen meist 2 cm größer sind

BIORHYTHMUS

RHYTHMUSSTÖRUNGEN BEI FLUGREISEN

Fast jeder, der schon einmal weitere Strecken geflogen ist, kennt die durch die Zeitverschiebung ausgelösten Rhythmusstörungen.

Die Beschwerden treten auf, wenn Sie östlich oder westlich mehrere Zeitzonen überqueren. Symptome sind Kopfschmerzen, Schlaflosigkeit, Appetitstörungen, Magenbeschwerden, Verwirrung und Konzentrationsstörungen. Je älter Sie sind und je weiter Sie fliegen, desto stärker ist das Unwohlsein. Flüge nach Osten, gegen die Sonne (von Europa in den Fernen Osten oder von Amerika zurück nach Hause) sind schlimmer als Flüge mit der Sonne.

Die Anpassung an eine neue Zeitzone bringt unweigerlich den Tagesrhythmus durcheinander und macht der inneren Uhr erhebliche Schwierigkeiten. Beispielsweise kann das von zu Hause in den Morgenstunden gewohnte geistige Hoch bei der Reise am Abend auftreten. Manche Reisende fühlen sich um drei Uhr nachts besonders fit. Körpertemperatur, Herzschlag und Hormonrhythmus können ebenfalls betroffen sein. Auch nach der Reise benötigen Sie einige Zeit, um sich wieder an die heimischen Verhältnisse anzupassen.

Tricks

Wenn Sie auf der Reise unbedingt fit sein müssen, treffen Sie einige Vorkehrungen:
- Versuchen Sie sich schon vor der Reise an die neue Zeitzone anzupassen, indem Sie ihre Arbeitsstunden, Mahlzeiten etc. etwas verschieben.
- Bei kurzen Geschäftsreisen legen Sie Termine möglichst so, daß sie den gewohnten Zeiten mit Tageslicht entsprechen (so können Sie auch während der normalen Geschäftszeiten zu Hause im Büro anrufen).
- Stellen Sie gleich zu Beginn eines langen Fluges die Uhr auf die Zeit im Ankunftsland um und versuchen Sie die Tagesroutine bereits darauf abzustimmen. Schlafen und ruhen Sie so oft wie möglich.
- Trinken Sie während des Fluges reichlich Wasser, damit Sie einer Dehydration vorbeugen, wie sie bei Flügen öfter auftritt. Enthalten Sie sich weitgehend dem verlockenden Alkoholkonsum.
- Nehmen Sie möglichst keine Schlaftabletten, es sei denn sehr kurz wirkende. Sie verschlimmern die Beschwerden meist nur. Wenn Sie welche benutzen, dann nur in den Nachtstunden im Zielland.
- Wenn Sie nachts nach dem Flug nicht schlafen können, ruhen Sie wenigstens.
- Widerstehen Sie tagsüber möglichst der Lust auf ein Nickerchen. Oft werden Sie dann nicht mehr wach und können dafür nachts nicht schlafen.

als am Abend. Die Erklärung dafür ist recht einfach: Offenbar schwellen im Schlaf durch Flüssigkeitsansammlung die Zellen zwischen den Rückenwirbeln leicht an, drücken sich aber durch die Bewegung während des Tages wieder zusammen.

Bei Sonnenaufgang steigt die Körpertemperatur in der Regel an, so daß die Müdigkeit vertrieben wird. Der Herzschlag ist am frühen Nachmittag am schnellsten und wird dann wieder langsamer.

Während der Nacht – damit wir nicht im Schlaf gestört werden – geht die Urinproduktion stark zurück. Auch das männliche Sexualhormon Testosteron ist meist am frühen Morgen in größter Konzentration im Körper.

Die regelmäßigen Rhythmen sind wirklich bemerkenswert. Beim Aufwachen produzieren wir das Hormon Cortisol, das uns auf den kommenden Tag einstellt. Auch die Ausschüttung von Adrenalin ist eng an den Tagesrhythmus gekoppelt. Nachts, wenn der Körper sich vor dem Schlafen ent-

NACHTARBEITER

Die innere Uhr fördert Schlaf in der Nacht und Aktivität den Tag über. Dennoch arbeitet ein guter Teil der Bevölkerung teilweise nachts. Wie verkraftet das unser Körper?

Menschen, die zum Beispiel als Polizisten, Krankenhauspersonal, Feuerwehrleute, Fahrer, Drucker, Fabrikarbeiter, Croupiers, Telefonvermittler oder Bäcker beschäftigt sind, arbeiten die ganze oder einen Teil der Nacht.

Während der ersten Wochen haben sie oft Konzentrationsschwierigkeiten oder Probleme bei der Arbeit. Tagsüber, wenn alles aktiv ist, sollen sie schlafen und haben auch hier Schwierigkeiten. Diese sind generell länger anhaltend und stärker als bei der Zeitverschiebung durch Reisen. Auch wechselnde Schichten bei der Arbeit bringen Probleme mit sich.

Natürlich sind die sogenannten „Nachtschwärmer" am ehesten für die Nachtarbeit geeignet. Menschen mit Krankheiten wie Diabetes oder Asthma und Störungen durch Streß, ebenso Menschen mit Herzkrankungen sollten Nachtarbeit möglichst meiden.

Es ist wichtig, die Mahlzeiten nicht ausfallen zu lassen und genügend Ruhepausen während der Schicht einzulegen. Gegenwärtig erforscht man Hormonpräparate mit Melatonin, die den Nachtarbeitern vielleicht helfen können.

BIORHYTHMUS

BIORHYTHMEN: DER KREISLAUF DES LEBENS

An manchen Tagen fühlen wir uns „wie erschlagen", während uns an anderen Tagen nichts bremsen kann. Woran liegt das?

Die Theorie der Biorhythmen besagt, daß bei Organismen manche Lebensvorgänge in einem bestimmten tages- oder jahreszeitlichen Rhythmus ablaufen. Man unterscheidet den exogenen Biorhythmus, der von äußeren Faktoren (zum Beispiel vom Klima) abhängig ist und den endogenen Biorhythmus, der von inneren Mechanismen (zum Beispiel von Hormonen) gesteuert wird.

Letzterer ist dafür verantwortlich, daß wir uns zu manchen Zeiten körperlich fit fühlen, während unsere geistigen Leistungen eher mager sind oder daß wir emotional und geistig ein Hoch durchleben, während wir uns körperlich abgespannt fühlen.

Es kommt allerdings auch vor, daß wir uns in allen drei Bereichen – körperlich, geistig und emotional – in Bestform befinden, wodurch wir zu ungeahnten Leistungen fähig sind, während wir umgekehrt, wenn alle drei Zyklen im negativen Bereich liegen, sicher keine „Höhenflüge" erleben werden.

Die drei Zyklen

Der emotionale Zyklus dauert jeweils 28 Tage und bestimmt unsere Kreativität sowie generelle Stimmungen. Der körperliche Zyklus dauert nur 23 Tage und beeinflußt die Libido, das Wohlbefinden und die Abwehrfähigkeit gegen Krankheiten. Der geistige Zyklus dauert 33 Tage und steuert unsere Denkfähigkeit, Entscheidungsbereitschaft und das Gedächtnis.

Diese Zyklen können als Diagramme in Form regelmäßiger Wellen dargestellt werden. Unstabile Phasen sind zu erwarten, wenn die Zyklen vom Hoch- in den Tief-Bereich abrutschen. Krankheiten oder Mißgeschicke treten am häufigsten auf, wenn zwei oder drei der „kritischen" Punkte zusammenfallen.

Wie wertet man seinen Biorhythmus aus?

Sie können mit Hilfe eines Schlüssels Ihr Diagramm für einen bestimmten Tag finden. Beim Interpretieren des Diagramms beachten Sie bitte besonders die neutrale Mittellinie. Alles, was darüber liegt, deutet auf eine positive Phase hin. Punkte genau auf der Mittellinie zeigen problematische Tage an, während alles unterhalb der Linie in die negative Phase gehört.

Im Beispiel sehen Sie die Kurve der letzten drei Monate des Jahres 1991 für eine am 15. Oktober 1959 geborene Person. Anfang Oktober sind der physische und der geistige Zyklus negativ, während der emotionale immer höher steigt. Die Person sollte also auf ihre Umgebung achten. Sie wird in guter Stimmung sein, doch körperliche und geistige Anstrengungen schwer verkraften.

Mitte November dagegen sind der physische und der emotionale Zyklus stark im Minus, während der körperliche seinen Höhepunkt erreicht. Dies ist eine unruhige Phase mit viel freier Energie, doch ohne emotionale oder kreative Richtung.

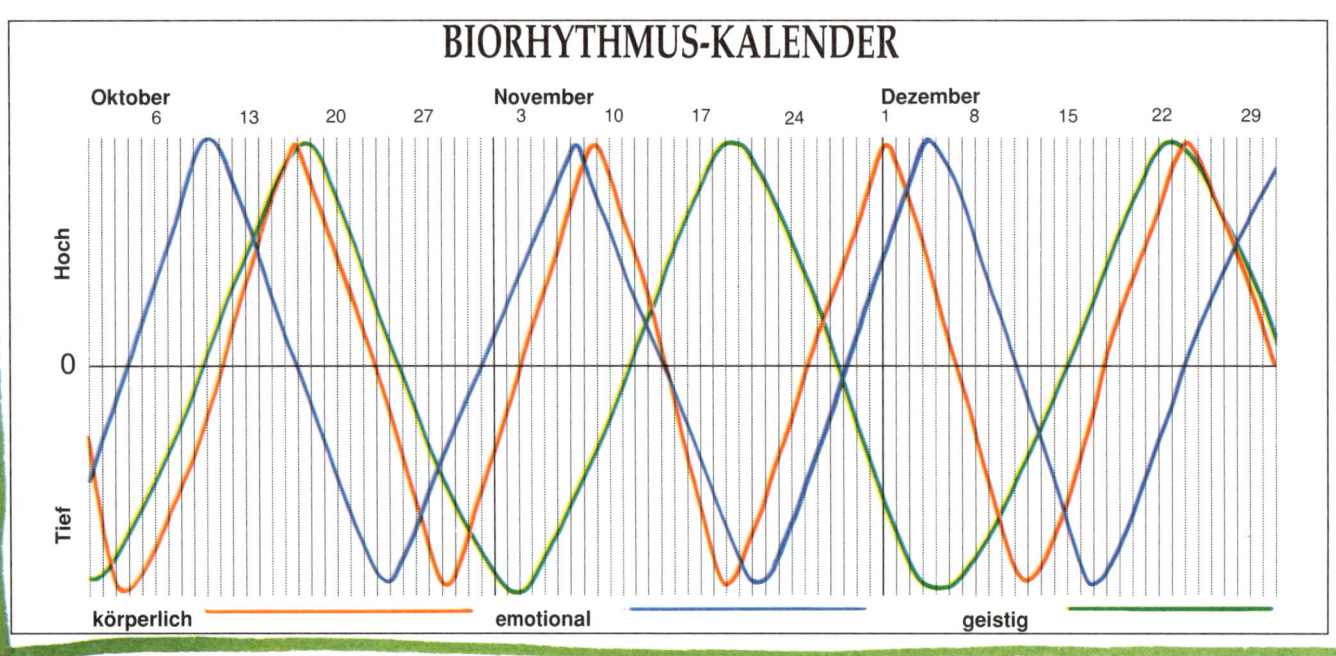

BIORHYTHMUS

WIE VIELE TAGE SIND SIE ALT?

Ihr aktueller Biorhythmus läßt sich nur bestimmen, wenn Sie exakt wissen, wie viele Tage Sie alt sind. Rechnen Sie nach folgendem Schema:

Für das Diagramm einer bestimmten Zeit nehmen Sie die Jahre, die Sie am Anfangsdatum alt sind. Multiplizieren Sie die Zahl mit 365 und addieren Sie die zusätzlichen Tage, die seit Ihrem Geburtstag verstrichen sind.

30 Tage haben April, Juni, September und November.
Der Februar hat 28 Tage
(an Schaltjahren 29).
Alle anderen Monate
haben 31 Tage.

Addieren Sie einen Tag für jedes Schaltjahr. Schaltjahre in diesem Jahrhundert sind:
1904; 1908; 1912; 1916; 1920; 1924; 1928; 1932; 1936; 1940; 1944; 1948; 1952; 1956; 1960; 1964; 1968; 1972; 1976; 1980; 1984; 1988; 1992; 1996.

Ein Beispiel

Wenn Sie zum Beispiel am 14. Januar 1976 geboren sind und wissen möchten, wieviele Tage Sie am 01. Oktober 1995 alt sind, gehen Sie folgendermaßen vor: Sie sind am 01. Oktober 1995 neunzehn Jahre und 260 Tage alt, dazu kommen fünf Tage für Schaltjahre.

19 Jahre entspricht:
19 x 365 Tage = 6935 Tage
+ 260 Tage
+ 5 Tage
= 7200 Tage

spannt, wird sie gedrosselt. Morgens ist mehr Eisen im Blut, während das Zink weniger wird.

Körperliche Hochform

Zu welcher Zeit sind wir „am besten drauf"? Viele Menschen sind eindeutig Frühaufsteher und leisten vormittags am meisten, fühlen sich aber auch früh müde. Andere sind eher Morgenmuffel oder gar „Nachtleuchten", die morgens schwer aus den Federn kommen und erst abends so richtig aufleben. Viele Menschen liegen irgendwo in der Mitte. Im Lauf des Lebens kann sich dieser Rhythmus ändern.

Die Arbeit zwingt uns manchmal, diese natürlichen Rhythmen zu ignorieren und den Tag anders zu strukturieren. Es kann auch sein, daß unsere inneren Uhren unterschiedlich schnell arbeiten, daß die der „Morgenmenschen" etwas schneller arbeiten als die eines „Durchschnittsmenschen".

Tests haben gezeigt, daß wir kurz vor Mittag geistig am leistungsfähigsten sind, nach dem Mittagessen folgt ein leichtes Tief.

Wie man die Rhythmen nutzen kann

Den tiefsten Stand erreicht die Aktivität normalerweise am Ende der Nacht kurz vor Sonnenaufgang. Die Polizei nutzt dies manchmal bei Razzien oder Verhören.

Die Tagesrhythmen haben offenbar auch Einfluß darauf, wie gut eine Schlankheitskur anschlägt. Bei Tests wurde einer Gruppe Frühstück oder Abendessen mit gleicher Kalorienzahl angeboten. Die Personen, die das Frühstück wählten, zeigten bessere Erfolge beim Abnehmen.

Ängstliche Patienten sollten ihre Zahnarzttermine aus den genannten Gründen auf den Nachmittag legen. Betäubungen sind dann meistens effektiver, es können kleinere Dosen verabreicht werden. Tatsächlich sind sogar die Zähne selbst am Nachmittag weniger sensibel.

Jahreszyklen

Über einen längeren Zeitraum betrachtet, wirken auch Licht und Dunkelheit auf unsere Tagesrhythmen und Stimmungen. Eskimos leiden manchmal an einer seltsamen Krankheit, so einer Art arktischem Koller. Ihre Gemütsverfassung erreicht während der Dunkelheitsperioden in den Wintermonaten einen Tiefstand.

Auch in unseren Breiten kommen manchmal jahreszeitlich bedingte Krankheiten vor, für die Schwankungen bei der Produktion des Hormons Melatonin im Körper verantwortlich sein sollen. Das Resultat sind starke De-

pressionen und Lethargie in den dunklen Wintermonaten.

Andere Formen der Depression, besonders wenn sie morgens am schlimmsten sind, führt man auf eine zu schnell laufende „innere Uhr" zurück. Oft helfen den Betroffenen Medikamente wie zum Beispiel Lithium, die die normalen Körperfunktionen etwas bremsen.

Das typische Montags-Gefühl, das wir alle kennen, läßt sich in mancher Hinsicht mit den Schwierigkeiten durch die Zeitverschiebung bei längeren Flügen vergleichen. Der Körper hat sich einfach in den letzten beiden Tagen auf einen anderen Rhythmus mit spätem Schlafengehen und vielen Aktivitäten eingestellt und soll am Montag plötzlich wieder zum gewohnten Schema zurückkehren.

Ungewohnte Änderungen im Tagesrhythmus weisen manchmal auf Krankheiten hin. Veränderte Hauttemperaturen sind besonders bei Krebs festzustellen. Man erforscht mittlerweile auch die Schwankungen von Testosteron im männlichen Speichel, die auf Veränderungen der Prostata hinweisen könnten.

Hilfe bei der Diagnose

Wir wissen, daß Krebszellen nach eigenen, manchmal recht ausgefallenen Rhythmen aktiv werden. So können die Ärzte Medikamente besonders gezielt einsetzen – beispielsweise, wenn die normalen Körperzellen sich langsam, die Krebszellen dagegen mit vermehrter Geschwindigkeit teilen.

Die intensive Erforschung der Tagesrhythmen wird sicher noch weitere Erkenntnisse über so manche medizinische Frage liefern.

CALLANETICS

Callan Pinckney und Callanetics

Callanetics ist ein ungewöhnliches Gymnastikprogramm. Statt der strengen Übungen wird hier eine Reihe sanfter Bewegungsabläufe vorgeschlagen, die die Muskeln von Grund auf durchtrainieren.

Callan Pinckney kam mit einer Wirbelsäulenverformung auf die Welt, so daß eine Hüfte höher als die andere lag und ihre Füße so stark nach innen gedreht waren, daß sie sieben Jahre lang Beinschienen tragen mußte. 1961 verließ sie ihre Heimat Georgia und reiste zehn Jahre lang durch die Welt, wobei sie von Gelegenheitsjobs lebte.

In dieser Zeit trug sie meistens einen schweren Rucksack, der sehr auf ihren Rücken, die Knie und die Schultern drückte. Auch ihre Ernährung ließ zu wünschen übrig, sie litt an Ruhr. Erst nach Jahren, in denen sie ihren Körper geschunden hatten und unter ständigen Rückenschmerzen litt, kam sie endlich zu der Einsicht, daß sie sich mehr um das Wohlergehen ihres Körpers kümmern mußte. Zurück in den USA begann sie 1972 mit verschiedenen Gymnastikmethoden zu experimentieren, um ihre Schmerzen zu lindern und eine bessere Haltung zu erreichen.

Ihr fiel auf, daß schon durch minimale Bewegungen von wenigen Zentimetern ihr Rücken zu schmerzen aufhörte. Sie übte solche präzise Bewegungen ein und staunte, wieviel kräftiger ihr Körper dadurch wurde. Bald unterrichtete sie ihre Methode und entwickelte ein systematisches, einstündiges Trainingsprogramm.

Die Übungen

Vor der eigentlichen Gymnastik sollten Sie ihre Muskulatur immer aufwärmen. Durch die Vorübungen werden die Muskeln sanft gestreckt, man verletzt sich später nicht so leicht, und die anschließenden Übungen gestalten sich effektiver.

Callan Pinckney hält ihr Programm für sehr wirksam, wenn Sie Ihren Körper durchtrainieren wollen. In ihrem Studio stehen Skulpturen – die alle paar Wochen ausgewechselt werden –, die die Übenden inspirieren sollen.

Die vollständige Übungsfolge dauert etwa eine Stunde, abhängig von der individuellen Leistungsfähigkeit. Sie sollte zweimal wöchentlich durchgeführt werden. Der große Vorteil dieses Programms liegt darin, daß Sie schon nach kurzer Zeit Resultate spüren. Es kann von Menschen jeden Alters bewältigt werden. Auch viele Männer nehmen daran teil.

Die abwechslungsreichen Übungen konzentrieren sich auf einzelne Körperpartien – vor allem Bauch, Po, Beine, Oberschenkel und Nacken werden berücksichtigt. Die Übungen sehen manchmal einfacher aus, als sie tatsächlich sind. Trainieren Sie nie so hart, daß Sie Schmerzen spüren.

Wenn Sie sich für manche der Übungen nicht beweglich genug fühlen, lassen Sie diese aus. Bauen Sie Ihren Körper langsam, aber stetig auf. Wenn Sie die Übungen übertreiben, schaden Sie sich im schlimmsten Fall sogar.

CALLANETICS

Nach der Geburt ihres ersten Kindes hatte die Herzogin von York leichte Gewichtsprobleme (links). Durch Callanetics gewann sie ihre Figur zurück (rechts).

Callanetics können Sie überall ausführen, wo Sie genügend Platz zum Hinlegen und Ausstrecken haben. Sehr vorteilhaft ist ein großer Spiegel in Blickweite, in dem Sie genau beobachten können, ob Sie die Übungen richtig machen. Wenn Sie die Übungen zu einfach finden, kann das zum Beispiel daran liegen, daß Sie etwas verkehrt machen.

Erfolge
Die Übungen bestehen aus präzise und konzentriert ausgeführten sanften Bewegungen. Sobald Sie die jeweilige Grundstellung eingenommen haben, sollten Sie Ihre Haltung nur noch minimal verändern.

Die Übungen haben eine durchgreifende Wirkung auf Ihren Körper. Mit der Zeit können Sie die einzelnen Schritte immer öfter und mit weniger Anstrengung wiederholen.

Neben der allgemeinen Kräftigung verbessert diese Art von Gymnastik die Kondition, und sie hilft Ihnen sich körperlich und geistig vollkommen zu entspannen.

Allerdings sollten Sie Ihre Erfolge nicht an einem Gewichtsverlust messen. Sie können durch die Übungen sogar leicht zunehmen. Stürzen Sie bitte nicht nach jedem Training zur Waage. Verwenden Sie statt dessen ein Maßband, so können Sie die erreichten Erfolge besser erfassen. Ausdauerndes Training kann Ihnen eine ein bis zwei Nummern kleinere Kleidergröße bescheren, da das überschüssige Fett durch Muskeln ersetzt wird – die allerdings mehr wiegen als Fett, daher die mögliche Gewichtszunahme.

INFORMATIONEN

Bei uns ist Callanetics noch nicht so bekannt wie im englischsprachigen Raum. Dennoch stehen einige Bücher von Callan Pinckney in Übersetzung zur Verfügung, ebenso Videos:

Pinckney, Callan:
– Callanetics. Das sensationelle neue Übungsprogramm für die Tiefenmuskulatur.

– SuperCallanetics. Das Intensivprogramm für Fortgeschrittene.

OBERSCHENKEL-TRAINING

Eines der häufigsten Probleme von Frauen sind zu kräftige Oberschenkel. Mit der folgenden Übung können Sie die Innenseite der Schenkel hervorragend trainieren.

Setzen Sie sich vor einem Stuhl mit ausgestreckten Beinen auf den Boden. Stützen Sie die Arme neben den Hüften auf dem Boden ab. Mit der Fußfläche drücken Sie von außen gegen die Stuhlbeine.

Entspannen Sie Schultern und Kopf, beides darf leicht nach vorne fallen, damit das Kreuz nicht belastet wird. Drücken Sie jetzt Schenkel und Füße fest zusammen, als ob Sie den Stuhl zerquetschen wollten. Zählen Sie langsam bis hundert. Dabei spüren Sie, wie die Muskeln arbeiten.

CHINESISCHE ASTROLOGIE
Fernöstliche Weisheit

Wenn Sie vielleicht Schwierigkeiten haben, an den Einfluß unserer westlichen Sternzeichen auf Ihr Leben zu glauben – probieren Sie es doch einmal mit der chinesischen Astrologie!

Während die westliche Astrologie auf zwölf Sternzeichen beruht, die unserem Geburtstag zugeordnet sind, schreibt uns die östliche Lehre Eigenschaften entsprechend unserem Geburtsjahr zu. Jedes Jahr entspricht dabei einem von zwölf Tieren. Wenn nach zwölf Jahren alle Tier-Symbole durchlaufen sind, beginnt der Zyklus von neuem.

Tier-Jahre

Buddha soll einst den Eindruck gewonnen haben, daß die Chinesen einmal gründlich überholt werden müßten. So berief er zu Neujahr eine Versammlung aller Tiere ein. Doch nur zwölf von ihnen erschienen: die Ratte, der Ochse, der Tiger, die Katze (manchmal durch ein Kaninchen ersetzt), der Drache, die Schlange, das Pferd, die Ziege, der Affe, der Hahn, der Hund und das Schwein.

Buddha belohnte die zwölf folgsamen Tiere, indem er ihnen je ein eigenes Jahr gab. Die jeweils in ihrem Jahr geborenen Menschen übernahmen verschiedene Eigenschaften der Tiere. Menschen aus dem Jahr der Ratte beispielsweise sollen intellektuelle und soziale Qualitäten besitzen, allerdings auch auf Manipulation ansprechen – Eigenschaften, die dem ihnen zugeordneten Nagetier nachgesagt werden.

Bei der chinesischen Lehre müssen keine Himmelsbewegungen mit einbezogen werden, sie ist also viel leichter zu verstehen als die westliche Astrologie. Sie können folglich auch viel einfacher feststellen, ob sie zutrifft oder nicht.

Insgesamt wird die chinesische Astrologie auch bei uns immer beliebter, weil sie die positiven Kräfte betont. Selbst wenn sie nicht die subtilsten Feinheiten über unseren Charakter offenbart, können wir doch einiges lernen.

West-östliche Schnittpunkte

Die westliche Sternzeichen-Theorie paßt erstaunlich gut mit der chinesischen Methode zusammen. Das Sternzeichen gibt zusätzlich zum chinesischen Tier-Symbol feinere Aufschlüsse über den Charakter eines Menschen. Kombinieren Sie die Eigenschaften Ihres Sternzeichens mit denen Ihres Tieres, und Sie werden sich selbst besser verstehen.

BERÜHMTE PERSÖNLICHKEITEN

Links: Jerry Hall, ein besonders „schillernder" Hahn. Mitte: John Hurt, eine sensible, talentierte Katze. Rechts: der exzentrische spanische Künstler Salvador Dali – ein prototypischer wendiger Drache.

CHINESISCHE ASTROLOGIE

WAS BEDEUTET DAS CHINESISCHE JAHR?

Die Chinesen glauben, daß uns die den Jahren zugeordneten Tiere – gemäß ihren Charaktereigenschaften – in vielfältiger Weise beeinflussen.

JAHRE DER RATTE
Sie sind glücklich, besonders für im Sommer geborene Babys, eignen sich gut zum Anlegen von Vorräten, zum Planen und Ausführen von allem, was mit Bewegung zu tun hat; auch gut für Investitionen und Finanzgeschäfte. Rechnen Sie aber bei allem mit unerwarteten Wendungen.

JAHRE DES BÜFFELS
Besonderes Glück haben jetzt Büffel, die im Winter geboren sind. Oft erleben wir den schnellen Aufstieg von Diktatoren und Diktaturen in dieser Zeit. Gut für Ernte und Aktivitäten in der Umgebung – wenn die Umweltschützer dabei auch Probleme mit den zuständigen öffentlichen Stellen bekommen können.

JAHRE DES TIGERS
Sie bringen Unruhe, Katastrophen und Unordnung, manchmal auf der ganzen Welt. Auch der einzelne leidet darunter. In solchen Jahren sollte man sich nach innen kehren und auf die inneren Kräfte vertrauen, so daß man alles sicher übersteht.

JAHRE DER KATZE
In diesen Jahren herrscht Gerechtigkeit. Oft werden Konflikte beendet, das Lernen, allgemeine Verbesserungen und tiefsinnige Gedanken haben jetzt eine Chance. Es ist die Zeit des Philosophen und des Schriftstellers, nicht des Soldaten oder Politikers.

JAHRE DES DRACHEN
Jetzt ist Zeit für Feiern, für die Rückbesinnung auf Legenden und Mythen, auf die eigenen Wurzeln. Nichts Großes geschieht, nur flüchtige Erinnerungen bleiben an diese Jahre – doch Erinnerungen der angenehmen Art.

JAHRE DER SCHLANGE
Betrug und Mißstände vergangener Zeiten kommen jetzt ans Licht, sowohl global gesehen wie auch in der persönlichen Umgebung. Aufruhr jeder Art kann eintreten. Achten Sie auf die Finanzen, Sie könnten leicht in Schwierigkeiten geraten. Doch auch romantische Erlebnisse haben in Jahren der Schlange Platz.

JAHRE DES PFERDES
Dies sind aktive Jahre, in denen man das Alte und Verbrauchte loswerden sollte. Sie stürmen energisch und optimistisch in die Zukunft. Arbeiten Sie hart, die Erfolge in den kommenden Jahren werden es lohnen.

JAHRE DER ZIEGE
Unheil kündigt sich an, finanziell und politisch – das noch im letzten Moment abgewendet werden kann. Wir müssen alle auf den Boden der Tatsachen zurückkommen und zu improvisieren verstehen, nicht mehr zeitgemäße Ideen und Traditionen sollten wir über Bord werfen. Die Kunst blüht in Jahren der Ziege.

JAHRE DES AFFEN
Immer geschieht etwas Unerwartetes. In diesen Zeiten gibt man gerne auf, riskiert etwas, läßt von abgestandenen alten Plänen ab. Wir sollten uns auf neue Ideen einlassen und auch die Herausforderungen und Risiken der Zeit nicht scheuen. Der einzelne ist in Jahren des Affen meist erfolgreich, während sich Firmen und Regierungen oft mit Schwierigkeiten auseinandersetzen müssen.

DIE CHINESISCHEN JAHRE

RATTE	1900	1912	1924	1936	1948	1960	1972	1984	1996
BÜFFEL	1901	1913	1925	1937	1949	1961	1973	1985	1997
TIGER	1902	1914	1926	1938	1950	1962	1974	1986	1998
KATZE	1903	1915	1927	1939	1951	1963	1975	1987	1999
DRACHE	1904	1916	1928	1940	1952	1964	1976	1988	2000
SCHLANGE	1905	1917	1929	1941	1953	1965	1977	1989	2001
PFERD	1906	1918	1930	1942	1954	1966	1978	1990	2002
ZIEGE	1907	1919	1931	1943	1955	1967	1979	1991	2003
AFFE	1908	1920	1932	1944	1956	1968	1980	1992	2004
HAHN	1909	1921	1933	1945	1957	1969	1981	1993	2005
HUND	1910	1922	1934	1946	1958	1970	1982	1994	2006
SCHWEIN	1911	1923	1935	1947	1959	1971	1983	1995	2007

JAHRE DES HAHNS
Kriege sind am Horizont sichtbar, doch die wahre Sicherheit liegt in der Erde. Wir sollten uns wieder alle auf unsere Wurzeln besinnen und lernen, praktisch, einfallsreich und kreativ zu sein. Wer mit neuen Ideen daherkommt, kann es jetzt sicher weit bringen.

JAHRE DES HUNDES
Diese Zeit ist prädestiniert für Leidenschaft und Gemeinschaft. Besonders die Gemeindearbeit und das Zusammenleben profitieren, Hilfsbereitschaft blüht, getanes Unrecht wird wiedergutgemacht. Ratten kommen in diesen Jahren nicht so gut zurecht. Man sollte sich besonders vor Selbstsucht, Konservativismus und Traditionsdenken hüten.

JAHRE DES SCHWEINES
Am Ende des Jahreszyklus schauen wir zurück und wägen die Errungenschaften und Rückschritte in der Entwicklung unserer menschlichen Umgebung ab. Realismus und eine gewisse heilsame Ernüchterung lassen uns das Gute schätzen und aus dem Schlechten lernen. Das Grundgefühl ist positiv.

CHINESISCHE ASTROLOGIE

DIE RATTE

JAHRE DER RATTE
31.01.1900-19.02.1901
18.02.1912-06.02.1913
05.02.1924-25.01.1925
24.01.1936-11.02.1937
10.02.1948-29.01.1949
28.01.1960-15.02.1961
15.02.1972-02.02.1973
02.02.1984-19.02.1985
19.02.1996-06.02.1997

Ratten haben gute Manieren, sind charmant, romantisch veranlagt und gute Schauspieler, die andere leicht zum Lachen oder Weinen bringen. Gleichzeitig haben sie einen Hang zu Masochismus und Selbstmitleid, sind etwas pingelig und manipulierbar.

PARTNER
Am besten vertragen sie sich mit dem Drachen, dessen Weisheit sie beruhigt und ihnen die richtigen Wege weist. Der Büffel wirkt ähnlich auf sie. Affen werden sehr von Ratten angezogen, sind ihnen aber oft nicht treu. Hüten Sie sich vor Pferd und Katze. Pferde sind zu selbstsüchtig und können die Ratte mit ihren Bedürfnissen in Konflikte bringen. Katzen sind zu introvertiert für die offene Ratte.

BEKANNTE RATTEN
Marlon Brando, Prinz Charles

DER BÜFFEL

JAHRE DES BÜFFELS
19.02.1901-08.02.1902
06.02.1913-26.01.1914
25.01.1925-13.02.1926
11.02.1937-31.01.1938
29.01.1949-17.02.1950
15.02.1961-05.02.1962
03.02.1973-22.01.1974
20.02.1985-08.02.1986
07.02.1997-27.01.1998

Büffel sind kraftvoll, bestimmt, gewichtig (in mehr als einem Sinn!), charismatische Führertypen, Trendsetter, tapfer, loyal, leidensfähig, diszipliniert – und gleichzeitig herrisch, stur, schlechte Verlierer, eifersüchtig, oft auch reaktionär und etwas einfältig.

PARTNER
Am besten paßt ein typischer Hahn zum Büffel, denn er ist agiler als der schwerfällige Büffel. Auch charmante Ratten und Schlangen sind geeignete Partner, obwohl die Schlange sich leicht wieder anderen Armen zuwendet! Zwei Büffel ergeben ein – wahrscheinlich in perfekter Harmonie lebendes – gutes Paar. Verbindungen zur kapriziösen Ziege oder dem lebhaften Tiger sind dagegen nicht zu empfehlen.

BEKANNTE BÜFFEL
Napoleon Bonaparte, Prinzessin Diana

DER TIGER

JAHRE DES TIGERS
08.02.1902-29.01.1903
26.01.1914-14.02.1915
13.02.1926-02.02.1927
31.01.1938-19.02.1939
17.02.1950-06.02.1951
05.02.1962-25.01.1963
23.01.1974-10.02.1975
09.02.1986-28.01.1987
28.01.1998-15.02.1999

Tiger sind spontan, großzügig, sexy, tapfer, ehrenhaft, weise, großzügig, tiefgründig, charismatisch, sensibel – dagegen aber auch ungeduldig, rebellisch, eitel und inkonsequent.

PARTNER
Tiger ertragen keine dummen Partner, sie bewundern und respektieren das Pferd mehr als die anderen Tiere. Auch Drache und Hund sind mögliche Partner, solange sie sich gegenseitig vertrauen. Der Affe ist sogar für den Tiger manchmal gefährlich. Schweine sind ebenfalls geeignete Partner, neigen aber zu Selbstaufgabe. Die Katze ist dem Tiger so ähnlich, daß eine Verbindung nicht lange halten würde.

BEKANNTE TIGER
Marilyn Monroe, Tom Cruise und die Queen

CHINESISCHE ASTROLOGIE

DIE KATZE

JAHRE DER KATZE
29.01.1903-16.02.1904
14.02.1915-03.02.1916
02.02.1927-23.01.1928
19.02.1939-08.02.1940
06.02.1951-27.01.1952
25.01.1963-13.02.1964
11.02.1975-30.01.1976
29.01.1987-16.02.1988
16.02.1999-04.02.2000

Katzen sind zurückhaltend, eigensinnig, gewissenhaft, ruhig, höflich, schlau, taktvoll und gesellig. Doch sie haben auch Launen, sind egozentrisch, unstet und in sich gekehrt.

PARTNER
Träumerische, künstlerisch veranlagte Ziegen passen ausgezeichnet zur Katze, ebenso sind Hunde – entgegen der landläufigen Meinung – treue Partner. Schweine lieben Katzen, die ihnen als Partner Eleganz verleihen. Schlangen und Pferde dagegen sind zu trocken, während Drachen und Hähne die Funken zum Sprühen bringen. Zwei Katzen können in Harmonie leben, doch generell sind Katzen etwas schwer zu ertragen. Viele heiraten mehrmals.

BEKANNTE KATZEN
Frank Sinatra, Eva Peron, Albert Einstein

DER DRACHE

JAHRE DES DRACHEN
16.02.1904-04.02.1905
13.02.1916-23.01.1917
23.01.1928-10.02.1929
08.02.1940-27.01.1941
27.01.1952-14.02.1953
13.02.1964-02.02.1965
31.01.1976-17.02.1977
17.02.1988-05.02.1989

Drachen sind lebhafte Glückskinder (was auch auf ihre Umgebung abstrahlt), optimistisch, intuitiv, leicht zu begeistern, großzügig und inneren Werten zugetan. Gleichzeitig sind sie fordernd, expulsiv, laut, egozentrisch und manchmal kleinliche Richter.

PARTNER
Der geistig wendige Affe ergänzt den Drachen gut, auch wenn er manchmal zu lebhaft ist. Ratte und Hahn können dem immer an sich zweifelnden Drachen Halt geben. Auch Tiger passen gut zu ihm, wenn sich beide Partner auch erst aneinander gewöhnen müssen. Nicht anzuraten als Partner sind Büffel und Hunde, die sich mit den Selbstzweifeln des Drachen nicht beschäftigen wollen.

BEKANNTE DRACHEN
Salvador Dali, Jeanne d'Arc, George Bernard Shaw, John Lennon

DIE SCHLANGE

JAHRE DER SCHLANGE
04.02.1905-25.01.1906
23.01.1917-11.02.1918
10.02.1929-30.01.1930
27.01.1941-15.02.1942
14.02.1953-03.02.1954
21.02.1965-21.01.1966
18.02.1977-06.02.1978
02.06.1989-26.01.1990

Schlangen sind elegant, intuitiv, attraktiv, sympathisch, ruhig, weise, gelassen und philosophisch veranlagt. Daneben tendieren sie aber zu Selbstkritik, Faulheit, Geiz, Untreue und Angeberei sowie Hinterlist und Rachsucht.

PARTNER
Die stoischen, treuen Büffel passen bestens zur Schlange. Der Hahn bereitet ihr ein lebhaftes Heim mit etwas stürmischer Atmosphäre. Faszinierende Drachen sind ihre liebsten Partner, ihnen bleibt sie auch treu. Tiger sind ihr zu schwierig im Umgang. Hunde und Schweine geben der Schlange die nötige Freiheit, doch lassen sie es sich nicht gefallen, auf den Arm genommen zu werden.

BEKANNTE SCHLANGEN
Pablo Picasso, Aretha Franklin, Bob Dylan, Jackie Onassis, John F. Kennedy

CHINESISCHE ASTROLOGIE

DAS PFERD

JAHRE DES PFERDES
25.01.1906-13.02.1907*
11.02.1918-01.02.1919
30.01.1930-17.02.1931
15.02.1942-05.02.1943
03.02.1954-24.01.1955
21.01.1966-09.02.1967*
07.02.1978-27.01.1979
27.01.1990-14.02.1991
*Jahre des Feuer-Pferdes, alle 60 Jahre

Pferde sind charmant, empfänglich, redegewandt, arbeitsam, zäh, schnell im Denken und gesellig – gleichzeitig aber egozentrisch, unsensibel, manchmal brutal und schwach. Im Jahr des Feuer-Pferdes Geborene sind oft besondere Glückskinder, bringen ihren Familien aber manchmal Scherereien. Sie sind talentiert, übersinnlich begabt, witzig und zu Großem bestimmt – gleichzeitig aber auch starrköpfig, kontrovers, egozentrisch, übersensibel und einsam.

PARTNER
Tiger, Ziege und Hund sind die besten Partner für an sich selbst zweifelnde Pferde, da sie unterhalten und ein gutes Heim schaffen. Tiger sind – besonders bei intimen Beziehungen – der geeignetste Partner. Vordergründig wirkt auch der Hahn attraktiv, doch die Kleinlichkeit auf beiden Seiten kann Romanzen zerstören. Schweine und Büffel sind zu erdverbunden, Affen zu hinterlistig.

BERÜHMTE PFERDE
Barbra Streisand, Paul McCartney

DIE ZIEGE

JAHRE DER ZIEGE
13.02.1907-02.02.1908
01.02.1919-20.02.1920
17.02.1931-06.02.1932
05.02.1943-25.02.1944
24.01.1955-12.02.1956
09.02.1967-29.01.1968
28.01.1979-15.02.1980
15.02.1991-03.02.1992

Ziegen sind häuslich, sanftmütig, friedliebend, ausdauernd, liebenswert – gleichzeitig aber launenhaft, undiszipliniert, unpünktlich, ungenau, schwermütig und lassen sich leicht beeinflussen.

PARTNER
Verträumte Ziegen vertragen sich am besten mit Katzen, die alles im Griff haben und der Ziege Geborgenheit geben. Schweine als Partner können das Geld gut zusammenhalten, sind beschützend und loyal. Affen bringen für die Ziege alles auf den Punkt, und auch Pferde teilen gerne die Sorgen mit einer von ihnen geliebten Ziege. Vor Hunden und Büffel sollte sie sich hüten.

BERÜHMTE ZIEGEN
Mick Jagger, Robert De Niro, Mel Gibson

DER AFFE

JAHRE DES AFFEN
02.02.1908-22.01.1909
20.02.1920-08.02.1921
06.02.1932-26.01.1933
25.01.1944-13.02.1945
12.02.1956-31.01.1957
29.01.1968-16.02.1969
16.02.1980-04.02.1981
04.02.1992-22.01.1993

Affen sind temperamentvoll, witzig, geistig rege, schlau, einfallsreich, voll Energie und Enthusiasmus sowie bestärkend und anpassungsfähig. Andererseits wirken sie manipulierbar, doppelzüngig, untreu und opportunistisch.

PARTNER
Der Drache kommt mit dem leicht gelangweilten Affen gut zurecht, ebenso die Ratte, die ihn wegen seiner Energie und seines Witzes anbetet. Auch Tiger zieht er an, doch wenden die sich leicht ab und lassen den unbefriedigten Affen zurück. Schweine sind geeignete Partner, Büffel dagegen kümmern sich für den Geschmack des Affen zu sehr um die Kinder statt um intime Abenteuer. Pferde und Hunde sollten sich nicht an ihn halten.

BERÜHMTE AFFEN
Marquis de Sade, Yul Brynner, Diana Ross, Elizabeth Taylor

CHINESISCHE ASTROLOGIE

DER HAHN

JAHRE DES HAHNES
22.01.1909-10.02.1910
08.02.1921-28.01.1922
26.01.1933-14.02.1934
13.02.1945-02.02.1946
31.01.1957-16.02.1958
17.02.1969-05.02.1970
05.02.1981-24.01.1994

Hähne sind voller Vitalität, offen, modisch, begeisterungsfähig, abenteuerlustig, erfinderisch, interessant, großzügig und vertrauen anderen. Doch sie tendieren zu lautem, oberflächlichem Verhalten, hängen ihr Fähnchen nach dem Wind und sind oft Aufschneider.

PARTNER
Der tapfere Drache bringt dem Hahn Glück, oft ruht sich letzterer sogar zufrieden auf den Lorbeeren seines Partners aus. Der Büffel bietet ihm Sicherheit, mit der Schlange führt er oft tiefschürfende Gespräche. Auch Ratten kommen mit dem etwas aufgeblasenen Hahn zurecht, Katzen dagegen weniger – wegen der scharfen Zungen auf beiden Seiten. Zwei Hähne passen nicht zusammen.

BERÜHMTE HÄHNE
Errol Flynn, Katherine Hepburn, Joan Collins und Jerry Hall

DER HUND

JAHRE DES HUNDES
10.02.1910-30.01.1911
28.01.1922-16.02.1923
14.02.1934-04.02.1935
02.02.1946-22.01.1947
16.02.1958-08.02.1959
06.02.1970-26.01.1971
25.01.1982-12.02.1983
10.02.1994-30.01.1995

Hunde sind tapfer, treu, ehrlich, diskret, pflichtbewußt, großzügig, konventionell und bescheiden. Sie können aber auch introvertiert, aufgeregt, zynisch, pessimistisch, selbstgefällig, halsstarrig und selbstgerecht sein.

PARTNER
Hunde bewundern Tiger wegen ihres Selbstbewußtseins. Sie lieben überhaupt alle Partner mit Sinn für Höheres. Die Katze ist ihnen gegenüber verständnisvoll, das Schwein vermittelt ihnen Lebenslust, und das Pferd zeigt ihnen, wo es langgeht. Zwei Hunde zusammen führen eher einen langweiligen Haushalt, in dem alles liegenbleibt. Ratten, Drachen, Ziegen und Hähne ergeben konfliktreiche Verbindungen, und auch Schlangen machen ihn nicht glücklich.

BERÜHMTE HUNDE
Shirley MacLaine, Elvis Presley, Winston Churchill, Sophia Loren

DAS SCHWEIN

JAHRE DES SCHWEINES
30.01.1911-18.02.1912
16.02.1923-05.02.1924
04.02.1935-24.01.1936
22.01.1947-10.02.1948
08.02.1959-28.01.1960
27.01.1971-14.02.1972
13.02.1983-01.02.1984
31.01.1995-18.02.1996

Schweine sind ehrlich, loyal, sensibel, sympathisch, friedliebend, fair und entgegenkommend – gleichzeitig allerdings auch naiv, faul, unsicher, zu nachsichtig und nachgiebig sowie leichtgläubig.

PARTNER
Am besten paßt die Katze zum Schwein, wenn sie sich auch zunächst an seine großen sexuellen Bedürfnisse gewöhnen muß. Drachen sind beschützende Partner, sollten sich aber der Versuchung bewußt sein, daß das naive Schwein leicht zu betrügen ist. Der unstete Affe ist daher prinzipiell ein schlechter Partner. Hahn und Schlange profitieren vom gutmütigen Schwein, während der Tiger nicht geradlinig genug ist.

BERÜHMTE SCHWEINE
Ernest Hemingway, Woody Allen und Elton John

CHIROPRAKTIK

Behandlung der Wirbel

Die Chiropraktik wurde 1895 von Daniel David Palmer in Amerika entwickelt. Sie hilft vielen Menschen bei chronischen Kreuzbeschwerden, setzt aber eine gründliche diagnostische und röntgenologische Untersuchung voraus.

Bei dieser Therapie wird das Zusammenspiel der Wirbelknochen, Bänder und Muskeln reguliert. Kreuzschmerzen und manche andere mit Verformungen der Wirbelsäule und Nervenschädigungen in Verbindung stehende Übel werden gelindert. Die Technik ist eine alternative Behandlungsform. Meist wird sie von Chiropraktikern durchgeführt. Ein oder zwei bestimmte Wirbel werden dabei behandelt.

Im Gegensatz zu den Osteotherapeuten, die einen größeren Rückenbereich behandeln, konzentriert sich der Chiropraktiker auf eine eng umgrenzte Stelle. Außerdem stellt er zunächst durch Röntgen fest, welche Wirbel den Schmerz verursachen.

Die Anfänge der Chiropraktik

Anwendungen im Bereich der Rückenwirbel kennt man schon seit Jahrtausenden. Hippokrates berichtete bereits vor 2000 Jahren darüber, und auch ägyptische Manuskripte schildern derartige Praktiken. Das Wort leitet sich vom griechischen „cheiro" (Hand) und „practikos" (gebrauchen) ab. Wörtlich übersetzt bedeutet „Chiropraktik" also „von Hand machen". Doch erst während der letzten hundert Jahre hat sich die Technik zu einem ganzen Heil-System weiterentwickelt. Heute stellt sie nach konventionellen Ärzten und Zahnärzten die drittgrößte Gruppe von Therapeuten.

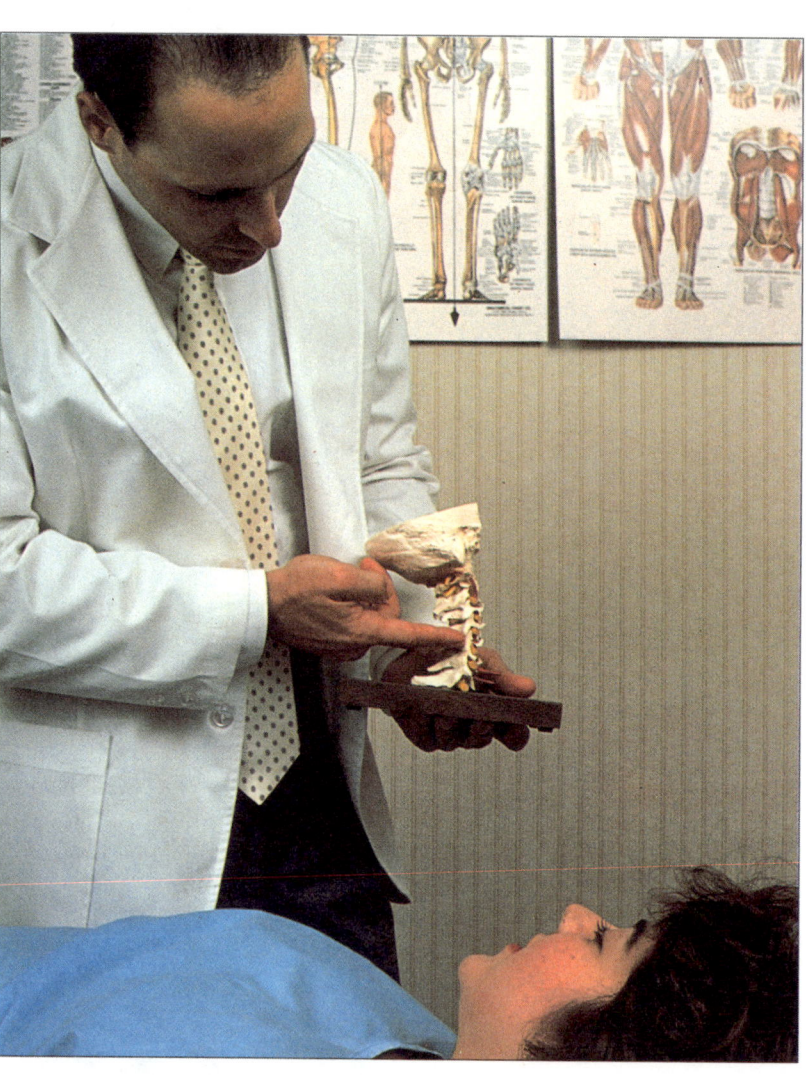

Ein Vater der Chiropraktik war der aus Kanada stammende Kaufmann Daniel David Palmer (1845-1913), der in Iowa in den USA lebte. Er soll die Therapie erstmals 1895 angewendet haben. 1898 gründete er sein eigenes College in Iowa, 1910 erschien sein Buch *The Chiropractic*.

Heute kommt in den USA ein Chiropraktiker auf jeweils 13 000 Menschen, die Heilmethode ist als wichtiger Teil des Gesundheitssystems anerkannt. Bei uns ist die Methode nicht ganz so bekannt. In der Schweiz beispielsweise ist ein Chiropraktiker für jeweils 74 000 Menschen zuständig.

Was kann man mit Chiropraktik erreichen?

Viele Menschen leiden heute an Kreuzschmerzen, die häufig durch Fehlhaltungen oder Fehlbelastungen verursacht werden. Oft erreicht der Chiropraktiker eine Linderung der Schmerzen oder kann das Problem sogar vollständig beheben. Etwa die Hälfte der Patienten in seiner Praxis leidet unter Rückenproblemen.

Daneben werden aber auch viele andere chronische Erkrankungen behandelt. Dazu gehören die häufig auftretenden Schmerzen in Nacken, Schultern und Armen, Kopfschmerzen, Migräne, Knie- und Hüftprobleme, Arthritis und Muskelschmerzen. Auch Sportverletzungen, denen mit den üblichen Methoden wie Physiotherapie nicht beizukommen ist, sprechen gut auf die alternative Methode an. Manche Spitzensportler reisen sogar mit ihrem eigenen Chiropraktiker zu den Wettkämpfen.

Häufig leiden schwangere Frauen durch das größere Körpergewicht an Kreuzschmerzen, da das Gewicht die Wirbelsäulenkrümmung verändert. Schwangere sollten abwägen, ob die Schmerzen so unerträglich sind, daß sie sich von einem Chiropraktiker behandeln lassen müssen, da sie in diesem Fall geröntgt werden müssen, was während einer Schwangerschaft jedoch vermieden werden sollte.

CHIROPRAKTIK

WER FÜHRT DIE THERAPIE DURCH?

Wählen Sie nicht einfach eine Nummer aus dem Telefonbuch. Erkundigen Sie sich bei Freunden und Bekannten nach einem erfahrenen Chiropraktiker.

Die persönliche Empfehlung ist immer am besten. Vielleicht hat jemand in Ihrem Bekanntenkreis schon gute Erfahrungen gemacht. Auch viele Ärzte sind heute aufgeschlossen gegenüber alternativen Heilmethoden und können Ihnen eine gute Praxis empfehlen. Viele andere Therapeuten wie Akupunkteure oder Naturheilkundige kennen gute Chiropraktiker in Ihrer Umgebung und verweisen Sie weiter.

Wenn Sie sich von Ihrem Hausarzt die bisherige Diagnose schriftlich mitgeben lassen, haben Sie schon eine gute Vorarbeit für die Therapie geleistet. Sie sollten erst zum Chiropraktiker gehen, wenn mit der konventionellen Medizin keine Erfolge erzielt werden.

Notwendige Schritte

Bevor Sie den Chiropraktiker konsultieren, sollten Sie mit Ihrem Hausarzt über mögliche Ursachen Ihrer Beschwerden gesprochen haben. Eventuell werden Sie dann an einen Physiotherapie-Kurs überwiesen. So wird ausgeschlossen, daß der Chiropraktiker Krankheiten behandelt, für die er eigentlich nicht zuständig ist.

Danach wird auch Ihr Arzt überzeugt sein, daß ein Chiropraktiker eventuell besser helfen kann. Ärzte, die nur in der konventionellen Medizin ausgebildet sind, sind oftmals skeptisch gegenüber alternativen Methoden. Nur wenige Chiropraktiker sind ausgebildete Ärzte. Allgemeinmediziner erkennen aber oft an, daß die alternativen Methoden den konventionellen manchmal überlegen sind – besonders wo chronische Beschwerden behandelt werden sollen, bei denen keine körperliche Ursache für die auftretenden Schmerzen festzustellen ist.

Lassen Sie sich nicht abschrecken, wenn Ihr Arzt nicht so sehr von der Chiropraktik überzeugt ist. In vielen seriösen Publikationen werden die ausgezeichneten Behandlungserfolge bestätigt, die mit dieser Technik erzielt werden können.

Besonders wird darauf hingewiesen, daß die Methode sehr oft bei schon lange bestehenden starken Schmerzen Linderung bringen kann. Oft ist die Chiropraktik hier der konventionellen Physiotherapie überlegen. Außerdem ist die Methode meist auch kostengünstiger als langwierige Therapien in der konventionellen Medizin.

Wie funktioniert die Chiropraktik?

Wenn Sie sich für einen Therapeuten entschieden haben (siehe Kasten oben), sind normalerweise mehrere Konsultationen erforderlich. Zunächst stellt der Chiropraktiker natürlich durch Fragen Ihre persönliche Krankengeschichte und Ihre aktuellen Probleme fest. Danach nimmt er eine genaue körperliche Untersuchung vor, zu der auch das Röntgen gehört. Erst nach diesem Check kann er beurteilen, ob Sie auf seine Therapie ansprechen werden. Es kann also durchaus vorkommen, daß er für Ihr spezielles Problem keine Heilungschancen durch die Chiropraktik sieht und Sie an Ihren Hausarzt zurückverweist.

Beim zweiten Besuch beginnt in der Regel die eigentliche Behandlung. Sie entkleiden sich dabei bis auf die Unterwäsche. Sie stehen, sitzen oder liegen, je nach Art der Behandlung. Zum Liegen gibt es wie beim Arzt eine spezielle Couch.

Während der Therapeut mit seinen Händen Ihren Wirbeln bearbeitet, spüren Sie in der Wirbelsäule, daß sich etwas bewegt, daß die Wirbel ihre gewohnte Lage etwas verlassen. Sie brauchen aber keine Angst zu haben, die Behandlung ist normalerweise nicht schmerzhaft.

Die Erfolgsquote

Eine Studie hat belegt, daß Patienten mit langjährigen Rückenschmerzen besser auf die Chiropraktik ansprechen als solche mit einem jüngeren oder akuten Problem. Manchmal lassen sich ganz außerordentliche Resultate erzielen. Eine Frau, die plötzlich in ihrem linken Bein einen Schmerz spürte und einige Tage darauf völlig unbeweglich war, suchte zunächst einen Arzt nach dem anderen auf. Sie wurde mit Muskeltabletten, Valium und entzündungshemmenden Mitteln behandelt. Einen Monat lang lag sie meistens reglos im Bett. Dann ließ sie sich von einem Chiropraktiker behandeln. Bereits nach der zweiten Sitzung konnte sie wieder gehen, und nach einem Jahr spürte sie keinerlei Schmerzen mehr.

Viele Patienten erleben schon nach ein oder zwei Behandlungen eine spürbare Besserung. Andere brauchen vier oder fünf Sitzungen, bevor die Sache in Bewegung kommt. Sobald Sie sich besser fühlen, können Sie die Behandlung normalerweise als beendet betrachten. Allerdings ist es – wie viele Therapeuten auch raten – empfehlenswert, sich nach ein oder zwei Monaten noch einmal gründlich untersuchen zu lassen. Patienten mit chronischen Erkrankungen benötigen oft auch über einen längeren Zeitraum regelmäßig mindestens einmal im Monat eine Behandlung.

Was kostet die Behandlung?

Wie auch bei anderen Behandlungsmethoden im alternativen Bereich ist die Konsultation nicht billig. Die erste Untersuchung sollte in Ruhe durchgeführt werden und dauert oft bis zu anderthalb Stunden.

Hinzu kommen die Kosten für die Röntgenbilder (der Chiropraktiker macht meist ein Röntgenbild vor und eines nach der Behandlung, um festzustellen, ob die Behandlung erfolgreich war). Die folgenden Sitzungen sind dann etwas billiger. Doch wenn man seit einigen Jahren unter chronischen Schmerzen leidet oder plötzlich von einer Krankheit geplagt wird, ist das Geld sicher nicht falsch ausgegeben.

Achten Sie immer auf Ihre Wirbelsäule. Viele Krankheiten haben ihre Ursache in Verschiebungen der Wirbelsäule.

DIÄT
Iß dich schlank!

Wer hungert, will schnell Resultate sehen. Deshalb werden wir immer wieder mit neuen „Wunderdiäten" beglückt, die alle als die „schnellste und beste" Methode zum Abnehmen angepriesen werden. Wie effektiv und gesund sind diese Modediäten wirklich?

Jeder Arzt oder Ernährungsberater bestätigt es: Nur durch bewußtes Essen gesunder Nahrungsmittel – und zwar auf Dauer – kann man wirklich erfolgreich abnehmen. Wir lassen uns noch immer von neuen, ausgefallenen Diäten verführen, die uns einen ganz neuen Körper versprechen. Meist fordern sie sehr starke Kalorienreduktion und schränken die Auswahl an Nahrungsmitteln stark ein. Manchmal preisen sie bestimmte Kombinationen an, die besonders effektiv sein sollen.

All diese Modeerscheinungen wenden sich an Menschen, die schnell und leicht die überflüssigen Pfunde loswerden wollen. Sie sind immer wieder „in", da viele Menschen alle paar Wochen etwas Neues ausprobieren wollen und den Versprechungen meist glauben. „20 Pfund in 14 Tagen", lesen wir in den Anzeigen. „Wunderbar", denken wir. Wenn Sie ungeduldig sind oder sich schon einmal vergeblich abgehungert haben, ist das vielleicht genau das, worauf Sie warten?! Studien belegen, daß die meisten Abnehmwilligen von einer Diät zur nächsten springen. Genauso hüpft die Anzeige der Waage abwechselnd hoch und runter. Das Körpergewicht wird sich niemals stabilisieren, weil der Körper die Extreme nicht verkraftet und keine gesunde, ausgewogene Ernährung erhält. Sobald die Diät beendet ist, stürzen sich die meisten Menschen in die alten Eßgewohnheiten – und setzen die verlorenen Pfunde wieder an.

Sinnlose Diätkonzepte
Sehr gefragt war die Hüften- und Oberschenkel-Diät, die besonders die üblichen weiblichen Problemzonen anzugehen versprach. Sie basiert auf einer reduzierten Fettzufuhr. Ob man wirklich mit einer Diät gezielt bestimmte Regionen angreifen kann, ist mehr als fraglich. Hier helfen in jedem Fall Übungen besser. Immerhin ist die vorgeschlagene Nahrungsmittelauswahl bei der Hüften- und Oberschenkel-Diät vernünftig: Das Fett wird reduziert, Kohlenhydrate aus Vollkornbrot, ungeschältem Reis und Kartoffeln (mit vielen Ballaststoffen) sowie eine mäßige Proteinzufuhr sind dagegen erlaubt. Insgesamt werden weniger Kalorien aufgenommen, ohne daß man die Einschränkung übertreibt. Eine große Auswahl an Nahrungsmitteln gewährleistet die ausgewogene Ernährung.

Andere Diätexperten schwören auf eine ballaststoffreiche Diät. Sie bietet reichlich Füllstoffe, dagegen wenig Fett an. Sie ist weder „versponnen" noch unausgewogen. Dennoch wird sie manchmal angegriffen. Der empfohlene Verzehr von reichlich Weizenkleie und Kleiemüsli (das oft sehr viel Zucker enthält) kann zu schlechter Aufnahme mancher Mineralien führen. Eine nor-

DIÄT

male Naturkost-Ernährung ist sicher ausgewogener.

Auch mit vermehrter Proteinzufuhr wurde experimentiert. Diese Methode wird heute als ungesund eingestuft. Proteinreiche Nahrungsmittel wie zum Beispiel Fleisch, Käse und Milch enthalten viele gesättigte Fettsäuren, die schlecht für Herz und Kreislauf sind.

An Kohlenhydraten arme Nahrungsmittel werden ebenfalls manchmal propagiert. Doch auch diese Diätform wird mittlerweile allgemein als ungesund eingestuft. Wir wissen, daß die Kohlenhydrate sehr kalorienreich sind. Doch darf man nicht alle Arten von Kalorien von einfachem Zucker bis zu Stärke und Kohlenhydraten aus den Ballaststoffen in einen Topf werfen und alle gleichermaßen verurteilen.

Mittlerweile wissen wir, wie wichtig bei der ausgewogenen Ernährung Ballaststoffe sind. Auch sind sich alle Experten mehr oder weniger einig, daß die Fettzufuhr reduziert werden sollte. Besonders die gesättigten Fettsäuren sind weniger empfehlenswert, da sie den Cholesterinspiegel im Blut heben und das Risiko von Herzkrankheiten erhöhen. Kohlenhydratarme Diätformen reduzieren nicht unbedingt die Kalorien, sind aber auf lange Sicht ungesund und unausgewogen und können zu Gesundheitsstörungen führen.

GEFAHREN VON MODEDIÄTEN

Viele Modediäten sind nicht nur sinnlos, sondern sogar gefährlich. Auf lange Sicht bringen sie kaum eine Gewichtsabnahme, beeinträchtigen aber die Gesundheit.

- Eine Modediät kann man nicht sehr lange einhalten, weil sie nur sehr wenige Nahrungsmittel zuläßt und langweilig wirkt, oder weil der durch die starke Kalorienreduktion geschwächte Körper dem Hunger leicht nachgibt.
- Oft mangelt es den Modediäten an lebenswichtigen Nährstoffen, so daß man sich müde und lethargisch fühlt. Haut und Haar können ebenfalls leiden.
- Wenn man nicht „normal" ißt – die gleichen Gerichte wie andere und zusammen mit anderen –, kann die Diät sehr frustrierend sein.
- Zu Beginn jeder Diät verliert man meist schnell Gewicht, doch dies resultiert nur aus dem Wasserverlust durch verminderte Kohlenhydratzufuhr bei viel Proteinen, sehr geringer Kalorienzufuhr oder speziellen Diätpräparaten. Nach der Diät wird der Flüssigkeitshaushalt schnell wieder ausgeglichen, das Gewicht kann nicht gehalten werden.
- Wenn die Kalorienzufuhr – besonders Kohlenhydrate – stark gedrosselt wird, reagiert der Körper wie beim Hungern und lagert Fettreserven an, wodurch Muskelfleisch „aufgefressen" wird. Im Extremfall ist der Verlust gefährlich und kann Organe wie Herz und Nieren angreifen.
- Radikalkuren verringern den Grundumsatz, wodurch sich die Bemühungen festfahren können. Es wird immer schwieriger, auch mit weniger Essen Gewicht zu verlieren, nach der Diät nimmt man wieder zu.

Extreme

Neben den bisher genannten lediglich unausgewogenen Diäten gibt es weitere, die wirklich reine Modeerscheinungen sind und keinerlei positiven Effekt haben.

Eine davon ist die Grapefruit-Diät, die auf niedriger Kohlenhydratzuführung basiert. Alle Mahlzeiten beginnen mit einer halben ungesüßten Grapefruit. Die dahinterstehende Theorie besagt, daß spezielle Enzyme aus der Frucht helfen, die Fettreserven im Körper schneller zu verbrennen.

Es gibt allerdings keinen wissenschaftlichen Beweis für die Wirksamkeit dieser Diät. Der Gewichtsverlust resultiert hierbei hauptsächlich aus der Einschränkung der Kohlenhydrate, doch immerhin kann der saure Geschmack die Lust auf Süßes vermindern.

Die Beverly-Hills-Diät basierte auf ähnlichen Überlegungen. Diesmal waren es exotische Früchte, die „wunderbare" Eigenschaften beim Abnehmen haben sollten. Tagelang ist man auf das Essen von Mango, Ananas, Papaya und Wassermelone eingeschränkt. Durch die erhebliche Kalorienreduktion wirkt die Diät – wenn auch wohl nicht durch die Art der ausgewählten Früchte. Über einen längeren Zeitraum führt sie allerdings zu erheblichen Mangelerscheinungen.

Viele Diäten schreiben ein einziges Lebensmittel vor. Letztendlich wirken sie alle durch die Kalorienreduktion. Sie sind sehr langweilig und wenig appetitlich. So muß man schon schwer kämpfen, um sie durchzuhalten, auch wenn als kleiner Vorteil das dauernde Einkaufen und Planen der Mahlzeiten wegfällt. Viele Menschen wollen nicht mit einer zu flexiblen Diät verwirrt werden. Wenn sie eine gewisse Freiheit erkennen, schummeln sie oft.

Fertig käufliche Diätpräparate werden dann bevorzugt, wenn man seinen Kalorienverbrauch nicht selbst ausrechnen möchte.

Die richtige Diät

Wenn Sie eine Diät erwägen, fragen Sie sich zuerst, ob sie auch gesund ist, wie sie den Gewichtsverlust bewirken soll und ob sie praktikabel ist. Hier schneiden alle Modediäten schlecht ab. Auf kurze Sicht können sie schon mal gute Resultate erzielen, doch der Erfolg hält nicht lange vor. Die Pfunde sammeln sich oft noch hartnäckiger an als vorher.

Leider gibt es keine Wunderdiäten, wie sie uns oft angepriesen werden. Sie machen das Problem meist nur noch schlimmer. Die einzig wahre Methode zum Abnehmen ist eine gesunde, aus-

DIÄT

VIER BINSENWEISHEITEN ZUR DIÄT

1 Wenn etwas wirken soll, muß es teuer sein.
Falsch. Die Diät sollte die Lebenshaltungskosten nicht erhöhen. Sie sollten keine Spezialmittel kaufen.

2 Manche Nahrungsmittel machen schlank.
Falsch. Alle Nahrungsmittel enthalten Kalorien. Kein einziges nimmt sie weg. Doch manche Lebensmittel haben weniger Kalorien, machen aber trotzdem satt.

3 Durch eine Diät verliert man eher Gewicht als durch Bewegung.
Falsch. Am besten verliert man Gewicht, wenn man die Muskeln in Bewegung hält. Kombinieren Sie beides.

4 Nach der Diät kann man sich wieder alten Gewohnheiten wie den gelegentlichen „süßen Sünden" zuwenden.
Falsch. Wenn Sie dauerhaft schlanker sein wollen, sollten sie keine „leeren" Kalorien mehr zu sich nehmen. Die Balance ist wichtig. Für jede Tafel Schokolade, jedes Glas Wein bleiben gesündere Kalorien auf der Strecke. Außerdem müssen Sie körperlich mehr leisten, um die leeren Kalorien abzubauen.

gewogene Ernährung mit mäßig Kalorien, ohne die Vitamin- und Mineralstoffzufuhr einzuschränken.

Eine kurzzeitige strenge Diät kann dazu dienen, in die neuen Eßgewohnheiten hineinzufinden. Sinnvoll ist ein ausgewogener Speiseplan aus Fleisch von guter Qualität, Fisch, Milchprodukten sowie Vollkornprodukten, Hülsenfrüchten, Gemüse und Obst. Bei dieser Ernährung dürfen Sie sich sogar gelegentlich kleine Extras wie ein Glas Wein leisten.

Wenn Sie alle „leeren" Kalorien von Kuchen, Keksen, Kartoffelchips, Schokolade und sonstigen Süßigkeiten sowie Alkohol weglassen, reduzieren Sie die Kalorienzufuhr und verlieren fast automatisch Gewicht.

Im Gegensatz zu früheren Annahmen sollten Kohlenhydrate in Form von Stärke (Brot, Reis, Nudeln, Kartoffeln) nicht weggelassen werden, solange sie kein Fett enthalten: Sie machen satt, und in Relation zum Gewicht liefern sie weniger Kalorien als Fett und Protein und – wenn sie vollwertig sind (nicht geschält) – auch wertvolle Ballaststoffe für eine gesunde Verdauung.

Bei ausgewogener Ernährung werden Sie kaum Mangelerscheinungen haben. Es ist aber sinnvoll, sich ein wenig mit der Therorie zu beschäftigen (siehe nächste Seite). Sie können dieselben Gerichte wie Ihre Familie und Freunde essen, sowohl zu Hause wie auch auswärts. Der Erfolg stellt sich nicht so schnell ein, hält dafür aber lange an. Sie fühlen sich rundum gesund und voll Energie. Solange Sie sich an die Empfehlungen halten, bleibt auch Ihr Gewicht konstant.

Wie viele Kalorien braucht man?

Jeder Mensch hat andere Eßgewohnheiten und Aktivitäten. Die Körperform wird großenteils geerbt, doch die Körperfülle ist in erster Linie von der aufgenommenen Nahrung sowie den verbrauchten Kalorien bei körperlichen Aktivitäten bestimmt. Die einfache Gleichung lautet:

Wenn die in der Nahrung aufgenommenen Kalorien denen entsprechen, die man verbraucht, bleibt das Gewicht konstant.

Wenn mehr Kalorien aufgenommen als verbraucht werden, nimmt man zu.

Wenn weniger Kalorien aufgenommen als verbraucht werden, nimmt man ab.

Für alle körperlichen Prozesse wird Energie verbraucht: beim Atmen, beim Ersetzen und Erneuern von Körperzellen, zur Regulation der Körpertemperatur, zur Verdauung und bei allen sonstigen Tätigkeiten.

Der Grad, in dem Kalorien verwertet werden können, ist bei jedem verschieden. Wahrscheinlich ist es die Menge der Energie, die im Alltag verbraucht wird, die bewirkt, daß manche Menschen einen hohen Grundumsatz haben (die Kalorien schnell verbrennen), andere dagegen einen niedrigen. Wenn Sie die Kalorien langsamer verbrennen, können Sie nicht soviel essen, ohne zuzunehmen.

Glücklicherweise sind Sie diesem Mechanismus aber nicht ganz ausgeliefert. Sie können die Verbrennung durch Bewegung wie zum Beispiel Gymnastik beschleunigen oder durch strenge Diät beeinflussen. Magere Körpersubstanz verbrennt die Kalorien schneller und effektiver als Fettgewebe. Sie tun sich also keinen Gefallen, wenn Sie mageres Gewebe abbauen – was aber bei extremen Diätformen geschieht. Das Geheimnis liegt in der Ausgewogenheit.

Für einen vertretbaren Gewichtsverlust sollten Frauen sich auf etwa 1000 kcal pro Tag einschränken, Männer auf 1500. Kombinieren Sie Ihre Diät mit körperlichen Übungen, die nicht nur mehr Kalorien verbrennen, sondern auch den Grundumsatz reduzieren.

DIÄT

TABELLE DER NAHRUNGSMITTEL

Nicht wieviel, sondern was Sie essen, ist ausschlaggebend für eine erfolgreiche Diät. Hier finden Sie die wichtigsten Nährstoffe und ihre Quellen. Es gibt noch viele weitere Mineralien und Vitamine, die zwar nur in winzigsten Mengen gebraucht werden, aber dennoch lebenswichtig sind. Nur durch abwechslungsreiches Essen ist eine vollständige Versorgung mit allem Lebenswichtigen gewährleistet.

NÄHRSTOFF	QUELLE
Eiweiß	Fleisch, Fisch, Geflügel, Eier, Hülsenfrüchte, Käse, Milch, Nüsse, Gemüse, Sojabohnen (wählen Sie mageres Fleisch, Geflügel ohne Haut, mageren Käse und Magermilch)
Kohlenhydrate	
Stärke und Ballaststoffe (mehr)	Mehl, Brot, Reis, Teigwaren, Getreide (möglichst Vollkorn), Kartoffeln, Erbsen, Mais, Bohnenkerne, Hülsenfrüchte
Zucker (reduzieren/ganz weglassen)	Zucker, Marmelade, Kuchen, Kekse, Schokolade, Süßigkeiten, Pudding, Obstkonserven
Fette	
Gesättigt (reduzieren/ganz weglassen)	Butter, Margarine, Schmalz, Talg, Milchprodukte wie Sahne, fetter Käse und Vollmilch, nicht näher definierte Pflanzenöle, Kuchen, Kekse, Teigwaren, Schokolade
Vielfach ungesättigt (als Ersatz für gesättigte Fette; insgesamt reduzieren)	vielfach ungesättigte Öle und Margarinen von Sonnenblumenkernen, Soja oder Mais, Olivenöl, öliger Fisch, Avocados
Magerprodukte	Brotaufstrich, Light-Produkte, die extra zum Abnehmen konzipiert wurden
Vitamine/Mineralstoffe	
Vitamin A	Fett, Sardinen, Leber, Aprikosen, Karotten, grünes Gemüse
Vitamine der B-Gruppe	Brot, Nudeln, Getreide, grünes Gemüse, Eier, Hefeextrakt, Fleisch, Milch
Vitamin C	Obst (besonders Zitrusfrüchte), grünes Gemüse, Johannisbeeren, Kiwi
Vitamin D	Fette, öliger Fisch, Eier, Käse, Milch
Kalzium	Milch, Käse, Joghurt, Brot, Mehl, grünes Gemüse, Fischknochen (in eingedosten Sardinen), Eier
Eisen	rotes Fleisch (besonders Leber), Corned beef, Bohneneintopf, Eier, Trockenobst, Brot, Mehl und andere Getreideprodukte, Kartoffeln, Kohl, Spinat

EDELSTEINTHERAPIE

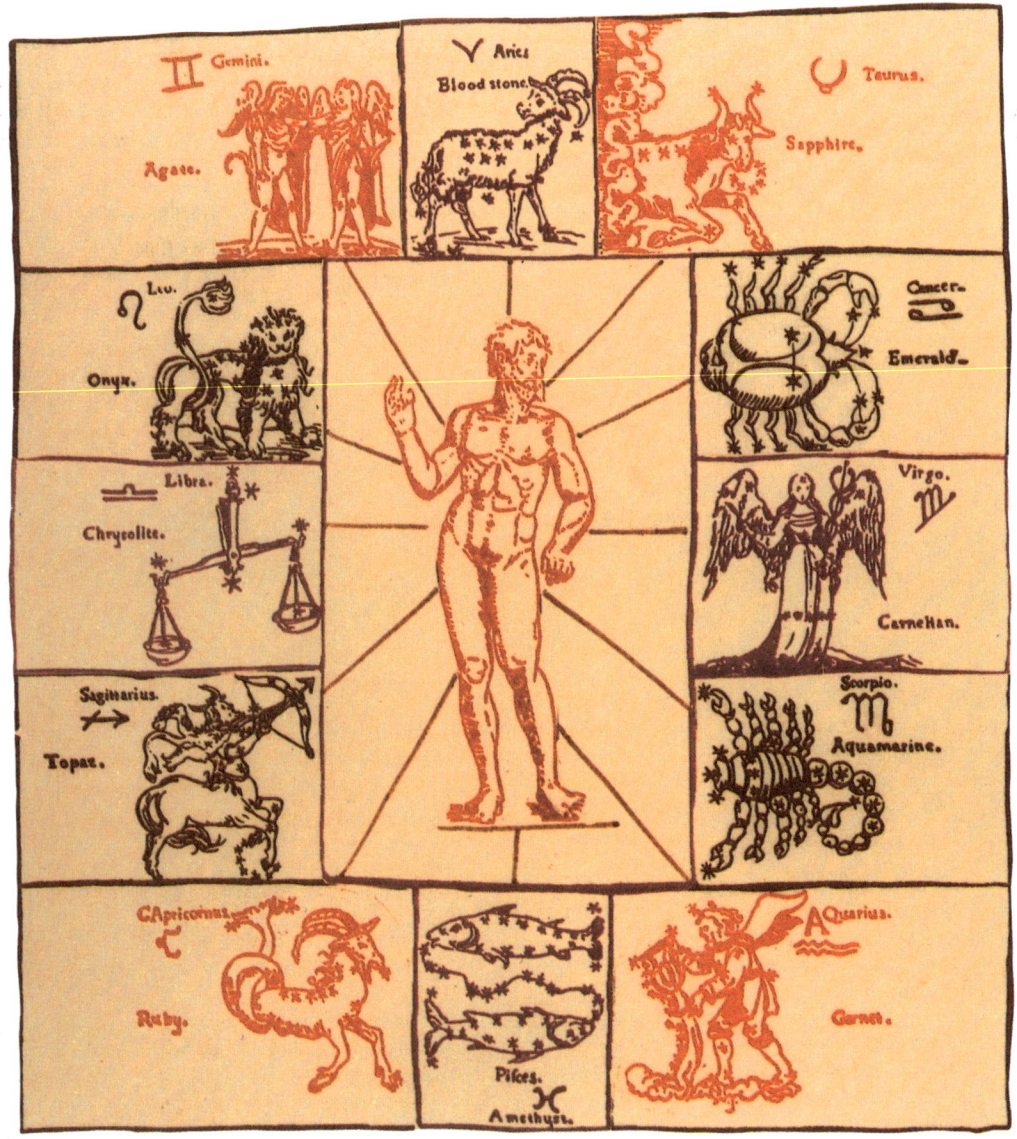

Die Kraft der Kristalle

Seit den Anfängen der menschlichen Zivilisation werden Edelsteine getragen - nicht nur als Schmuck, sondern auch, weil man ihnen geheime Kräfte zuschreibt. Sie sollen uns beschützen und heilen.

Heute glauben immer mehr Menschen, daß in den Kristallen der Schlüssel zu unserer körperlichen, geistigen und seelischen Gesundheit liegt. Das Wort ist aus dem griechischen „crystallos" abgeleitet und bedeutet klares Eis oder gefrorenes Wasser. Früher glaubte man, daß die Götter heiliges Wasser zu Kristallen und Edelsteinen gefrieren ließen und vom Himmel auf die Erde warfen.

Der russische Wissenschaftler Nikola Tesla (1856-1943) schrieb: „In Kristallen läßt sich klar eine lebendige Ordnung erkennen. Wenn wir dieses Prinzip auch noch nicht durchschauen, so ist ein Kristall doch zweifellos ein lebendes Wesen."

Die Heilkraft der Edelsteine

Anhänger dieser Heilmethode halten große Stücke auf Kristalle in Form von Edelsteinen. Experimente in den USA 1980 von Dael Walker, dem Direktor des Crystal Awareness Institute, ergaben angeblich, daß von 234 Patienten mit Muskelschmerzen 227 durch Halten eines Kristalls in ihrer Hand sofort eine Schmerzlinderung verspürten. Walker schrieb: „Kristalle reagieren auf Gedanken und Gefühle und treten in Beziehung zu unserem Denken. Sie verstärken die Gedankenenergie und die Gefühle. Sie bewirken

VORSICHT

Bedenken Sie bitte, daß die Edelsteintherapie niemals eine medizinische Behandlung ersetzen kann!

EDELSTEINTHERAPIE

auch eine Beruhigung bei Streß und beschleunigen Heilprozesse. Wir haben ein System von einfachen, aber effektiven Methoden an der Hand, den normalen Heilprozeß um mehr als die Hälfte zu verkürzen."

Obwohl die Wissenschaft bisher keine Beweise für derartige Wirkungen finden konnte, glauben die Anhänger der Theorie fest daran.

Welcher Edelstein eignet sich für welche Person?

Wie gehen Sie nun an den Gebrauch der schönen und – wie manche sagen – magischen Edelsteine heran? Viele Therapeuten glauben, daß wir die für uns wirksamsten Steine als Geschenk erhalten oder finden müssen: Wie von selbst, ohne Anstrengung, gelangen sie zu uns.

Man kann sie natürlich auch in Geschäften kaufen, sollte sich dazu aber Zeit nehmen. Bei der riesigen Auswahl an hübschen Steinen ist man versucht, sich einfach den schönsten auszusuchen, doch das ist nicht der richtige Weg. Experten raten, daß man die Handfläche über die Steine führen sollte. Sobald man beim passenden Stein angekommen ist, wird sie warm oder beginnt zu kribbeln.

Verantwortung für den persönlichen Stein

Sobald Sie Ihren Edelstein gefunden haben, säubern Sie ihn. Lassen Sie ihn dazu 30-70 Stunden in einer Schale mit reinem Meerwasser oder warmem Wasser mit Meersalz liegen. Reinigen Sie ihn auch später alle paar Wochen. Lassen Sie ihn im Sonnenlicht liegen. Einige Steine wie Opale saugen auch gerne Mondlicht auf. Legen Sie diese also in klaren Mondnächten auf die Fensterbank.

Auch wenn es vielleicht etwas merkwürdig klingt: Anhänger der Therapie beteuern, daß die Steine durch die Strahlung ihre Kräfte immer wieder erneuern.

Wie werden die Steine verwendet?

Begeisterte Anhänger der Theorie fordern sogar, daß man mit seinem persönlichen Stein Zwiesprache halten, ihn anhauchen und immer bei sich tragen sollte, damit er seine heilenden Kräfte voll entwickelt. Wenn Sie sich unsicher fühlen, tragen Sie einen kleinen Stein in der rechten Tasche mit sich. Denn die linke Gehirnhälfte, die die rechte Körperhälfte regiert, ist für klares Denken und sicheres Auftreten verantwortlich.

ANHÄNGER DER EDELSTEINTHERAPIE
Viele bekannte Persönlichkeiten glauben an die positive Kraft der Edelsteine.

Die Rock-Sängerin Tina Turner *Der Schauspieler Charles Dance* *Die Schauspielerin Shirley MacLaine*

Wenn Sie dagegen eher ein „Vernunftmensch" sind, aber versuchen möchten mehr auf Ihre Intuition zu vertrauen, geben Sie den Stein in die linke Tasche. Er wirkt dann auf die rechte Gehirnhälfte, die die linke Körperhälfte lenkt und mehr seelische, emotionale Qualitäten vermittelt. Auf diese Art fördern Sie Eigenschaften in sich, die Sie gerne besitzen möchten.

Manche Anhänger der Theorie schwören, daß das Schlafen mit einem Kristall oder in unmittelbarer Nähe (bis knapp 1 m Entfernung zum Bett) einen außerordentlich angenehmen Effekt hat. Sie behaupten sogar, daß der Kristall im Bett umherwanderte, je nachdem, wo er Ihnen am meisten helfen kann. Oft wird der Fall einer Frau mit Ohrenschmerzen als Beispiel angeführt: Sie legte ihren Stein abends an den Füßen ins Bett. Als sie aufwachte, war er bis zum Ohr gewandert und – ihre Ohrenschmerzen waren geheilt!

Auch wird behauptet, daß man durch Trinken eines Glases Wasser, in dem ein gereinigter Kristall 24 Stunden lang „eingeweicht" wurde, neu belebt werde. Um die Wirkung voll auszuschöpfen, soll man diese Prozedur jeden Tag wiederholen.

Ein weiterer Geheimtip – gegen Beschwerden durch die Zeitverschiebung bei längeren Flügen – ist ein Stein, den man für etwa fünf Minuten auf die Thymus-Drüse (die sich hinter dem Brustbein befindet) legt. Dadurch kann eine allgemeine Beruhigung erreicht werden.

Viele Anhänger der Theorie glauben auch, daß Kristalle in Alltagssituationen helfen können. Welkende Pflanzen zum Beispiel werden mit einem Ring kleiner Kristalle umgeben oder von ein bis zwei in die Erde gesteckten größeren Steinen neu belebt. Auch Tiere können von dem Kristall-Wasser profitieren, wenn sie es regelmäßig erhalten; sie werden lebhafter und gesünder. Sogar Autos und Computer sollen mit einem Kristall versehen viel besser arbeiten.

Wie viele der sogenannten New-Age-Theorien wirkt die Edelsteintherapie oftmals unglaubwürdig. Ob es sich bei angeblichen Erfolgen dieser Therapie nicht nur um einen Placebo-Effekt handelt, sei dahingestellt.

„Setz dich vor den Tatsachen auf den Boden wie ein Kind, gib jede vorgefertigte Meinung auf. Erkenne demütig alle verschlungenen Wege der Natur an, oder du lernst nichts mehr dazu."

T. H. Huxley

„Predigt in Stein, Gutes in jedem Ding"

William Shakespeare

EDELSTEINTHERAPIE

DIE SYSTEMATIK DER EDELSTEINE

Wir kennen Hunderte verschiedener Edelsteine in allen Farbkombinationen und -schattierungen. Viele sind sehr wertvoll, andere nennen wir Halbedelsteine. Sie sind ebenso effektiv, und die Größe der Steine ist nicht so bedeutsam. Sie müssen auch nicht unbedingt einen Experten fragen, wenn Sie die Therapie ausprobieren möchten, wichtig ist nur, daß Sie sich bei der Wahl Ihres Steines Zeit lassen. Hier finden Sie die wichtigsten den jeweiligen Edelsteinen zugeordneten Eigenschaften.

AMETHYST
Dieser violette Stein (oben) hat wunderbare Heilkräfte. Er stellt die Verbindung zu Intuition und Selbstheilungskräften her. Besonders wirkt er gegen Schlaflosigkeit, innere Unruhe und Angst. Gut zum Einstieg in die Therapie.

AQUAMARIN
Der „Wasserstein" kann uns bei Seekrankheit und Schwierigkeiten beim Wasserlassen helfen und angeblich auch Trinkwasser reinigen. Er löscht negative Stimmungen aus und fördert klares Denken.

BLUTSTEIN
Wie der Name schon sagt, wirkt er auf Krankheiten, die mit Blut zu tun haben, wie Regelbeschwerden und Nasenbluten. Er hilft das Blut zu reinigen und kann uns bestimmter und ruhiger mit Schwierigkeiten umgehen lehren.

DIAMANT
Dieser wertvolle Stein hat besondere Kräfte. Er hilft eine Richtung im Leben zu finden und stärkt die Courage.

GRANAT
Dieser Stein wirkt positiv auf sexuelle Probleme. Sowohl übertriebene Erregbarkeit wie auch mangelndes Interesse in diesem Bereich kann er ins Gleichgewicht bringen. Er fördert die Selbstsicherheit und reguliert den Blutdruck.

KORALLE
Sie hilft bei der Verdauung, gegen Kopfschmerzen, bei Problemen im Gaumenbereich, fördert das Selbstbewußtsein und bringt unsere Gefühle ins Gleichgewicht (besonders, wenn wir uns zu sehr um die Meinung anderer sorgen).

KUNZIT
Dieser Stein wurde erst 1902 entdeckt. Sein sattes Rosa hilft besonders bei Frauenleiden, die aus einer mangelnden Akzeptanz der Weiblichkeit resultieren, sowie Frauen, die nicht mit allen Aspekten ihrer Sexualität zurechtkommen. Der Stein beruhigt, heilt und gibt Selbstvertrauen.

LAPISLAZULI
Im Altertum galt er als königlicher Stein, seine blaugoldene Farbe verband man mit visionärer Begabung, er sollte die Verbindung zwischen unserer Welt und der des Schattens herstellen. Priester trugen gemahlenen Lapislazuli als Augen-Make-up und in Form von Juwelen. Er hilft allen, die auf irgendeine Art von Erleichtung warten oder in eine Religion eingeführt werden.

OPAL
Diesem sehr sensiblen Stein wurde oft Schlechtes nachgesagt. Manche Menschen glauben, er bringe

EDELSTEINTHERAPIE

Unglück. Opale müssen sehr vorsichtig behandelt werden, da sie leicht abblättern. Er ist ein „Wasserstein" und sollte öfter in kaltes Wasser getaucht und dem Mondlicht ausgesetzt werden. Opale erneuern geistige und körperliche Energien.

PERLEN
Die Perle triumphiert über schlechte, feindliche Ausgangsbedingungen und ist das Mittel für Hoffnung und innere Kraft. Wenn sie ihre schimmernde Oberfläche verliert, dann sind auch ihre inneren Kräfte meist unwiederbringlich verloren.

QUARZ
Durchsichtige Formen wie Bergkristall (unten) haben stimulierende „männliche" Eigenschaften, während milchige, opake Arten „weibliche" Kräfte besitzen. Wenn Sie die Ungerechtigkeit im Leben nicht gut verkraften, halten Sie sich an klare Formen. Wenn Sie Ruhe und Einsicht brauchen, dagegen an die opaken. Rosenquarz ist sanft und wirkt gegen aufschäumende Emotionen, beispielsweise nach einer zerbrochenen Beziehung.

SAPHIR
Der Stein der Kontrolle wirkt gegen Versuchungen und führt die Gedanken zu höheren Sphären. Stern-Saphire sind besonders signifikant, denn sie leiten Menschen, deren Ambitionen der ganzen Menschheit dienen können, in die richtige Richtung.

SMARAGD
Der Stein der wahren Liebe kann Klarheit in eine Beziehung bringen, sei es auf die gewünschte oder befürchtete Weise. Er vermittelt geistige Kräfte, heilt Entzündungen, gibt inneren Frieden und sorgt für Ausgeglichenheit.

TÜRKIS
Im Altertum ein Symbol des Himmels, wirkt dieser Stein besonders auf Lunge und Hals. Da er Kupfer enthält, hat er starke Heilkräfte. Ausgezeichnet hilft er auch Schüchternen bei öffentlichen Auftritten sowie bei geistiger und körperlicher Schwäche.

TURMALIN
Dieser Stein (oben) wehrt sich gegen jede Art von Negativität. Er ist durchlässig, im körperlichen und geistigen Sinne, seine Schönheit unterstützt bei Geburt und Tod, in den Wechseljahren wie auch bei anderen Übergangszuständen.

EUKALYPTUS

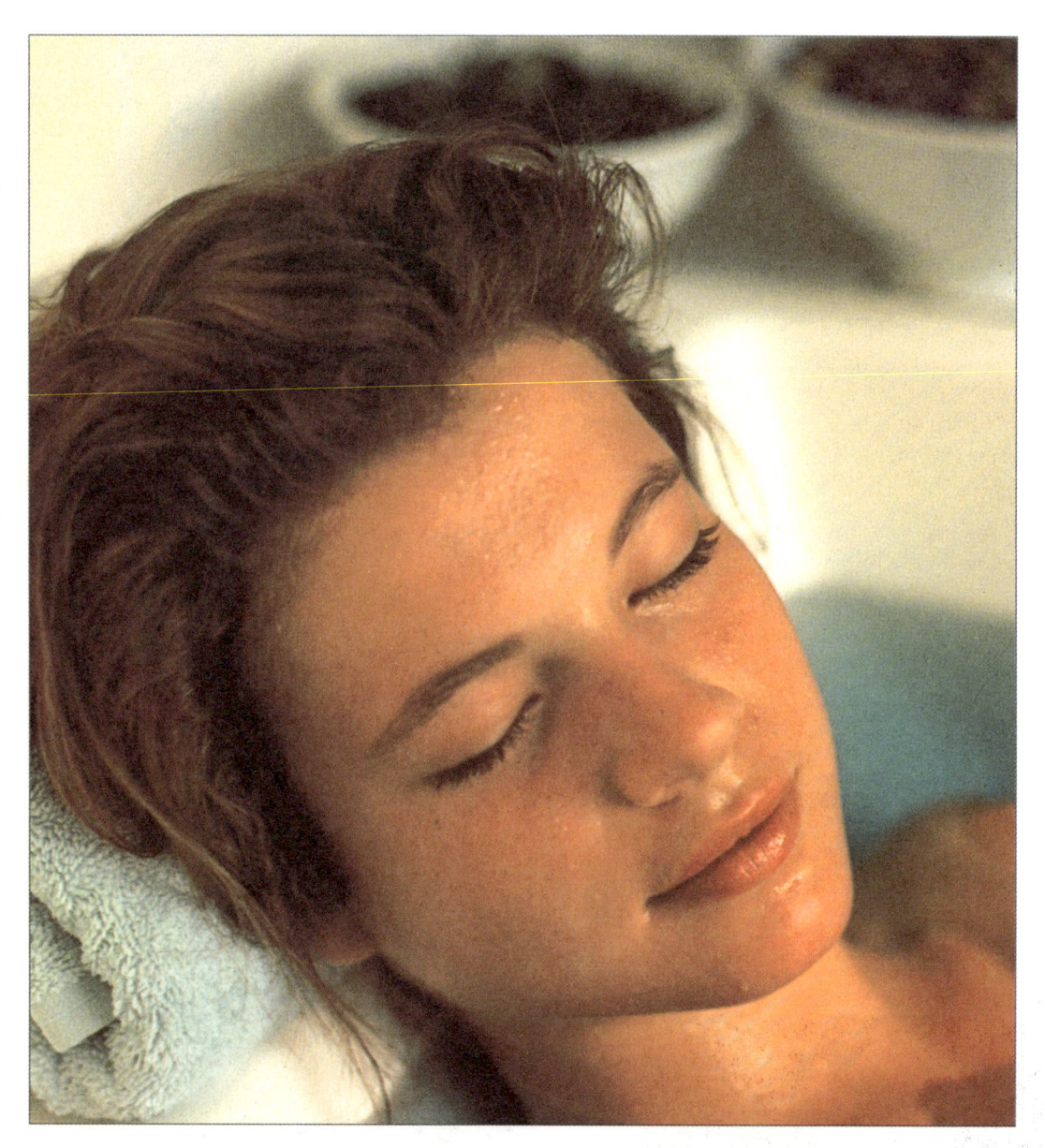

Heilsame Dämpfe

Atmen Sie nachts manchmal schwer? Haben Sie hartnäckigen Husten, der gar nicht mehr verschwinden will? Eukalyptus wirkt ausgezeichnet schleimlösend bei Erkältungen und Grippe.

Eukalyptus (*Eucalyptus*) ist ein immergrüner Baum, der in Australien und auf Tasmanien wächst. Man erkennt ihn an seiner papierartigen abpellenden Rinde. Er kann bis zu 150 m hoch werden und trägt im Sommer kleine weiße Blüten.

Eukalyptusöl hat vielfachen medizinischen Nutzen. Es wird aus den Öldrüsen der älteren graugrünen Blätter gewonnen. Wegen dieses Nutzens ist der Baum heute auch in Europa und Amerika weit verbreitet. Schon immer wußten die Menschen seine Heilkraft zu schätzen. Man glaubte sogar, daß der starke Duft der Blätter die Luft entgiften könne. Kranke zogen in Gegenden, wo Eukalyptusbäume wuchsen, und hofften durch die giftfreie Luft geheilt zu werden.

Eigenschaften

Eukalyptusöl ist ungefährlich und hat antiseptische, antibakterielle Eigenschaften. Es wirkt appetitanregend, fiebersenkend und stimulierend.

Es hat hervorragende schleimlösende Eigenschaften und wird daher oft bei Erkältung und Grippe eingesetzt. Eukalyptus enthält ätherische Öle, die auch bei Lungenkrankheiten inhaliert werden sollten. Es wird wegen seiner schleimlösenden Eigenschaften Halsbonbons beigemischt. Es erleichtert das Atmen und beruhigt Entzündungen. Die Blätter können auch als Tee aufgegossen werden. In dieser Form wirkt Eukalyptus zur Linderung von Bronchitis und Asthma.

EUKALYPTUS

Äußerlich angewendet kann das Öl Schnitte, Brandwunden und manchmal sogar Geschwüre heilen, denn es hilft, neues Hautgewebe aufzubauen, und beschleunigt allgemein den Heilungsprozeß. Auch bei Muskelschmerzen und rheumatischen Beschwerden (Rezept siehe unten) ist es zu empfehlen.

Weiterhin reinigt Eukalyptusöl die Luft, es eignet sich also hervorragend für eine erfrischende Brise in der Wohnung und für Potpourris (Rezept ebenfalls unten). Schließlich – weniger bekannt – kann man mit Eukalyptusöl auch Teerklumpen, wie sie oft an Stränden vorkommen, von Haut und Kleidern entfernen.

Der Gebrauch des Öls

Ätherische Öle sind in Form von winzigen Ölzellen in verschiedenen Pflanzenteilen enthalten. Sie kommen zum Beispiel in den Blättern, den Blüten, der Fruchtschale, dem Samen, der Wurzel und in der Rinde vor.

Eukalyptusöl ist farblos und wird aus den Blättern durch Destillation gewonnen. Die Dampf-Methode ist ein üblicher Weg, ätherische Öle aus Pflanzen zu destillieren.

Die Eukalyptusblätter (rechts) werden in einem großen Bottich einem Dampfstrom ausgesetzt. Dabei wird die duftende Flüssigkeit im Wasserdampf gebunden. Diese Mischung wird anschließend gekühlt, wobei sich Öl und Wasser trennen. In großen Mengen ist Eukalyptusöl giftig, wenden Sie es also immer mit Überlegung an. Nie innerlich anwenden!

Bevor Sie Eukalyptusöl einsetzen, können Sie es in einem Träger-Öl wie Mandel- oder Olivenöl verdünnen. Ätherische Öle sind sehr stark konzentriert, sie sollten nur als Badezusatz unverdünnt angewendet werden. Fügen Sie je 60 ml Träger-Öl etwa sechs Tropfen ätherisches Öl zu.

EUKALYPTUS INHALIEREN

Verschleimungen und Atembeschwerden werden gerne durch Inhalieren von Eukalyptusöl behandelt.

HEILSAMES BAD
Geben Sie etwa zwanzig Tropfen unverdünntes Eukalyptusöl in ein heißes Bad. Die Öldämpfe steigen hoch, Sie atmen sie beim Baden ein, die verstopfte Nase wird langsam frei. Bleiben Sie etwa zehn Minuten im Bad, entspannen Sie sich dabei.

DAMPFINHALATION
Mischen Sie fünfzehn Tropfen Eukalyptusöl mit einem Liter fast kochendem Wasser. Hängen Sie ein Handtuch über Wasserschale und Kopf und inhalieren Sie den Dampf für etwa zehn Minuten oder länger. Wenn Sie die Behandlung dreimal täglich wiederholen (nach dem Aufstehen, am Mittag und vor dem Schlafengehen), können Sie viel leichter atmen.

SCHNELLINHALATION
Wenn Sie eine verstopfte Nase haben, geben Sie zwei Tropfen Eukalyptusöl auf ein Taschentuch. Riechen Sie hin und wieder daran, so wird die Nase schnell frei.

Die Gesichtshaut ist besonders empfindlich – seien Sie hier also sehr vorsichtig. Wenn Sie die Mischung im Gesicht auftragen, geben Sie zu 60 ml Träger-Öl nur vier Tropfen Eukalyptusöl. Die Zahlen sind nur Richtwerte – je nach zu behandelnder Krankheit und Verwendungszweck.

Beim Kauf von ätherischen Ölen sollten Sie darauf achten, daß sie in luftdichten dunklen Glas- oder Plastikflaschen angeboten werden. Wenn sie der direkten Sonne ausgesetzt werden, verlieren sie sehr schnell ihre Wirkung. Nicht fest schließende Deckel lassen das Öl verdunsten.

Eukalyptusöl erhalten Sie zum Beispiel in Naturkostläden, Drogerien, Kräuterläden und Apotheken.

HAUSMITTEL

EUKALYPTUS-MASSAGE

10 Tropfen reines Eukalyptusöl
120 ml Mandel- oder Olivenöl

Mischen Sie vorsichtig beide Öle. Massieren Sie die Mischung sanft in die Brust ein, wenn Sie Bronchitis, Erkältung oder Grippe haben. Es erleichtert das Atmen.

FRISCHE LUFT

2 Tropfen reines Eukalyptusöl
1 Untertasse mit kaltem Wasser

Verteilen Sie das Eukalyptusöl auf dem Wasser, stellen Sie den Teller auf einen Heizkörper. Das Öl verdunstet nach und nach und läßt den Raum frisch duften.

WUSSTEN SIE ...

- daß die australischen Aborigines die antiseptische Wirkung von Eukalyptus nutzen, indem Sie Blätter um Wunden legen?
- daß Eukalyptus auch in Sumpfgebieten Nordafrikas angepflanzt wird, um Moskitos zu vertreiben und Malaria zu verhindern? Das verdunstende Öl hält Insekten wie Moskitos fern, und das ausgedehnte Wurzelgeflecht der bis zu 150 m hohen Bäume wirkt als natürliches Entwässerungssystem, so daß der Boden als Brutstätte für Insekten weniger in Frage kommt. Außerdem stärkt das Öl die natürlichen Abwehrkräfte.

FARBTHERAPIE
Für ein bunteres Leben

**Sind sie „grün vor Eifersucht", „blau" vom Alkohol, sehen sie „rot",
oder haben Sie sich „schwarz" geärgert? Farben beeinflussen unsere Gefühle stark.
Doch was ist mit ihrem Einfluß auf unsere Psyche?**

Obwohl wir schon immer unsere Gefühlsregungen mit bestimmten Farben beschrieben haben, hat erst die Farbtherapie diese Verbindungen systematisch untersucht. Farb-Berater machen uns die Wirkung der Farben im Alltag klar und zeigen uns, wie wir das Phänomen für uns ausnutzen können. Zum Beispiel können wir uns einfach mit einer bestimmten Farbe umgeben, die auf uns wirken soll. Professionelle Therapeuten dagegen benutzen eine Speziallampe, mit deren Hilfe die Farben in rhythmischen Wellen auf uns einströmen, die auch in ihrer Intensität verändert werden können.

Was ist Farbe?

Obwohl wir uns Farbe als etwas Fühlbares vorstellen – Pigmente oder Farbstoffe zum Beispiel –, handelt es sich eigentlich um reflektiertes Licht. Das uns meist weiß erscheinende Licht besteht in Wirklichkeit aus dem gesamten Farbspektrum. Die Farben streuen sich wie ein Regenbogen, wenn weißes Licht durch ein Prisma geschickt wird. Sonnenlicht kann von einem Regentropfen ebenfalls in das ganze Spektrum zerlegt werden.

Verschiedene Pigmente reflektieren verschiedene Farben. Ein „roter" Gegenstand reflektiert beispielsweise den roten Teil des Lichts, während ein „weißes" Objekt das gesamte Licht reflektiert. Die Grundfarben können durch Zufügen von Schwarz dunkler gemacht (es wird also mehr Licht absorbiert) und durch Weiß aufgehellt werden. Neben diesen Veränderungen gibt es viele weitere Abstufungen innerhalb des Farbspektrums. Rot umfaßt zum Beispiel Tausende von Nuancen, von blassestem Hellrot bis zu tiefem Dunkelrot.

Die „Farben", die wir sehen, sind eigentlich unterschiedlich lange Wellen. Je langsamer diese schwingen, desto „wärmer" erscheint uns der Farbton (etwa Rot). Je schneller sie schwingen, desto „kühler" empfinden wir sie (etwa Blau). Rot macht uns aktiv, leidenschaftlich und im Extremfall sogar rebellisch. Blau beruhigt uns, bringt uns zum Nachdenken und läßt uns sogar eine emotionelle Kälte spüren, wenn wir uns damit umgeben.

Absorption

Die Wirkung der Farben – sei es in unseren Kleidern, in Schmuck oder sogar in der Nahrung – ist immens. Seit Jahrhunderten stellen Künstler Theorien über den Einfluß der Farben auf die Menschen auf.

Heute verwenden Innenarchitekten diese Erkenntnisse besonders beim Einrichten von Krankenhäusern und Hotels, um die Patienten oder Gäste locker und glücklich zu stimmen.

Die neuere Forschung hat herausgefunden, daß gelbe Umgebung sogar die gewalttätigsten schizophrenen Patienten beruhigen kann, während rosa Wände hyperaktive Kinder beruhigen. Grün, die Farbe der Natur, wirkt ebenfalls beruhigend. Gleichzeitig stellt es eine Brücke zwischen den positiven Aspekten von Blau und Rot dar und gibt unserem Leben Balance.

Die meisten Menschen sind sich dieser Effekte nicht bewußt. Treten wir in ein graues Büro ein, fühlen wir uns eingeschüchtert. Meist schreiben wir das statt der Farbe nur der Arbeitsatmosphäre zu.

Die Schwingungen einfangen

Jeder spricht auf Farben an – sogar Menschen, die von Geburt an blind sind. Weil Farbe eine Schwingung ist, also nicht eine rein visuelle Erscheinung, können Blinde sie in ihren Fingerspitzen fühlen lernen. Mit etwas Übung können sie sie mit hundert Prozent Treffsicherheit „erfühlen".

Forscher nehmen an, daß diese Schwingungen unsere Gehirnstrukturen beeinflussen. Daher haben Farben eine solch starke Wirkung auf unsere Gefühle. Der Gedanke wurde von Philosophen, Psychologen und Musikern weitergeführt, die musikalische Schwingungen mit denen der Farben kombinieren. Sanfte Hintergrundmusik und sanfte Farben im Supermarkt sind nur ein Anwendungsbeispiel.

> **VORSICHT**
> Farbtherapie ist kein Ersatz für eine medizinische Behandlung. Verwenden Sie die kurze Zusammenfassung auf diesen Seiten auch nicht, um Krankheiten zu diagnostizieren!

FARBTHERAPIE

SCHWARZ

Streng genommen keine Farbe, sondern ein nicht-reflektierendes Pigment, das den Farben Tiefe und Kraft gibt. Schwarz wird oft mit Tod und Trauer assoziiert. Schwarz gekleidete Frauen wollen manchmal als mysteriös gesehen werden. Schwarz absorbiert alle anderen Farben. Schwarz eingerichtete Zimmer deuten auf Exzentriker, können aber auch Besessenheit von Tod und Sterben ausdrücken – eine generell negative Einstellung, Abkehr von aller Liebe. Schwarz wirkt dramatisch, und nur wenige sind stark genug, um sich seiner Ausstrahlung zu entziehen. Es kann auch das Bedürfnis nach Geborgenheit ausdrücken.

Wenn Kinder schwarze Bilder malen oder bunte Bilder schwarz übermalen, sind sie oft sehr unglücklich und brauchen dringend Zuwendung.

GRAU

Als Mischung aus Schwarz und Weiß hat Grau eine negative Aura. Es ist die Farbe von Selbstaufgabe, Masochismus und Zwängen. Zusammen mit etwas Rosa wird der Effekt erträglicher. Grau sollte aber mit kräftigeren Tönen wie Rot oder Gelb kombiniert werden. Grau drückt auch Streß und geistige Abgespanntheit aus

Wie Schafe werden ängstliche, zögerliche Menschen oft von Grau angezogen. Graue Umgebung wirkt eher frustrierend.

BRAUN

Die Farbe der Erde wird assoziiert mit Stabilität, doch auch mit Rückständigkeit und mangelnder geistiger Flexibilität. Braun wirkt positiv auf alltägliche Aktivitäten, hält uns aber von geistigen Vorwärtsschritten ab. Wenn Sie Braun lieben, sind Sie wahrscheinlich vertrauensvoll und innerlich ausgeglichen. Versuchen Sie dennoch die negativen Effekte der Farbe durch ihr Gegenteil im Farbspektrum – Minzgrün – aufzuheben und damit auch Ihre geistigen Fähigkeiten anzuregen.

Braun ist eine der Farben der Natur, es erinnert an Acker und Erde. Lassen Sie sich aber nicht völlig von dieser äußerlichen Bodenständigkeit einfangen.

ROT

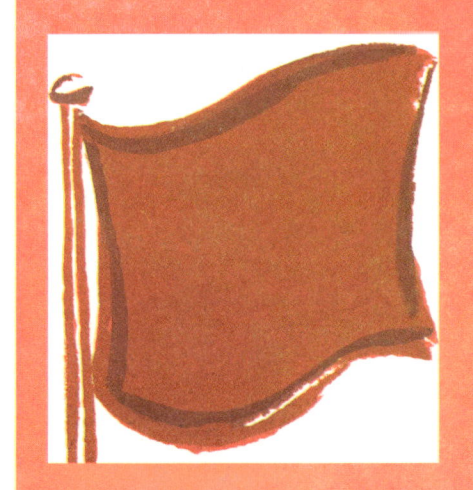

Vital, kreativ und energiegeladen wirkt diese Farbe als das Gegenteil von Braun. Alle Farbtöne aus dem roten Teil des Spektrums beeinflussen die körperliche und geistige Kraft und sogar den Blutdruck. Es regt an und auf – auch auf sexueller Ebene. Ein Zuviel kann aber in Zerstörung umschlagen. Rote Autos zeigen besonders deutlich die mit dieser Farbe verbundenen Vorstellungen: Sie werden als Signal für sexuelle Potenz verstanden. Fahrer roter Autos fahren aggressiver. Menschen, die Rot lieben, scheuen keine Konflikte und Risiken, wenn sie dadurch Anerkennung finden. Sie reagieren schnell auf ihre Umgebung und schäumen manchmal über vor Gefühlen. Tragen Sie Rot, wenn Sie sich kalt und abgespannt fühlen. Schon durch das Anschauen dieser energiegeladenen Farbe können Sie sich wärmer fühlen. Bei Aufregung, Herzbeschwerden und Entzündungen sollten Sie sich dagegen nicht in Rot kleiden.

Ein rotes Tuch für den Stierkampf und die rote Flagge der Revolution – diese Sprache versteht man.

FARBTHERAPIE

ORANGE

Wie Rot, so strahlt auch Orange Energie aus, wirkt aber sanfter und setzt weniger negative Kräfte frei. Wer das Leben liebt, wird oft von Orange angezogen. Fühlen Sie sich depressiv, einsam oder ausgelaugt, so ist Orange die Farbe der Wahl. Sogar bei Krankheiten wie Gallensteinen, tiefsitzenden Atembeschwerden, Arthritis oder bei sexuellem Frust sowie bei Verlust der Kreativität helfen seine Schwingungen. Besonders Vegetarier brauchen Orange zur Stimulierung.

Wenn Sie gehemmt oder richtungslos sind, verwenden Sie Orange in Ihrer Umgebung. Es reichen schon ein oder zwei Küchenmöbel oder ein Schal in dieser Farbe, um eine direkte Wirkung zu spüren. Tragen Sie aber nicht zu dick auf, damit die Lebhaftigkeit nicht in Unruhe umschlägt.

Nicht nur die Vitamine der Orange sind gut für uns. Schon die satte Farbe der Frucht wirkt positiv auf die Gesundheit.

GELB

Bei Gelb denken wir an die Sonne und sonnige Landschaften. Bei starken inneren Gleichgewichtsstörungen oder bei einem Nervenzusammenbruch ist es aber nicht zu empfehlen. Hier wirken Blau und Grün. Normalerweise hebt es die Stimmung, muntert Kranke auf und regt die Verdauung an. Wer Gelb mag, ist meist sehr kommunikativ und redet manchmal zuviel. Knalliges Gelb wirkt mitunter eingebildet oder arrogant, blasse Nuancen drücken eher mangelnde Courage aus.

Tiefe Goldtöne gehören zu den ausgefallensten Farben und sollten vor allem spirituellen Menschen vorbehalten bleiben.

Goldgelb, die Farbe des Sonnengottes Apollo, ist eine sehr auffällige Farbe und wird mit Göttern und Spiritualität in Verbindung gebracht.

GRÜN

Diese Farbe ist der natürliche Ausgleich zwischen den Kräften von Rot und Blau. Grün ist die Farbe der Selbsteinschätzung. Wer gerade eine traumatische Zeit hinter sich hat, wird sich oft davor schützen, denn diese Farbe möchte Balance herstellen und kann deshalb traumatische Erlebnisse wieder an die Oberfläche bringen. Neben dem Gleichgewicht vermittelt Grün Harmonie und Hoffnung. Ein Zuviel kann uns von nötigen Herausforderungen und Problemen ablenken, die wir für unsere Weiterentwicklung brauchen. Es kann unsere Energie erheblich bremsen. Die gelbgrünen Farbtöne deuten auf eine flexible,

Grün wirkt extrem beruhigend. Beim Spaziergang durch einen Wald oder Park erleben Sie es.

abenteuerlustige Persönlichkeit hin, die zum Blau tendierenden Nuancen bedeuten eine optimistische Einstellung und eine gewisse Spiritualität.

Wenn Sie Grün lieben, kombinieren Sie es mit etwas Rot oder Orange, um Ihr von Natur aus ruhiges Temperament nicht ganz einschlafen zu lassen.

FARBTHERAPIE

BLAU

Reines Blau ist die Farbe von Ehrlichkeit und Treue. Auch Adel – „blaues Blut" – wird damit verbunden. Oft wird Maria mit blauem Gewand oder Schleier abgebildet. Es drückt Ruhe, Vollkommenheit und Sicherheit aus.
Durch Meditation im Anblick von blauen Gegenständen werden Alpträume abgewendet, wie die Opfer von „Besessenheit" bestätigen können. Blau beruhigt und sollte an warmen Tagen getragen werden. Die Beruhigung ist auch wichtig, wenn Sie sich leicht verwirren oder ängstigen lassen. Doch es kann auch fast lähmend wirken. Blau liebende Menschen sind oft leicht zu beeinflussen und zu benutzen.
Zuviel von dieser Farbe wirkt manchmal zu starr, so daß immer etwas Orange dazukommen sollte. Blau ist gut für Schock-Patienten, ebenso bei Entzündungen oder bei einem Nervenzusammenbruch. Meiden Sie es aber bei Kreislaufstörungen und niedrigem Blutdruck.

Blau bedeutet innere Ruhe und Nachdenklichkeit.

INDIGO

Menschen mit einer Vorliebe für Indigo fühlen sich vom Höheren, vielleicht sogar von okkulten Mächten angezogen. Es verbessert aber auch die intellektuellen Fähigkeiten und vermittelt neue Einsichten.

Dieser Farbton wirkt tiefgründig und mysteriös. Er hilft gegen Angst und Zögerlichkeit und gibt uns natürliche Autorität und innere Ruhe. Lassen Sie sich aber dadurch nicht von den Fragen des Alltags ablenken. Sie können die Wirkung durch Rosa beeinflussen, das aufmunternd wirkt und Ihnen Sympathien einbringt. Menschen mit zuviel Rot in ihrem Leben sollten etwas Indigo zugeben, um größere Tiefe zu finden. Mit indigofarbenen Möbeln eingerichtete Zimmer wirken ausgefallen.
Patienten mit Krampfadern, Nervenerkrankungen, Geschwüren jeder Art sowie mit Hautproblemen sollten sich mit Indigo umgeben. Es kann auch bei der Blutreinigung hilfreich sein.

VIOLETT

Am kurzwelligen Ende des für uns sichtbaren Teils des Lichtspektrums steht das sehr kräftige Violett. Es wird mit Kreativität, Verbindung zu anderen Welten und Dimensionen assoziiert. Leonardo da Vinci meditierte mit Violett, Beethoven hatte Vorhänge dieser Farbe vor seinem Fenster hängen.
Wenn die von Violett vermittelten Schaffenskräfte nicht in geeignete Kanäle gelenkt werden, können sie leicht krank machen. Wenn sie nicht gezähmt werden, erscheinen sie negativ. Schüchterne Personen werden manchmal von der Farbe angezogen.
Heilsam wirkt Violett auf Kranke mit starken Gemütsaufwallungen, doch depressive Patienten sollten ihm dennoch nicht ausgesetzt werden.
Gleichen Sie seine Wirkung mit dem stets beruhigenden Grün aus. Unbeherrschte Esser werden durch Violett zur Mäßigung aufgerufen, oft mit guten Erfolgen.

Violett zeigt den Weg zu selbstloser Humanität und großer Spiritualität.

FASTEN

Geistige Nahrung

**Oft wird Fasten als eine Art Freizeitvergnügen für Gesundheitsapostel abgetan.
Doch seine Vorzüge sind unumstritten: Geist und Gemüt fühlen sich nach einer Kur erfrischt, der Körper ist entgiftet.**

Fasten wurde schon von unseren frühesten Vorfahren praktiziert. Auch damals wußte man den gesundheitlichen Wert, die Reinigung von Geist und Körper, zu schätzen. Der Verdauungsapparat erhält beim Fasten eine wohlverdiente Pause, der Körper kann seine Energie zur Ausscheidung von Giftstoffen und sonstigen Ablagerungen verwenden. Durch die körperliche Reinigung wird nach Meinung mancher Fastender das Immunsystem gestärkt, also Krankheiten vorgebeugt. Auch bei Verstopfung kann Fasten helfen, da es das gesamte Verdauungssystem reinigt.

Viele Menschen assoziieren Fasten mit einer Radikaldiät gegen schlechte Eßgewohnheiten. Doch als Schlankheitskur ist es nicht zu verstehen. Richtig durchgeführt ist Fasten eine wunderbare, ganzheitliche Erfahrung. Wenn der Körper einmal komplett gereinigt wurde, fühlen Sie sich wohl wie ein Fisch im Wasser, Sie strahlen innerlich, und auch die Hautstruktur hat sich verbessert.

24-Stunden-Fasten

Unter außergewöhnlichen Umständen kann der menschliche Körper mehrere Wochen ohne Nahrung auskommen, solange genügend Wasser zugeführt wird. Die Länge hängt von den vorhandenen Energiereserven und den Aktivitäten während der Abstinenz ab. Ein wohlgenährter, inaktiver Mensch kann ohne Nahrung länger überleben als eine schlanke Person, die sich ständig bewegen muß, ein Erwachsener länger als ein Kind.

Wenn Sie sich zu einer Fastenkur für die Gesundheit entschließen, sollten Sie sie nicht über 24 Stunden ausdehnen. Längere Enthaltsamkeit kann zu ernsthaften gesundheitlichen Schäden führen. Yoga-Anhänger fasten beispielsweise manchmal drei oder vier Tage, doch für den Hausgebrauch ist eintägiges Fasten viel ratsamer.

Machen Sie sich über Vitamine und Mineralien keine Gedanken. Beim Fasten verlieren Sie zwar einige, doch bei gesunden Menschen wird der Verlust schnell ausgeglichen, sobald man wieder ißt.

Sie sollten nicht fasten, wenn Sie krank, untergewichtig oder schwanger sind. Auch vor der Periode ist es nicht ratsam. Wenn Sie Medikamente einnehmen oder sonstige Fragen haben, wenden Sie sich vor dem Fasten an Ihren Arzt.

Nehmen Sie es locker

Fasten bedeutet nicht einfach, daß Sie einen Tag die Mahlzeiten ausfallen lassen und ansonsten dem gewohnten Alltagstrott nachgehen können. Es soll den Körper reinigen, und dazu brauchen Sie Ruhe.

Gönnen Sie sich diese für 24 Stunden. Bleiben Sie möglichst zu Hause, ohne daß Sie sich allzusehr um Hausarbeit kümmern oder herumkramen.

FASTEN

Der Fasttag sollte nicht mit einem Gymnastikkurs oder dem wöchentlichen Großeinkauf zusammenfallen. Während des Fastens sollten Sie auf keinen Fall Auto fahren, da die Konzentration eingeschränkt ist.

Wenn Sie eine Familie haben, fasten Sie möglichst an einem Tag unter der Woche, wenn Sie die meiste Ruhe haben. Berufstätige sollten am Wochenende fasten.

Das Fasten fällt Ihnen leichter, wenn Sie schon am Abend vorher nach einem frühen, leichten Abendessen beginnen, so daß der Magen nicht überfüllt ist. Wenn Sie erst am Morgen mit dem Fasten anfangen, fühlen Sie sich abends ziemlich hungrig, während Sie an normalen Tagen zu dieser Tageszeit eine angenehme Sattheit empfinden. Dadurch fällt das Zubettgehen schwerer.

Die letzte Mahlzeit vor dem Fasten sollte immer leichtverdaulich sein. Verzichten Sie deshalb auf ein üppiges Essen, Sie würden sich dadurch nur das Fasten erschweren. Gehen Sie möglichst früh zu Bett und gönnen Sie sich viel Ruhe.

Manche Menschen essen in der Woche vor dem Fasten weniger. So beginnt der Reinigungsprozeß schon früher, der Magen wird bereits an weniger Masse gewöhnt. Wenn der Magen erst einmal „kleiner" ist, fühlen Sie sich auch nicht so hungrig.

Der Reinigungsprozeß

Welche Art von Fasten Sie auch wählen, trinken Sie reichlich Wasser. Empfohlen werden zwei bis vier Liter pro Tag. Dies unterstützt die Reinigung und schützt Sie vor Kopfschmerzen und Hungerkrämpfen.

Irgendwann – meist innerhalb der ersten fünf Stunden oder nach der ersten ausgefallenen Mahlzeit – meint man meistens, daß man das Fasten nicht durchstehen wird. Man kann Kopfschmerzen, schlechten Atem und Muskelkrämpfe bekommen, oder man fühlt sich schwindlig und schwach. Gesunden Menschen schadet das nicht. Diese Gefühle sind normal und verschwinden bald. Wenn sich die Giftstoffe aus dem Körper lösen und ins Blut gelangen, fühlen Sie sich tatsächlich kurze Zeit wie „vergiftet". Sobald sie ausgeschieden sind, geht es Ihnen sehr gut. Das Durchhalten lohnt sich.

Nach dem Fasten sollten Sie den Erfolg nicht mit einem reichlichen Essen und womöglich Wein „feiern"! Der Körper verkraftet das nicht, die Anstrengung war dann umsonst. Essen Sie wenig und nur leicht verdauliche Nahrungsmittel wie Joghurt, Reis oder Suppe.

TEILFASTEN

Wenn Sie nicht radikal fasten wollen, probieren Sie zumindest teilweises Fasten.

Besonders, wenn man noch nie gefastet hat, ist ein ganzer Tag ohne Nahrung als Einstieg etwas hart. Beginnen Sie langsamer. Essen Sie nur kleine Mengen eines einzigen Nahrungsmittels. Schon dadurch entlasten Sie den Körper und helfen ihm sich zu reinigen.

„Reinigende" Lebensmittel sind Obst- und Gemüsesäfte, Obst, Kräuter- und Früchtetee, Joghurt oder ungeschälter, organisch angebauter Reis. Essen Sie in kleinen Mengen alle paar Stunden, zu Ihren normalen Essenszeiten.

Obstkur

Obst eignet sich besonders gut zum Teilfasten, da die Ballaststoffe dem Magen viel Masse geben. Sie sich also nicht hungrig fühlen.

Vermeiden Sie Zitrusfrüchte, denn die Säure kann die Verdauung stören. Bananen enthalten Kohlenhydrate und machen satt, zu große Mengen stören aber ebenfalls die Verdauung. Variieren Sie!

Morgens
Einen Apfel oder eine Birne

Mittags
Eine Banane

Nachmittags
Ein paar Weintrauben oder ein Stück Melone

ANDERE GRÜNDE ZUM FASTEN

Durch das Fasten werden nicht nur Körper und Geist gereinigt. Viele Menschen fasten aus religiösen Gründen zu bestimmten Zeiten oder treten für politische Ziele in Hungerstreik.

Denken wir nur an den islamischen Fastenmonat Ramadan, in dem jeweils von Sonnenaufgang bis Sonnenuntergang gefastet wird. Die meisten anderen Religionen kennen ebenfalls das Fasten.

Buddhistische Mönche (Foto links) enthalten sich an den Tagen der Nahrung, an denen sie ihre Sünden bereuen. Auch die Muslims kennen Fastenzeiten (zum Beispiel den Fastenmonat Ramadan). Katholiken fasten am Aschermittwoch und am Karfreitag.

Auch im sozialen oder politischen Bereich kennen wir das Fasten als Ausdruck von Protest oder Solidarität. Das berühmteste Beispiel ist wohl Mahatma Gandhi, der durch sein Hungern friedlich gegen Gewalt und Unterdrückung vorgehen wollte. Auch politische Gefangene verweigern die Nahrungsaufnahme. Zehn irische Nationalisten starben beispielsweise 1981 in Folge eines Hungerstreiks. Terroristen, die inhaftiert sind, versuchen manchmal durch Hungerstreiks auf sich aufmerksam zu machen.

FENG SHUI

Wind und Wasser

Wenn wir an einen bestimmten Ort kommen oder ein Gebäude betreten, merken wir oft, daß es gute oder schlechte „Schwingungen" ausstrahlt. Dieses Gefühl ist nach Ansicht der Chinesen auf das Feng Shui des Ortes zurückzuführen.

Die Richtung, in der ein Gebäude aufgestellt ist, die Anordnung der Möbel und sogar die Hausnummer kann einen deutlichen Einfluß auf Ihre Gesundheit und Ihren Erfolg im Leben haben – so lehrt es zumindest die chinesische Tradition. Die Architekten aller Länder richten ihre Gebäude in vielfacher Weise auf die zukünftigen Bewohner aus: Sie lassen in kälteren Regionen möglichst viel Sonnenlicht eindringen, in heißen Gebieten bauen sie Innenhöfe, um wenigstens etwas Kühle zu gewähren. Sie planen Fenster nicht nur optisch, sondern auch für optimale Belüftung. Sie legen Türen nicht nur an praktische, sondern auch an sichere Stellen.

Anwender des Feng Shui haben eine Mischung aus Mythos, Innenarchitektur und handfester Logik zur Verfügung, die vorschreibt, wie Sie Ihr Haus oder Ihren Arbeitsplatz einrichten sollten.

Wörtlich lassen sich die beiden chinesischen Begriffe „feng" und „shui" als „Wind" und „Wasser" übersetzen, beziehen sich also auf zwei allgegenwärtige energievolle Kreisläufe.

Ch'i-Ströme werden als positiv angesehen und bilden Wellen. Sha-Ströme dagegen können zerstörerisch sein und schießen wie „Geheime Pfeile" in geraden Linien durch den Raum.

Die geeignete Lage

Die Theorie beschäftigt sich ausführlich mit der Auswahl geeigneter Bauplätze für Gebäude. „Suche den Drachen", sagen Feng-Shui-Experten, „dann kannst du die Möglichkeiten eines Bauplatzes erkennen". Der „Drache" soll in nahegelegenen Bergsilhouetten oder in der Skyline (zum Beispiel als herausragendes Gebäude) erkennbar sein. Der beste, der „wahre" grüne Drache erscheint, wenn ein Berg oder Gebäude sich deutlich von den anderen abhebt und nach Osten (zumindest aber Nord- oder Südosten) weist.

Nach Westen hin sollte dagegen der „Weiße Tiger" auszumachen sein – ein niedrigerer, runderer Hügel oder ein kleineres Gebäude. Nach Norden und

Oben: Selbst die Wolkenkratzer von Hongkong sind nach den Prinzipien des Feng Shui angeordnet.
Kleines Bild: Die Rolltreppe im Inneren des Gebäudes sind abgewinkelt, um den Ch'i-Fluß festzuhalten.

FENG SHUI

GLÜCKSZAHLEN

Traditionell glaubt man in China, daß auch die Haus- oder Wohnungsnummer einen Einfluß auf das Wohlergehen der Bewohner hat.

Eine innerhalb der religiösen Vorstellungswelt des Buddhismus sehr wichtige Zahl ist die 13. Daher hält man in China die Hausnummer 13 für eine sehr glückliche. Andere Zahlen, die Glück bringen, sind die 6 (Macht und Reichtum) und die 9, die dem chinesischen Schriftzeichen für langes Leben ähnelt, wenn sie als arabische Ziffer geschrieben wird. Die glücklichste und gesuchteste aller Zahlen aber ist die 88, die dem Schriftzeichen für „doppeltes Glück" ähnelt.

Ch'i hineinfließen kann. Haustür und Hintertür liegen nicht in einer Flucht, so daß das Ch'i nicht einfach durchs Haus fegt, ohne länger zu verweilen und seinen positiven Einfluß zu verbreiten. Treppen dürfen nicht zur Haustür hin laufen, damit das Ch'i erhalten bleibt. Wenn sie es doch tun, kann man einfach einen Spiegel am oberen Ende der Flucht aufhängen – dies ist auch optisch reizvoll.

Bei der Anordnung der Räume benötigt der Feng-Shui-Experte natürlich persönliche Daten; Horoskope spielen ebenfalls eine Rolle. Besonders wichtig ist dies bei der Plazierung des Schlafzimmers. Es sollte möglichst in die Richtung liegen, die dem Geburtstier des Haushaltsvorstandes (meist des Mannes) zugeordnet ist.

Im Wohnzimmer muß das Ch'i zu freiem Fluß ermuntert werden, um der Familie Glück und Wohlstand zu bringen. Im Idealfall ist es rechteckig und nach Süden orientiert. Die Wand gegenüber der Tür sollte nicht durchbrochen sein. Fenster und Türen sollten sich nicht gegenüberliegen.

Auch Feuerstellen können das Ch'i aus einem Raum vertreiben. Geschickte Anordnung eines Spiegels über der Wärmequelle kann dies jedoch verhindern.

Der Arbeitsplatz

Geschäftsgebäude in chinesischen Orten – Geschäfte, Büros, Banken, Fabriken – werden in der Regel mit Hilfe eines Feng-Shui-Experten errichtet. Selbst scheinbar unbedeutende Kleinigkeiten wie die Lage eines Schreibtisches können den Erfolg beeinflussen. Durch gute Anordnung will man Kunden anlocken, die Produktivität steigern und ein gutes Betriebsklima fördern.

Feng Shui liefert auch hier die Grundregeln: Der Tisch des Direktors sollte immer gegen die Wand, nicht gegen ein Fenster stehen, die Tür sollte an einer der Seitenwände liegen. Die Rezeption muß seitlich zum Eingang liegen, so daß sie den Fluß von erwünschten Strömen nicht behindert. Wasser – in Form eines Beckens oder eines Springbrunnens – macht den Eingangsbereich sehr einladend.

Hilfsmittel

Meistens benutzt der Feng-Shui-Experte bei der Arbeit eine Art von Kompaß mit Namen Lo P'an als Hilfsmittel zur Bestimmung von Lage und Grundriß.

Der Kompaß besteht aus einer quadratischen Erd-Scheibe, in deren Mitte

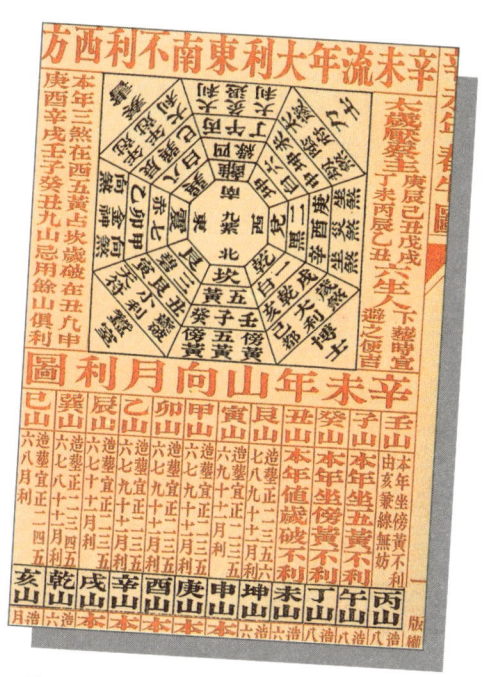

Karte aus einem modernen chinesischen Almanach, wie sie von Feng-Shui-Experten benutzt wird.

eine runde Himmels-Scheibe liegt. Die Mitte bildet eine Magnetnadel, umgeben von mehreren konzentrischen Kreisen mit Markierungen für die Berechnung.

Kompliziertere Versionen des Lo P'an helfen auch bei anderen Aspekten der Arbeit. Beispielsweise wird der Feng-Shui-Experte auch konsultiert, wenn es um gute Tage zur Eröffnung eines Unternehmens oder zum Antritt einer Reise geht. All diese Ratschläge erfordern besondere Kenntnisse, die nicht durch festgesetzte Preise entlohnt werden, sondern durch den Kunden nach Belieben entgolten und traditionell in einem roten Umschlag übergeben werden.

Süden sollten ebenfalls deutliche Formen auffallen. Die traditionelle „Schwarze Schildkröte" im Norden kann viele Formen annehmen, ebenso der „Rote Vogel" im Süden. Die visuelle Vorstellungskraft spielt hier eine Rolle. Diese vier Tiere entsprechen den vier großen Himmelskonstellationen. Feng Shui wird durch die Astrologie perfekt ergänzt: Diese legt die Einflüsse der Planeten fest, Feng Shui die der Landschaft und der Erde.

Auch Wasserläufe sollen der Theorie nach starken Einfluß haben und bestimmen den Wert eines Standortes mit. Sie sollen sogar ihre eigene Form von Ch'i aufbauen. Wasser im Süden eines Bauplatzes ist ein eindeutig gutes Omen, ebenso Flüsse, die west-östlich und ost-westlich fließen.

Das Haus

In den alten Tagen konsultierten bessergestellte Chinesen immer einen Feng-Shui-Experten, wenn es um die Einrichtung und Anordnung der Möbel ging. Das ist in Hong Kong und chinesischen Ansiedlungen anderswo auch heute noch üblich.

Welche Tips kann der Experte also geben? Eingangsbereich und Flur sollten immer geschwungen sein oder in Treppen enden, damit die gerade laufenden „Geheimen Pfeile" nicht eindringen können. Die Türen öffnen sich nach innen, damit viel positives

---

> „Was immer wir auch an Glück und Palästen sehen, nichts ist wie das Zuhause, sei es auch noch so bescheiden. Hier trifft uns ein Zauber des Himmels wie nirgendwo sonst auf der ganzen Welt."
>
> **J. H. Payne**

FUSSREFLEXZONENMASSAGE

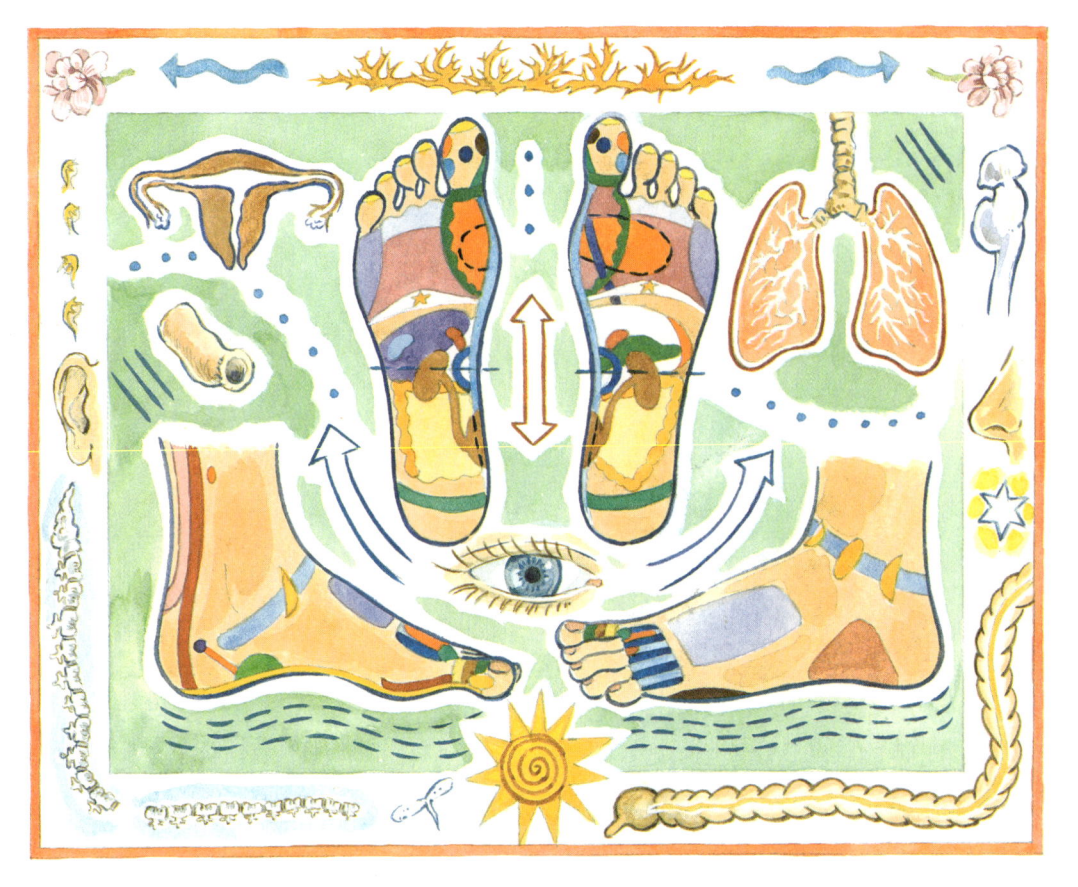

Wohltat für den ganzen Körper

Eine Behandlung der Füße gibt es in China seit mindestens 5000 Jahren. Heute hat sich daraus die moderne Fußreflexzonenmassage entwickelt. Wie funktioniert sie und wo kann sie helfen?

Auch diese Methode gehört zu den Therapien, die versuchen, die drei Elemente unseres Seins – Körper, Geist und Seele – in Einklang miteinander zu bringen und gemeinsam zu behandeln.

Ähnlich wie andere fernöstliche Therapien, beispielsweise Akupunktur, basiert die Fußreflexzonenmassage auf der Vorstellung, daß die Gesundheit von einem Gleichgewicht der körperlichen, geistigen und seelischen Energien abhängt, die in unsichtbaren Bahnen unseren Körper durchziehen.

Wenn diese Bahnen blockiert sind, werden wir krank und haben Schmerzen. Durch die Massage sollen die Selbstheilungskräfte des Körpers angeregt werden. Dabei ist vor allem wichtig, daß nicht nur der Schmerz beseitigt wird, sondern daß auch die Blockierung – die Ursache der Krankheit – aufgelöst wird.

Woher kommt die Therapie?

Alte Texte, Zeichnungen und Kunstwerke bestätigen, daß frühe Kulturen wie die Chinesen, Ägypter und Inder, aber auch die Russen, eine Form von Druckmassage an den Füßen kannten. Vor kurzem fand man außerdem heraus, daß sogar einige afrikanische und indianische Stämme diese Technik anwenden.

Bei uns entwickelte sich die moderne Form der Fußreflexzonenmassage aus einer Zonen-Therapie des amerikanischen Arztes Dr. William H. Fitzgerald, die dieser im Jahr 1913 eingeführt hatte. Die Behandlung umfaßte Teilmassagen der Füße, der Hände und der Zunge. Eunice Ingham fand dann heraus, daß die Füße am effektivsten zu behandeln sind.

Eine britische Krankenschwester namens Doreen Bayly machte die Therapie in den 60er und 70er Jahren auch in Europa bekannt und gründete eine Schule für Therapeuten.

Heute ist diese Methode sehr beliebt, und es gibt mittlerweile Tausende von Anwendern.

Wann hilft die Massage?

Jedem Teil des Körpers entspricht eine bestimmte Zone am Fuß. Theoretisch kann durch die Fußreflexzonenmassage jede Krankheit behandelt werden. Insgesamt regt die Massage den Kreislauf an und verbessert die Leistung von Nerven- und Lymphsystem, Nieren, Dickdarm und Haut.

Die Behandlung wirkt auch besonders gut gegen Streßphänomene und Anspannung. Sie ist so entspannend, daß Patienten manchmal während einer Sitzung einschlafen. Sie wird durch die Schulmedizin inzwischen weitgehend

FUSSREFLEXZONENMASSAGE

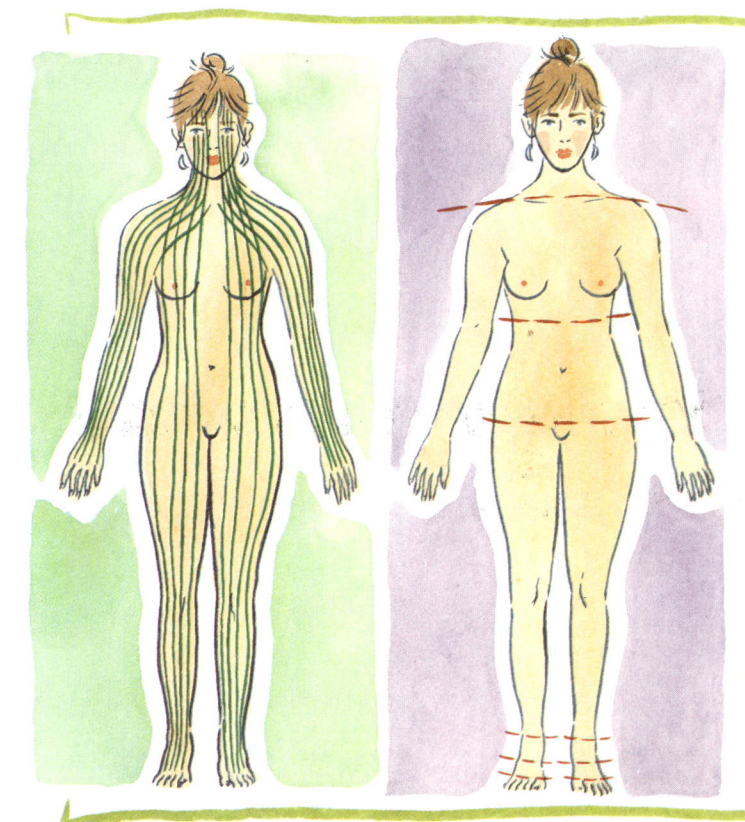

WIE FUNKTIONIERT DIE MASSAGE?

Die Theorie besagt, daß der Körper in verschiedene Zonen aufgeteilt ist.

Die Massage basiert auf der Annahme von zehn Längszonen gleicher Breite, fünf auf jeder Körperseite (Zeichnung links außen), die die gesamte Körperlänge einnehmen – von den Fingerspitzen zu den Zehen und auch in Kopf und Hals. Drei weitere Linien teilen den Körper an den Schultern, am Zwerchfell und in Höhe des Beckens (Zeichnung links).

Alle diese Zonen spiegeln sich in den Füßen und Händen. Sie enthalten Reflexzonen, die den Organen, Drüsen und sonstigen Körperteilen zugeordnet sind. Der Therapeut fühlt an den Füßen (manchmal werden auch die Hände behandelt) Blockierungen der Energieflüsse und kann diese behandeln.

Das Massieren der entsprechenden Reflexpunkte kann die Energieflüsse wieder lösen, indem Nervenbahnen und Blutfluß stimuliert werden. Dies wiederum fördert die Selbstheilungskräfte des Körpers und entspannt die Flußbahnen. Das natürliche Gleichgewicht stellt sich ein, der Schmerz verschwindet.

anerkannt. Da die meisten Menschen irgendwie unter Streß leiden, kann sie nur empfohlen werden.

Besonders erfolgreich wirkt die Fußreflexzonenmassage bei Rückenschmerzen, Migräne, Regelbeschwerden, Allergien und Schlaflosigkeit. Wenn sie auch nicht vorgibt, ernstere Krankheiten heilen zu können, so ist sie doch allgemein erholsam und anregend, so daß sogar bei sehr schweren Störungen wie Krebs, Parkinson und Multipler Sklerose angenehme Effekte spürbar sind.

Die Behandlung

Vor der Massage läßt sich der Therapeut Ihre Krankengeschichte erzählen und macht sich Notizen über vergangene Krankheiten. Auch über aktuelle Probleme möchte er natürlich informiert werden.

Die Massage kann im Sitzen in einem angenehmen Lehnsessel, bei dem Sie die Füße auf einen Schemel legen, oder im Liegen erfolgen. Sie sollten sich dabei entspannt fühlen. Durch die hohe Lage der Füße kann der Therapeut in Ruhe daran arbeiten, ohne sich zu sehr bücken zu müssen.

Zunächst nimmt er Ihre Füße genauer unter die Lupe. Er prüft Gewebe, Farbe und Temperatur, denn die Konstitution der Füße hängt eng mit der Ihres Körpers zusammen. Danach massiert er Ihre Füße gründlich.

Unter Druck

Oft werden bei der Massage Puder und Öle verwendet. Der ganze Fuß wird systematisch mit dem Daumen bearbeitet. Das kann sehr lange dauern, denn der Therapeut geht Millimeter für Millimeter vor.

Empfindliche Punkte können bei der Behandlung schmerzen. Dies deutet auf Problemzonen im Körper hin. Sobald die Stelle losgelassen wird, läßt der Schmerz nach. Der Druck ist nicht allzu stark – kräftig, aber erträglich.

Manche Therapeuten geben abschließend eine erholsame Gesamtmassage, oft mit aromatischen Ölen. Nach der Behandlung, die meist eine Stunde beansprucht, fühlen Sie eine angenehme Entspannung und ein Kribbeln in Ihren Füßen. Die meisten Menschen werden dadurch etwas müde, manche fühlen sich aber auch voll neuer Energie.

Gibt es Nebenwirkungen?

Alle Menschen reagieren unterschiedlich. Doch oft werden folgende Phänomene beobachtet:
- Häufigerer Harndrang. Der Urin kann sogar eine andere Farbe und einen anderen Geruch bekommen. Viele Therapeuten raten, nach der Behandlung viel frisches Wasser zu trinken, um die gelösten Giftstoffe aus dem Körper zu schwemmen.
- Verstärkte Verdauungstätigkeit, manchmal mit Blähungen
- Verstärkte Schweißabsonderung
- Verstärkte Schleimproduktion in Lunge und Hals, als Folge davon verstopfte Nase und Husten
- Schlafgewohnheiten können sich ändern, Träume treten mehr in den Vordergrund.

Bedenken Sie bitte, daß diese Nebenwirkungen völlig unbedenklich und nur vorübergehende Erscheinung sind, wenn der Körper die Balance herzustellen versucht.

„Fühlen Sie sich aus der Bahn, wissen nicht warum und wie, schaun Sie Ihre Füße an, denn die Antwort geben sie."

Eunice Ingham

„Ich habe zwei Ärzte: meinen linken Fuß und meinen rechten Fuß."

Unbekannt

GETREIDE
Kraft aus Körnern

**Korn oder Getreide sind die Samenkörner kultivierter Grasarten.
Sie enthalten den Keimling für eine neue Pflanze, außerdem ein gutes Nahrungs-
polster für den Keimling. Weil diese Nährstoffe sich sehr lange halten,
gehört Getreide in den meisten Teilen der Welt zu den Grundnahrungsmitteln.**

Der Getreideanbau veränderte die menschliche Zivilisation grundlegend. Vor etwa 10 000 Jahren waren unsere Vorfahren nomadisch lebende Jäger und Sammler, ständig auf der Suche nach Nahrung. Die Entdeckung von Getreide und der systematische Anbau erlaubten eine seßhafte Lebensweise.

Die am meisten angebauten Getreidearten auf der Welt (in dieser Reihenfolge) sind Weizen, Reis, Mais, Hirse, Gerste, Hafer und Roggen. Daneben gibt es unbekanntere, aber ernährungsphysiologisch wertvolle Getreidesorten wie Amaranth und Quinoa. Buchweizen dagegen zählt botanisch nicht zu den Getreiden, wird aber ähnlich verarbeitet und verwendet.

Ein typisches Getreidekorn (siehe rechts) besteht aus vier Hauptteilen:
1 Der Keimling ist der eigentliche Pflanzen-Embryo, aus dem die neue Pflanze entsteht.
2 Der Mehlkörper ist der weiße, stärkehaltige Teil, der das Innere des Korns ausfüllt. Er enthält Eiweiß und Kohlenhydrate als Nahrungsreserve für die neue Pflanze.
3 Eine schützende Randschicht.
4 Die Aleuronschicht, eine dünne schützende Außenschicht, enthält nochmals viele wertvolle Nährstoffe.

Gerste, Hafer und Reis sind mit einer unverdaulichen Hülle umgeben, die man vor dem Essen entfernen muß. Weizen, Roggen und Mais dagegen haben keine solche Hülle.

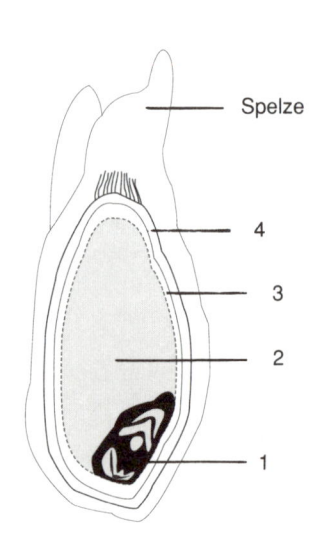

GETREIDE

Die Wirkung von Getreide

Getreide enthält viele Kohlenhydrate, die unser Körper in Energie umwandelt. Daneben liefert es Eiweiß, Ballaststoffe, Vitamine der B-Gruppe, Vitamin E und lebenswichtige Mineralstoffe. Die in manchen Getreidearten enthaltene Säure stört allerdings die Aufnahme dieser Mineralien.

Obwohl Getreide viel Eiweiß liefert, gibt es ein Problem. Anders als beim tierischen Eiweiß mangelt es der pflanzlichen Variante (auch bei Hülsenfrüchten) an mindestens einer essentiellen Aminosäure, die zu einem „kompletten" Eiweiß gehört. Wir können das ausgleichen, indem wir das Getreide mit Samen oder Hülsenfrüchten kombinieren. Essen wir Getreide und Hülsenfrüchte zusammen, so ergänzen sie sich um die jeweils fehlenden Aminosäuren. Die mexikanische Nahrung aus Mais und Bohnen, indische Gerichte aus Reis und Erbsen und sogar die englischen Baked Beans auf Toast sind sinnvolle Beispiele.

Am wertvollsten sind im Ganzen gegessene Getreidekörner, da sie alle wertvollen Stoffe der Hüllschichten enthalten.

Weizenmehl

Die meisten Menschen nehmen Getreide hauptsächlich in Form von verarbeitetem Mehl zu sich: als Kuchen, Kekse, Brot, Brötchen etc. Weizenvollkornmehl enthält noch einen Großteil der Hüllschichten (und der darin gelagerten Nährstoffe), die bei weißem Mehl fehlen.

Jahrzehntelang wurde das weiße Mehl sogar noch extra gebleicht, um es „sauberer" aussehen zu lassen. Dies wird heute in der Regel nicht mehr praktiziert.

Weißes Mehl ist mit Vitamin B_1 und B_2 sowie mit Eisen angereichert. Auch Kalzium wird manchmal vom Hersteller zugefügt. Vollkornmehl wird zwar auch fertig verpackt angeboten, sollte aber besser selbst gemahlen oder direkt vor Verwendung frisch gemahlen gekauft werden. Mehl aus Hartweizen eignet sich besser zum Brotbacken.

Lagerung

Ganze Getreidekörner enthalten mehr Öl als Mehl aus geschältem Getreide. Das Öl kann mit der Zeit ranzig werden, wenn das Getreide falsch gelagert wird. Bewahren Sie es deshalb in fest schließenden Behältnissen kühl, dunkel und trocken auf. So hält es ein bis zwei Jahre, verliert aber seinen Geschmack und die Nährstoffe. Sie sollten deshalb die Vorräte möglichst innerhalb von drei bis sechs Monaten aufbrauchen.

Getreide in der Küche

Getreidegerichte müssen durchaus nicht schwer und langweilig sein. Getreide liefert eine Fülle von Gaumenfreuden unterschiedlichster Konsistenz und bringt Abwechslung in die Küche. Es lohnt sich, auch weniger bekannte Getreidearten und Mehlsorten auszuprobieren.

GLUTEN-ALLERGIE

Obwohl Weizen unser Grundnahrungsmittel darstellt, sind manche Menschen dagegen allergisch. Er schädigt bei ihnen die Darmzotten.

Menschen, die unter solchen Problemen leiden, können manche Nahrungsmittel nicht richtig verdauen – besonders Fett. Dies führt zu Verdauungsstörungen und bei Kindern zu Wachstumsproblemen. Oft sind Krankheiten wie Blutarmut die Folge. Manchmal kommen schon Babys mit dieser Unverträglichkeit auf die Welt, verlieren sie aber meist nach einigen Monaten oder Jahren. Deshalb ist Babynahrung oft glutenfrei.

Der Zustand solcher Patienten verbessert sich bei glutenfreier Ernährung. Sie müssen glutenhaltige Mahlzeiten aus Getreide, Brot und Nudeln vermeiden, seien sie hausgemacht oder fertig gekauft. Verstecktes Getreide findet sich zum Beispiel in Soßen, Brühwürfeln, Senf und Salatdressings. Heute sind die Nahrungsmittel entsprechend gekennzeichnet, so daß ungeeignete Fertigprodukte gemieden werden können.

Getreide ist einfach zuzubereiten. Spülen Sie es mehrmals in Wasser aus, geben Sie es in kochendes Wasser und lassen Sie es sanft köcheln, bis es weich, aber nicht matschig ist.

Würzen Sie das Kochwasser mit Kräutern, Fleisch- oder Gemüsebrühe. Versuchen Sie es einmal als Beilage oder zusammen mit frischen Tomaten, Paprikaschoten und Gurken als ungewöhnlichen Salat.

Lagern Sie Getreide in luftdichten Behältern an einer kühlen, dunklen Stelle.

WEIZEN ist eines der ältesten und am weitesten verbreiteten Getreide. Er enthält Gluten, ein Protein, und eignet sich dadurch ausgezeichnet zum Verbacken für Brot. Es gibt viele unterschiedliche Weizensorten. Der Proteingehalt bewegt sich zwischen sieben und zwanzig Prozent, je nach Wachstumsbedingungen und Härte. Weicher Weizen hat einen niedrigen Proteingehalt, enthält also wenig Gluten. Das Mehl eignet sich für Kuchen und Kekse. Hartweizenmehl dagegen wird mit seinem hohen Gluten-Gehalt zum Brotbacken verwendet. Die noch härtere Variante – Durumweizen – verwendet man zur Nudelherstellung.

Ganze Weizenkörner (2) sind die nahrhafteste Form von Weizen. Gekocht haben sie ein reiches Aroma und angenehmen Biß. Essen Sie sie pur, in Salaten, Suppen, Eintöpfen und Füllungen.

Zerkleinerter Weizen und Weizenschrot (5) ist sehr grob gemahlen und schneller gar als ganze Körner.

Bulgur (7) ist grob zerkleinerter, mit Dampf aufgeweichter und anschließend wieder getrockneter Weizen. Er muß nur sehr kurz gekocht werden. Ein Teil der Kleie geht dabei verloren. In Nordafrika und im Nahen Osten ist er Bestandteil vieler Gerichte.

Weizenflocken sind plattgepreßte und leicht geröstete ganze Weizenkörner. Versuchen Sie sie roh im Müsli oder gekocht als Brei.

Weizenkleie (4) ist ein guter Ballaststofflieferant und kann dem Frühstücksmüsli beigegeben werden. Bei ausgewogener Ernährung mit Getreide, Gemüse und Früchten sind Extra-Gaben eigentlich nicht nötig. Aus der nährstoffreichen Eiweißschicht des Weizens gewonnen (8), enthält sie reichlich Vitamin E. Essen Sie die Kleie roh oder als Zugabe in Brot und Kuchen.

Grieß (6) wird aus dem fein, mittel oder grob vermahlenen Mehlkörper des Getreidekorns hergestellt. Feinen Grieß braucht man für Süßspeisen oder italienische Gnocchi. Couscous wird aus grobem Grieß (9) gemacht, während Hartweizengrieß zur Nudelherstellung geeignet ist.

Weizenmehl entsteht durch Entfernen der gesamten Hüllschicht des Kornes. Es wird fein vermahlen. Vollkornmehl (1) besteht aus den ganzen Körnern samt Hüllschicht, Weißmehl nur aus den inneren Teilen.

BUCHWEIZEN wurde zuerst in China kultiviert und gelangte im Mittelalter nach Europa. Besonders beliebt ist er in Rußland. Er schmeckt intensiv, fast nußartig, und wird gern mit anderen Getreiden gemischt oder in stark gewürzten Speisen verwendet. Er enthält viel Kalium, Kalzium, Eisen und Vitamin B_2. Er wird ganz (11) oder in Form von Mehl (12) verwendet.

HAFER gedeiht gut in kühlen, feuchten Regionen. Er hat einen höheren Fett- und Eiweißanteil als die meisten anderen Getreide und wird deshalb schneller ranzig. Er enthält wenig Gluten, eignet sich also nur für Porridge (Haferbrei) oder kompakte Kuchen. Er liefert reichlich Kalzium und Eisen.

Ganze Haferkörner (14) werden kaum verwendet, da sie sehr lange kochen müssen.

Haferkleie (15) enthält viele Ballaststoffe und wird manchmal Gebäck zugesetzt. Müsli auf Haferbasis ist ein gesunder Start in den Tag.

Haferflocken werden in unterschiedlichen Größen angeboten: von kernig (16) bis fein.

Hafermehl (13) kann ebenfalls in unterschiedlichen Feinheiten ausgemahlen werden. Es wird vor der Verwendung in Suppen und Brei am besten eingeweicht. Zum Backen nimmt man die feineren Sorten.

REIS ist das Grundnahrungsmittel für die Hälfte der Weltbevölkerung. Er stammt aus Asien. Er liefert viel Vitamin B und Vitamin E, ist reich an Kohlenhydraten, enthält aber weniger Eiweiß als andere Getreide. Reis und Reisprodukte sind für die glutenfreie Ernährung unentbehrlich.

Langkornreis (23) hat einzeln liegende Körner und wird für indische Gerichte verwendet. Rundkornreis oder Milchreis (18) findet bei uns oft in Süßspeisen Verwendung.

Vollreis (19) ist ungeschält und daher am gesündesten. Er schmeckt sehr herzhaft und paßt zu gut gewürzten Speisen. Weißer Reis wird poliert, um die Hüllschichten zu entfernen. Das hat in Gegenden, wo die Menschen fast

ausschließlich von Reis leben, zu Krankheiten wie Beriberi geführt.
Reisflocken (20) werden sowohl aus weißem wie aus braunem Reis gemacht und meist geröstet. Sie eignen sich für glutenfreie Müslis und zum Eindicken von Suppen.
Reismehl (22) enthält kein Gluten und wird hauptsächlich zum Eindicken und als Bestandteil für glutenfreies Brot verwendet.
Wildreis (21), ein entfernter Verwandter des normalen Reises, stammt aus Amerika. Die Indianer sammelten ihn wild, heute wird er aber angebaut. Er läßt sich nur schwer ziehen, ist also entsprechend teuer. Die Körner enthalten mehr Eiweiß als normaler Reis und besonders viel Lysin, die Aminosäure, die den meisten anderen Getreidearten fehlt.
GERSTE Während man im Nahen Osten viel Gerste ißt, dient sie bei uns hauptsächlich als Tierfutter und Rohstoff beim Bierbrauen. Gerste (24) ist anderen Getreiden durchaus ebenbürtig und eine gute Quelle für Niacin. Sie enthält sehr wenig Gluten und wird nur für Fladenbrote verwendet.
Graupen (26) sind geschälte, polierte Gerstenkörner. Das Getreide ist auch in Flocken erhältlich (25).
MAIS wird in Mittelamerika schon seit etwa 3500 v. Chr. angebaut und bildet in vielen amerikanischen Kulturen das Grundnahrungsmittel. Ihm fehlen allerdings zwei wichtige Aminosäuren, er sollte also mit anderer Nahrung ergänzt werden. Außerdem kann ein Großteil des enthaltenen Vitamins B_2 vom menschlichen Körper nicht verwertet werden. Pellagra war eine bekannte Mangelkrankheit bei Menschen, die sich vorwiegend von Mais ernährten. Manche Maissorten eignen sich eher zum Kochen wie Gemüse (Zuckermais), andere werden vermahlen.
Grobes Maismehl (30) wird gesiebt, um einen Teil der Spelzen zu entfernen. Es enthält wenig Gluten, schmeckt aber angenehm. Grobes Maismehl wird in Kuchen und Süßspeisen verarbeitet oder zu einem Brei verkocht. Polenta oder Maisgrieß (28) ist eine Sonderform, aus der in Italien der gleichnamige Brei hergestellt wird.
Feines Maismehl (27) wird vor dem Mahlen von allen Hüllen und Spelzen befreit. Es ist weniger nahrhaft als Grieß und wird hauptsächlich zum Eindicken gebraucht.

Popcorn wird aus besonders hartem Mais (29) hergestellt, wobei der Mehlkörper in der Hitze förmlich explodiert. Es hat ernährungsphysiologisch nur geringen Wert.
Zuckermais (31) ist zu weich zum Vermahlen und wird gekocht wie Gemüse verwendet. Er hat einen höheren Eiweißgehalt als die meisten anderen Gemüse.
ROGGEN wurde ursprünglich als Unkraut angesehen. Er gedeiht auch in kaltem Klima und auf armen Böden. Roggen ist besonders in Mitteleuropa, Skandinavien und Rußland zu finden. Er liefert viele B-Vitamine, Vitamin E und Kalium. Wegen des niedrigen Gluten-Anteils ergibt Roggenmehl ein sehr schweres, säuerlich schmeckendes Brot. Roggenknäckebrot ist gut, wenn Sie auf die Linie achten müssen: Es bindet viel Feuchtigkeit, quillt im Magen auf und macht daher schnell satt.
Roggenkörner schmecken gekocht leicht bitter und verbinden sich gut mit dem süßlichen Geschmack mancher Wurzelgemüse.
Roggenflocken (10) werden wie Weizenflocken verwendet, haben aber einen intensiveren Geschmack.
HIRSE (17) kommt in vielen Sorten vor. Bei uns wird sie meist als Viehfutter eingesetzt. Besonders in tropischen Ländern gehört sie zu den Grundnahrungsmitteln. Sie enthält ausgesprochen viel Eisen und Vitamin B. Probieren Sie Hirse einmal statt Reis oder in Flockenform zum Frühstücksmüsli!
AMARANTH war einst ein heiliges Nahrungsmittel der Azteken. Die eiweißreiche Pflanze gedeiht auch in trockenen Gegenden und wird wegen ihrer vielen Samen und ihrer nahrhaften Blätter geschätzt.
QUINOA (32) wird, wie Amaranth, schon seit Jahrtausenden in Mittelamerika angebaut. Es ist das Getreide der Inka. Heute wird es auch anderswo kultiviert und in Reformhäusern und Naturkostläden angeboten. Verwenden Sie Quinoa wie Reis.

GINSENG

Wunderwurzel aus dem Osten

**Ginseng ist bei uns erst seit kurzem bekannt.
Im Fernen Osten verwendet man ihn seit Jahrtausenden als Heilpflanze.**

Schon vor 2000 Jahren glaubte man in China, Ginseng habe die spirituelle Kraft, den Tiergeist zu besänftigen, die Seele zu beruhigen, das Denken offener zu machen und Ängste abzubauen. Gleichzeitig sollte er den Körper stärken, das Herz öffnen und negative Ausdünstungen vertreiben.

Heute noch halten die Chinesen Ginseng für ein Allheilmittel und setzen ihn gegen zahlreiche Krankheiten und Beschwerden ein, außerdem als Aphrodisiakum.

Bei uns wird er manchmal als Gesundheitsmittel Nummer 1 propagiert. Auch im Westen glauben manche an seine magischen Fähigkeiten. Er soll nicht nur das Leben verlängern und die sexuelle Potenz steigern, auch Energie, Vitalität und Widerstandsfähigkeit regt er angeblich an. Sogar bei Rheuma, Haarausfall, Depressionen und Streß-Erkrankungen soll er wirken.

Die Herkunft des Ginseng

Ginseng ist ein kleiner Busch mit süßlich aromatischem Duft, der ursprünglich in den Bergwäldern Nordamerikas und Asiens beheimatet war. Die Pflanze braucht fünf bis sieben Jahre, bis die Wurzel groß genug ist. Nach der Ernte wird die Wurzel gemahlen oder gerieben und in Form von Pulver, Tee, Tabletten, Extrakten und Kosmetika konsumiert.

Der Asiatische Ginseng, *Panax schinseng,* gehört zur Familie der *Araliaceae.* Der Amerikanische Ginseng heißt *Panax quinquefolius.*

Rechts: Panax quinquefolius, *der wilde Ginseng, hat sattgrüne Blätter und kleine weiße Blütendolden.*

„Panax" leitet sich von der griechischen Göttin „Panacea" ab, der nachgesagt wurde, alles heilen zu können.

Wenn die Kultivierung auch schwierig und teuer ist, wird Ginseng heute doch großflächig angebaut und ist beispiels-

GINSENG

weise *der* Exportschlager Südkoreas. Der meiste in Nordamerika produzierte Ginseng wird nach Hong Kong ausgeführt. Doch die amerikanische Art soll weit weniger wirksam sein als die asiatische.

Neben den genannten Arten gibt es einen billigeren Ginseng-Ersatz auf dem Markt, *Eleutherococcus senticosus,* auch als Taiga-Wurzel bekannt. Er gehört zur selben Familie wie der Asiatische Ginseng und soll ähnliche Eigenschaften besitzen. In Rußland ist er sehr populär und wird oft älteren Patienten und Konvaleszenten verabreicht sowie gegen Streß und Blutarmut verschrieben.

Meist ist die Art der verwendeten Wurzel bei Ginseng-Produkten auf der Packung angegeben. Die wertvollste soll *Panax schinseng* sein.

Was enthält die Wurzel?
Ginseng wurde in vielen klinischen und Labor-Tests erforscht, um festzustellen, ob er ungefährlich ist und weiterhin verkauft werden darf. Dabei fand man allerdings wenig handfeste Beweise für wirksame Inhaltsstoffe. Die Ergebnisse sind nicht sehr aussagekräftig, da immer andere Dosierungen der verschiedenen Varianten der Wurzel verwendet wurden.

Der Ginseng enthält viele chemische Stoffe, die zur Gruppe der Saponine oder Ginsenoside gehören, dazu kommen flüchtiges Öl, eine Fettsäure, Vitamin B_1 und B_2 sowie Phosphate. Meist werden die Ginsenoside für die medizinische Wirkung verantwortlich gemacht. Sie sind je nach Alter und Art der Wurzel, Herkunft und Anbau in sehr unterschiedlichen Mengen enthalten, die Wirkung ist also schwer vorauszusehen. In einer Studie konnte eine verbesserte Kohlenhydrat-Toleranz bei Diabetikern, die mit Ginseng behandelt wurden, nachgewiesen werden. Ältere Menschen stellten Erleichterung bei Beschwerden wie Kopfschmerzen und Herz-Kreislauf-Schwächen fest sowie eine Steigerung der geistigen und körperlichen Kraft.

Was steckt wirklich in ihm?
Manchmal wird die reiche Anzahl von Inhaltsstoffen im Ginseng damit erklärt, daß die Pflanze so viele Mineralstoffe und Spurenelemente aus dem Boden zieht, daß an der Stelle etwa zehn Jahre lang nichts anderes wachsen kann. Die Pflanze muß also die aufgenommenen Stoffe konzentrierter als jedes andere Gewächs enthalten. Es gibt jedoch keine stichhaltigen wissenschaftlichen Beweise, die diese Vermutung bestätigen.

Manche Wissenschaftler sehen im Ginseng ein „Adaptogen", einen Stoff, der die Widerstandsfähigkeit gegenüber Streß und Krankheiten fördert – ohne Nebenwirkungen. Adaptogene stimulieren angeblich den Stoffwechsel und schaffen ein inneres Gleichgewicht.

Ist Ginseng ungefährlich?
Die meisten Laborstudien ergaben, daß Ginseng ungefährlich ist. Die zuständige US-Behörde ließ ihn als Bestandteil von Kräutertees zu.

Die Erfahrung zeigt, daß Ginseng als allgemein anregendes Mittel zu verstehen ist. Er kann kurzfristig helfen, Streßsituationen und Ermüdung zu bekämpfen sowie die Konzentration zu stärken. Hierin liegt vielleicht auch seine Wirkung als Aphrodisiakum begründet. Mit der allgemeinen Energie regt er auch die sexuelle Kraft an.

Ginseng wird in unterschiedlichsten Darreichungsformen angeboten. Von links nach rechts: Extrakt, Wurzeln, Tee, Kapseln, Elixier, Tabletten.

PROBLEME MIT GINSENG?

Einige unerwünschte Nebenwirkungen von Ginseng wurden bekannt. Eine ältere Frau klagte nach einer dreiwöchigen Kur mit Ginseng-Pulver über geschwollene, harte Brüste bei sonstigem Wohlbefinden. Die Symptome verschwanden, als sie das Mittel absetzte. Eine andere ältere Dame bekam nach der Behandlung mit Ginseng-Tabletten Blutungen im Vaginalbereich.

Beide Fälle führte man auf eine hormonelle Gleichgewichtsstörung zurück, die durch Substanzen in der Pflanze entstand, die den weiblichen Hormonen ähneln.

Auch bei übermäßigem Gebrauch von Ginseng können unerwünschte Symptome auftreten. Manche Personen nahmen bis zu 15 g pro Tag. Doch auch schon Dosierungen von 3 g pro Tag können Schlaflosigkeit, Nervosität, Depressionen, Hautprobleme und Durchfall hervorrufen.

Teilweise liegt das Problem darin, daß Ginsengprodukte als Nahrungsmittel klassifiziert sind. Diese erfordern keinen speziellen Hinweis am Produkt auf Höchstmengen. Die Dosieranleitungen sind meist vage. Manche Hersteller schlagen 600 mg pro Tag als ausreichende Menge vor, andere „nach Bedarf mehr".

Ärzte raten Patienten mit Asthma, hohem Blutdruck, Regelbeschwerden, Herzkrankheiten oder Aufregung von Ginseng ab. Kaffee und Alkohol sollte man während einer Ginseng-Kur nicht konsumieren.

GURKEN

Knackige Frische

Haben Sie müde Augen? Fühlen Sie nach dem ausgiebigen Sonnenbad einen leichten Sonnenbrand? Im nächsten Supermarkt finden Sie die Lösung Ihrer Probleme.

Die Gurke (*cucumis sativus*) ist ein Gemüse, das an einer Schlingpflanze wächst. In tropischen, subtropischen und auch gemäßigten Regionen gehört sie fast zu den Grundnahrungsmitteln und ist das ganze Jahr über erhältlich. Bereits die alten Griechen und Römer naschten von ihr.

Erst im 16. Jahrhundert wurden Gurken allerdings in größerem Stil angebaut. Die Frucht besteht hauptsächlich aus Wasser, enthält also sehr wenig Kalorien und ist aus der Schlankheitsdiät kaum wegzudenken. Auch als Bestandteil von Salaten und Rohkost oder sogar Mousse kommt sie häufig auf den Tisch. Etwas Gurkensalat liefert Ihnen viele Vitamine, Mineral- und Ballaststoffe und ist entsprechend gesund. Wählen Sie beim Einkauf kleinere, feste Stücke mit glatter Haut. Die größeren Exemplare sind leicht schwammig und hartschalig.

Kosmetische Anwendungen

Gurken wirken durch den hohen Wassergehalt sehr erfrischend und kühlend. In der Kosmetik schätzt man auch ihre sanft beruhigende Wirkung auf sensible und trockene Haut, die durch schärfere Produkte leicht angegriffen wird.

Gurken wirken adstringierend und werden daher gerne Gesichtswässern zugesetzt. Diese sollten sanft mit einem Wattebausch nach dem Reinigen und vor der Feuchtigkeitscreme auf die Gesichtshaut gerieben werden. Sie entfernen überschüssiges Fett und wirken belebend.

Wegen der adstringierenden Wirkung wird Gurkensaft auch gerne Gesichtsmasken gegen fettige Haut zugesetzt. Die Haut wirkt nach einer viertelstündigen Anwendung frisch und rosig; sie fühlt sich sanft und weich an, gleichzeitig ist sie gereinigt. Die Maske regt auch die Blutzirkulation an.

GURKEN

SCHÖNHEITSREZEPTE

Hautpflegemittel mit Gurke lassen sich leicht herstellen und wirken ausgezeichnet. Die Zutaten erhalten Sie im Supermarkt oder in einer Drogerie.

GURKEN-TONIKUM

Eine halbe Gurke
2 Zitronen
1 Orange
1 Apfel
30 ml reiner Alkohol
30 ml Rosenwasser

Schälen Sie Apfel und Gurke, reiben Sie beides auf der Gemüsereibe. Füllen Sie den Brei in einen feinen Sieb, drücken Sie den Saft in eine Schale. Pressen Sie die Zitronen und die Orange aus, mischen Sie alle Säfte. Mischen Sie zum Schluß den Alkohol und das Rosenwasser unter. Füllen Sie das Ganze in eine saubere Flasche mit Etikett. Benutzen Sie es zweimal täglich nach der Reinigung.

REINIGUNGSWASSER

Eine viertel Gurke
140 ml Milch

Schälen und reiben Sie die Gurke. Füllen Sie den Brei in einen Sieb, drücken Sie den Saft aus. Mischen Sie die Reste mit der Gurkenschale unter die Milch, schütteln Sie das Ganze fünf Minuten durch. Lassen Sie es drei Stunden stehen, seihen Sie es ab und lagern Sie die Flüssigkeit im Kühlschrank. Sie hält zwei bis drei Tage.

Auch in vielen Hautreinigungsmitteln findet die Gurke Anwendung – sowohl für fettige wie auch für normale oder Mischhaut, ferner in Seifen und Handcremes. Bevor Sie teure Mittel fertig kaufen, probieren Sie die Wirkung der Gurke direkt aus: Schälen und reiben Sie ein Stück Gurke, drücken Sie den Brei aus, so daß Sie Gurkensaft erhalten. Diesen seihen Sie nochmals durch ein Tuch. Tupfen Sie den Brei auf Ihr Gesicht. Sofort merken Sie die befeuchtende, beruhigende Wirkung. Die Haut wird sichtbar rosiger.

Sogar gegen kleinere Sommersprossen kann eine Mischung aus Gurken- und Zitronensaft hilfreich sein. Sie bleichen dadurch etwas aus und fallen nicht mehr so sehr auf.

Medizinische Anwendungen

Gurken wirken wassertreibend, helfen also ausgezeichnet bei aufgeblähtem Magen als Folge von Problemen beim Wasserlassen oder chronischer Verstopfung. Wegen dieser Wirkung und auch wegen der Eigenschaft, die Urinsäure zu verdünnen, werden Gurken vor allem bei Nieren- und Blasenproblemen empfohlen.

Durch den hohen Wassergehalt wirken Gurken kühlend auf Hautentzündungen und Schürfwunden. Die Heilkraft nutzen auch Hersteller von After-Sun-Lotions. Der angenehm kühlende Effekt nimmt die Schmerzen sofort merklich zurück, wenn man sich zu lange der schädlichen ultravioletten Strahlung ausgesetzt hat.

GESCHWOLLENE AUGEN

Sind Ihre Augen durch Kunstlicht, Rauch oder eine lange Nacht müde und angeschwollen? Ein paar Gurkenscheiben machen sie wieder fit.

Bei ermüdeten oder entzündeten Augen schneiden Sie zwei Gurkenscheiben zurecht und legen sich in einem ruhigen Raum auf den Rücken. Schließen Sie die Augen, legen Sie die Gurken über die Augenlider. Ruhen Sie sich zehn Minuten aus. Die Gurke macht die Augen frisch und glänzend. Auch Entzündungen und Schwellungen gehen zurück. Nur bei sehr empfindlichen Augen sollten Sie die Methode nicht anwenden.

> „Er hatte ... eine Methode, Sonnenstrahlen aus Gurken zu extrahieren und in Phiolen abzufüllen ... An rauhen, unfreundlichen Sommertagen wurden sie dann zum Wärmen der Luft herausgelassen."
>
> **Jonathan Swift**

HEILER

Heilende Hände

Während der gesamten menschlichen Entwicklung hat das „Handauflegen" heilende Funktion gehabt. Heute sind wir von zweifelhaften medizinischen Eingriffen und Nebenwirkungen mancher Medikamente so verunsichert, daß immer öfter Heiler außerhalb der Schulmedizin aufgesucht werden. Sind sie nun Scharlatane? Arbeiten sie mit dem Placebo-Effekt, oder können sie wirklich helfen?

Ihre Anhänger sind davon überzeugt, daß das „Handauflegen" tatsächlich funktioniert, und zwar unabhängig davon, ob die Patienten nun daran glaubten oder nicht. Sie zitieren zum Beweis amerikanische Studien, die bestätigen, daß selbst Menschen, die sich einer Behandlung nicht bewußt waren, durch Handauflegen geheilt werden konnten.

Bei einem Test in Kalifornien, der 1990 durchgeführt wurde, wußten beispielsweise nur der Leiter des Experiments und der Heiler, worum es tatsächlich ging. Alle anderen Versuchsteilnehmer glaubten, es würde eine neue Zeitraffer-Kamera getestet.

44 Testpersonen wurde tief in ihre Arme geschnitten. Sie hielten sechzehn Tage lang jeweils fünf Minuten ihre Arme durch einen Vorhang in einen anderen Raum. Sie sahen und hörten nichts und dachten nur, die Kamera sei im anderen Raum. In Wirklichkeit saß aber ein Heiler dort, der sich vollkommen auf die eine Hälfte der Testpersonen konzentrierte, während er den Rest ignorierte. Nach den sechzehn Tagen zeigten die Wunden der vom Heiler Bedachten deutliche Heilerfolge, die der ignorierte Testpersonen heilten deutlich langsamer.

HEILER

BESUCH BEI EINEM HEILER
Sollten Sie einen Heiler konsultieren?
Das hängt davon ab, ob Sie daran glauben, daß er mehr als die Schulmedizin für Sie tun kann.

Sie sollten sich erst an einen Heiler wenden, wenn Ihr Hausarzt oder Spezialist Ihnen nicht helfen konnte. Wenn Sie sich schließlich zu diesem Schritt entschließen, informieren Sie sich zunächst über die Person des Heilers. Wurde er Ihnen von Bekannten empfohlen, die er bereits behandelt hat? Ist er verantwortungsbewußt und ernsthaft? Hier einige weitere Tips:

- Ein guter Heiler kann nichts versprechen, doch alles an ihm wirkt ruhig und positiv.
- Rechnen Sie mit einem Entgelt: Manche Heiler arbeiten umsonst, andere müssen von ihrer Arbeit leben wie jeder andere auch. Oft erfolgt die Bezahlung nach Selbsteinschätzung des Patienten.
- Die Sitzung sollte in einer sehr ruhigen, fast meditativen Umgebung stattfinden. Ihre Atmung sollte mit der des Heilers möglichst parallel verlaufen.
- Sie können unterschiedlich dabei empfinden. Viele Menschen spüren örtlich begrenzt ein heißes Prickeln an den Stellen, an denen sie der Heiler berührt, andere empfinden kalte Punkte oder ein Kribbeln.
- Sofortige Wunder sind selten. Die meisten Patienten fühlen sich schon nach einer Sitzung erheblich besser und allgemein ruhig und ausgeglichen. Manchmal kommt der Effekt auch erst einige Stunden oder ein bis zwei Tage später.
- Geben Sie dem Heiler eine Chance. Wenn er mehrere Behandlungen für nötig hält, kommen Sie wieder.
- Ein guter Heiler wird niemals verlangen, daß Sie die normale medizinische Behandlung aufgeben. Verwenden Sie Medikamente und sonstige Therapiemittel weiter, außer Sie fühlen sich wirklich gesund und brauchen keinerlei Tabletten mehr.
- Oft schlägt der Heiler eine Veränderung der Lebensweise vor. Sie lernen, daß Sie selbst für Ihre Gesundheit verantwortlich sind.

Heilungen wurden immer als Wunder oder falscher Trick für Gutgläubige aufgefaßt. Doch manche Heiler verdienen solche Skepsis nicht! Matthew Manning (oben) aus Cambridgeshire ist weltweit für seine „Wunderheilungen" bekannt. Er verlangt nicht einmal den Glauben seiner Patienten an seine Fähigkeiten. Andere Zentren der Wunderheilung wie das französische Lourdes (links) ziehen nach wie vor Christen aus der ganzen Welt an, die Heilung durch ihren Glauben suchen.

Kosmische Energie

Doch welche geheimnisvolle Kraft nutzen die Heiler? Können nur Heilige andere Menschen gesund machen, oder ist die Technik für jeden erlernbar?

Wir kennen alle die Wunder der Bibel: Jesus konnte Menschen, die schwer krank waren, von ihren Leiden befreien, und er war sogar in der Lage, Tote zu neuem Leben zu erwecken. Diese Fähigkeit gab er an seine Schüler weiter. Der heute lebende Hindu-Heilige Sai Baba soll ähnliche Gaben besitzen. Die Heiler selbst sind davon überzeugt, daß Tausende „normale" Menschen mit der Fähigkeit zu heilen geboren werden oder zumindest lernen können, sie für sich zu entdecken.

Man ist sich nicht einig, welche Macht die Heilung bewirkt. Meist nimmt man an, daß eine kosmische Energie „einge-

HEILER

Manche Menschen glauben, daß wir von einem unsichtbaren vielfarbigen Kraftfeld, der sogenannten Aura, umgeben sind. Medial begabte Menschen behaupten, diese Aura sehen zu können, und sie erkennen aufgrund von Farbverschiebungen unseren Gesundheitszustand.

fangen" und zum Heilen benutzt werden kann. Nicht der Therapeut macht den Patienten also gesund, sondern diese Kraft – manche nennen sie Gott, andere glauben an die eigenen inneren Kräfte im Menschen.

„Ich gebe den Menschen die Erlaubnis, sich selbst zu kurieren", formulierte es ein Heiler. Auch wenn das ein bißchen arrogant klingen sollte – so sehen sich die meisten Heiler.

Die Vorstellung dahinter ist, daß jedem Menschen die Fähigkeit geschenkt ist, sich von fast allen Leiden selbst zu befreien, daß aber negative Gefühle wie Schuld und mangelndes Selbstbewußtsein diesen Prozeß stören. Der Heiler öffnet uns wieder für die kosmische Energie und führt uns zu unseren eigenen inneren Kräften zurück.

Angeblich kann fast jeder das Heilen lernen, allerdings mit unterschiedlichem Erfolg. Der mögliche Heiler offenbart sich durch unterschiedliche Techniken. Meist laufen sie darauf hinaus, die aktive linke Gehirnhälfte, die für das Denken zuständig ist, ruhigzustellen und die intuitive rechte Hälfte anzuregen. Meditationstechniken vermitteln die nötige innere Ruhe.

Den ganzen Menschen betrachten

Eine Erfolgs-Heilung ist ganzheitlich, auf allen Ebenen. Die Heiler sehen den Körper, also die Materie, nur als Teil des Menschen. Der Geist, die Gefühle, die Seele müssen ebenfalls einbezogen werden. Echte Heilung gibt es nur auf allen Ebenen, die sich gegenseitig beeinflussen.

Die Schulmedizin versage oft, so die Heiler, weil sie nur die körperliche Seite berücksichtigt und lediglich die Symptome kuriert, nicht die Ursachen. Wenn man dagegen den Grund einer Krankheit herausfindet und beseitigt, kann man geeignete Maßnahmen zur Vorbeugung ergreifen, so daß die Krankheit nicht wieder – eventuell in einer anderen Form – an irgendeiner Stelle des Körpers zum Vorschein kommt.

Heiler finden ihre Patienten oft in großem emotionellen Aufruhr und glauben, daß diese Unruhe sie krank macht. Das Handauflegen kann solche halbbewußten Traumen an die Oberfläche befördern und den Patienten dadurch befreien.

Manche Heiler berühren den Patienten nicht einmal, sondern greifen nur in seine „Aura" ein, das unsichtbare elek-

DIE KRAFT DER GEDANKEN

Kann jemand sich besser fühlen, nur weil man an ihn denkt? Auch wenn es seltsam klingt, gibt es einige Anzeichen, daß man selbst über räumliche Distanzen hinweg mit den Gedanken heilen kann.

In den 70er Jahren experimentierte die New Yorker Psychologin Joyce Goodrich mit Personen, die durch räumlich entfernte Heiler behandelt wurden. Sie kündigte ihnen Heilversuche an verschiedenen Tagen an, ohne daß die Betroffenen genau wußten an welchen Tagen diese tatsächlich stattfinden würden. Dennoch bestätigten neutrale Beobachter, daß die meisten Patienten ganz genau angeben konnten, wann die Behandlung gerade stattfand – mit bemerkenswerter Treffsicherheit.

In weiteren amerikanischen Experimenten erkannten die Versuchspersonen jeweils genau, wann für sie gebetet wurde oder wann die räumlich entfernten Heiler an sie dachten.

HEILER

HEILENDE HÄNDE

Die Behandlung von Geoff Boltwood wirkt wie eine Mischung aus Handauflegen und Aromatherapie – denn man beobachtete, daß eine dicke ölige Flüssigkeit von seinen Fingerspitzen auf die Kranken tropfte, während er ihnen die Hände auflegte.

Niemand weiß, wie und warum es passiert, doch offensichtlich hilft es den Kranken! Geoff Boltwood zuckt die Schultern: „Es ist ein Geschenk von da draußen, etwas, das passiert, wenn jemand Hilfe braucht." Erste Untersuchungen der mysteriösen Substanz zeigten, daß sie sich aus Fetttröpfchen (Lipoide) zusammensetzt und organischen Ursprungs ist.

Einer Vierjährigen wurde diese Substanz auf die Stirn gerieben. Sie war mit ihrer Mutter zu Boltwood gekommen, weil sie nicht aß und ständig Husten und Erkältungen hatte. Sofort nach der ersten Behandlung sagte sie, sie habe Hunger. Schon nach der dritten Sitzung war sie wieder völlig okay. Boltwood rät seinen Patienten, ihre Vorstellung von der Wirklichkeit zu überdenken. Er sagt: „Wenn Sie für krank befunden werden, denken Sie meist nur an die Krankheit, nicht an die Möglichkeit, wieder gesund zu werden. Der Begriff der Wirklichkeit ist dehnbar. Das Öl, das Knistern, das manche Patienten hören, wenn ich sie berühre ... zeigen nur, daß die Realität verschiedene Erscheinungsformen haben kann. Es ist eine Frage der Wahrnehmung und der Erwartung. Schließlich erwarten wir auch, daß Schnitte von selbst heilen, gebrochene Knochen zusammenwachsen und Erkältungen verschwinden. Wir haben die Kraft, unsere Krankheit zu überwinden, wenn wir wirklich daran glauben. Alles muß aus unserem Inneren kommen – dann wird es auch im Äußeren wahr."

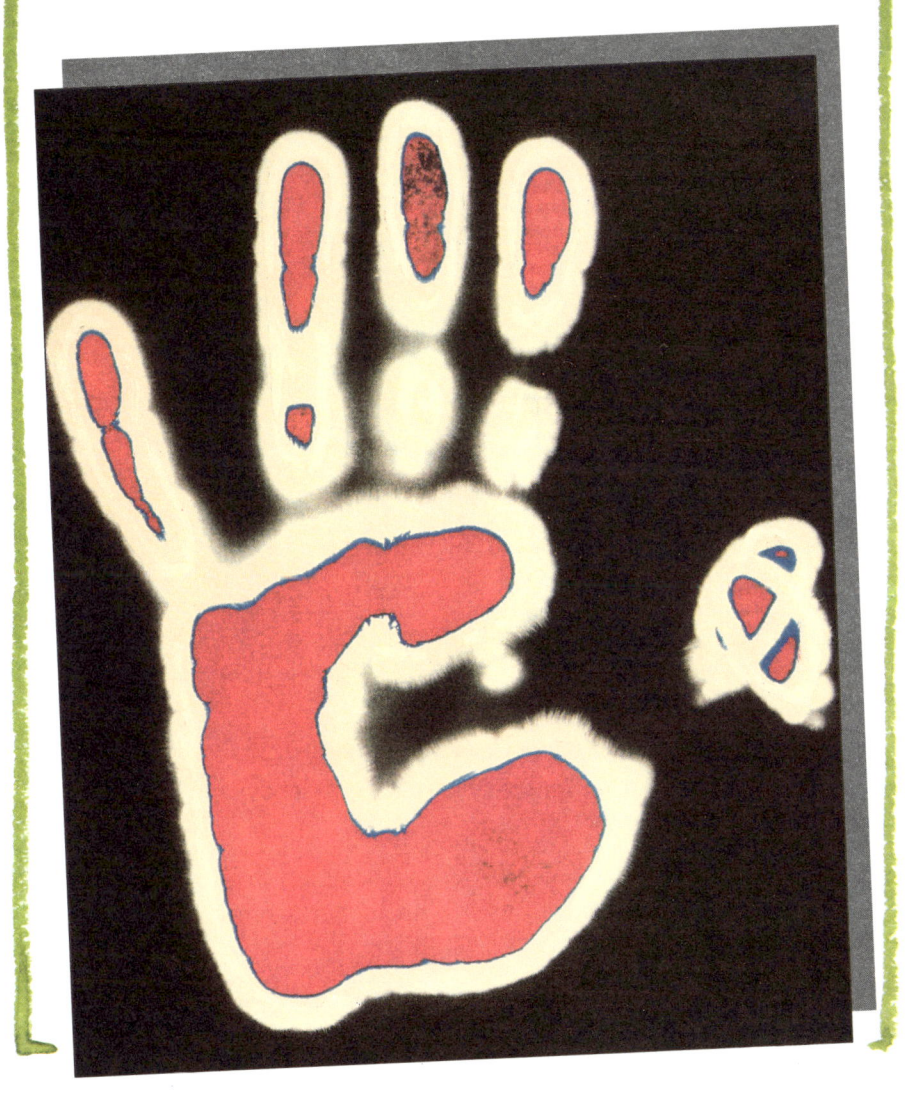

trische Kraftfeld von Farben, die uns umgeben. Die direkte Berührung ist beruhigend bei Streß und stärkt das Immunsystem.

Die Kraft der Berührung

Dolores Krieger, eine amerikanische Hebammen-Lehrerin, war eine der ersten Heilerinnen durch Händeauflegen. In den 70er Jahren bemerkte sie, daß Patienten durch Berührung schneller gesund wurden als mit ihren Medikamenten alleingelassene.

Nachfolgende Experimente bewiesen, daß sogar Trauernde – deren Immunsystem meist deutlich geschwächt ist – durch Berührung ihre Blutstruktur deutlich verbesserten. Auch hier sieht man wieder, wie Körper und Geist zusammenarbeiten.

Trotz allgemeiner Skepsis und heftiger Angriffe durch die Schulmedizin wenden sich Tausende von Menschen an Heiler. Schüler lernen, wie sie die kosmische Energie nutzen können. Lynn Picknett, eine Heilerin aus London, sagt: „Am Ende steht immer die Liebe. Ich kann den Leuten keine Wunder versprechen, doch ich kann ihnen Liebe versprechen, und oft ist das beides das gleiche."

Mittlerweile können die Heiler etwas optimistischer in die Zukunft sehen: Wenn viele Ärzte auch noch skeptisch sind, andere arbeiten in Praxen und Krankenhäusern sogar mit Heilern zusammen. Ärzte und Menschen, die in Pflegeberufen tätig sind, beschäftigen sich sogar manchmal selbst mit dem Phänomen.

„Es (Heilen) ist in dem Sinn spirituell, daß es bis in die innersten Wurzeln unserer Persönlichkeit vordringt. Das Ziel spiritueller Behandlung ist eine wirklich vollständige Heilung."

Christopher Pilkington

„Wunder stehen nicht im Gegensatz zur wirklichen Natur, sondern nur zu dem, was wir dafür halten."

HOMÖOPATHIE

Ähnliches wird durch Ähnliches geheilt

Die Homöopathie wird bei Ärzten und Patienten immer beliebter. Sie ist eine sichere, natürliche, erschwingliche Form der Ganzheitsmedizin. Nicht nur Menschen, sogar Tiere werden mittlerweile behandelt.

Das Wort Homöopathie stammt aus dem Griechischen und bedeutet „ähnliches Leiden". Die Therapie basiert auf der Lehre des griechischen Arztes Hippokrates, daß „Ähnliches mit Ähnlichem" zu behandeln sei.

Deshalb dürfen nur solche Medikamente in bestimmten Dosen verabreicht werden, die in höherer Dosierung beim Gesunden ein ähnliches Krankheitsbild hervorrufen (Simileprinzip: „Similia similibus curantur" – Ähnliches wird durch Ähnliches geheilt), worauf der Körper mit einer Steigerung der Abwehrkräfte reagiert.

Wenn beispielsweise eine starke Erkältung behandelt werden soll, verschreibt ein normaler Arzt ein Mittel,

HOMÖOPATHIE

WELCHE KRANKHEITEN KANN MAN HOMÖOPATHISCH BEHANDELN?

Das Ziel der Behandlung ist eine Stimulation der körpereigenen Heilkräfte. Der Körper soll sich beim Beseitigen von Krankheiten selbst helfen.

Krankheit wird dabei als natürlicher Prozeß verstanden. Wir werden nur krank, wenn unsere Lebensenergie gestört ist. Der Homöopath sieht Symptome wie Ekzeme, Grippe oder Depressionen als Ausdruck einer solchen Störung.

Wenn der Homöopath auch streng genommen eine Person, nicht eine Krankheit behandelt, lassen sich einige Krankheiten zum Teil in den Griff bekommen:

- Prämenstruelles Syndrom
- Depressionen
- Verhaltensstörungen bei Kindern
- Reizblase
- Infektionsanfälligkeit
- Regelbeschwerden und Schwierigkeiten in den Wechseljahren
- Eßstörungen
- Magenbeschwerden
- Anfälligkeit für Erkältungen und Husten
- Heuschnupfen
- Asthma
- Ekzeme

das die laufende Nase stoppt. Ein Homöopath dagegen verordnet ein Mittel, das die Nase zum Laufen bringen würde, wenn es nicht in der entsprechenden Potenzierung (Verdünnung) verabreicht werden würde.

Als ganzheitliche Behandlungsmethode betrachtet die Homöopathie neben dem Körper auch den Geist, die Gefühle, die Lebens- und Eßgewohnheiten sowie persönliche Beziehungen und die Familiengeschichte.

Homöopathie und Impfung

Oft wird die Homöopathie mit einer Impfung verglichen, doch der Vergleich hinkt etwas. Bei einer Impfung wird eine geringe Dosis der Krankheitserreger in den Körper gebracht. Die Homöopathie dagegen verordnet ein Heilmittel, das ähnliche Symptome wie die Krankheit selbst hervorrufen kann. Es werden aber nicht die Krankheitserreger selbst dem Körper zugeführt.

Ein weiterer Unterschied liegt darin, daß bei der Impfung vorausgesetzt wird, daß alle Menschen gleich anfällig für dieselben Krankheiten sind, und somit auch alle gleich behandelt werden müssen.

Die Homöopathie dagegen sieht jeden Menschen als Individuum mit unterschiedlichen Stärken und Schwächen und unterschiedlicher Krankheitsanfälligkeit.

Die Geschichte der Homöopathie

Obwohl die Vorstellung, Ähnliches mit Ähnlichem zu behandeln, schon sehr alt ist, entwickelte sich doch erst während der letzten 200 Jahre ein richtiges System daraus. Der deutsche Arzt und Apotheker Samuel Hahnemann experimentierte in Selbstversuchen mit der China-Rinde.

Dabei stellte er erstaunt fest, daß er durch seine Experimente eine Art Sumpffieber bekam. Viele weitere Versuche überzeugten ihn, daß Hippokrates recht hatte: Eine Substanz, die eine gesunde Person krank machen kann, heilt umgekehrt die auftretenden Symptome an einem Kranken.

Hahnemann verbrachte die meiste Zeit seines Lebens damit, zu experimentieren: Was waren die sinnvollsten Zubereitungen für Medikamente? In Selbstversuchen, an Freunden und Patienten probierte er sein neues System aus.

Seit Hahnemanns Zeit hat sich die Homöopathie über die ganze Welt verbreitet. Von Generationen des britischen Königshauses über indische Krankenhäuser bis nach Mexiko und überall in Europa wird die Heilmethode heute eingesetzt.

Bei uns wird die Homöopathie hauptsächlich von Heilpraktikern und Naturheilkundigen beherrscht, aber auch immer mehr Schulmediziner lassen sich zusätzlich in dieser Methode ausbilden und setzen Sie in der Praxis ein.

Wirksame Heilmittel

Die Homöopathie hilft bei den unterschiedlichsten Beschwerden. Die Heilmittel werden meist aus Pflanzen und Mineralstoffen gewonnen, einige besonders erfolgreiche erhält man allerdings auch von Tieren (beispielsweise Schlangengift). Wenn auch der Ausgangsstoff giftig ist, so ist das Endprodukt doch immer völlig ungefährlich und ungiftig.

Bei der Herstellung von Medikamenten wird die Grundsubstanz – eine natürliche Tinktur – mit Alkohol vermischt und geschüttelt. Ein Tropfen Flüssigkeit wird entweder 1:10 oder 1:100 verdünnt und geschüttelt. Dann wird wiederum ein Tropfen der Verdünnung verdünnt und geschüttelt. Dies kann etliche Male wiederholt werden, so daß man im Extremfall im Endprodukt nicht einmal mehr ein einziges Molekül des Ausgangsstoffes nachweisen kann. Die Verdünnungen werden flüssig, in Pulver- oder Tablettenform an den Patienten abgegeben.

Hahnemann fand heraus, daß das Medikament – seltsamerweise – um so besser wirkt, je höher es potenziert ist. Der Grund dafür ist vermutlich darin zusehen, daß die Mischvorgänge die Energie, die in der Substanz enthalten ist, erst freisetzen, und sie hinterläßt eine Art Abdruck im Alkohol.

Die Homöopathie wird immer weiter wissenschaftlich erforscht, denn ihre Wirkungsweise ist nicht immer eindeutig erklärbar.

Bezeichnungen

Wie gesagt, das ständige Mischen und Verdünnen macht das Medikament immer wirksamer. Oft werden sehr stark verdünnte Mittel verkauft. Sie werden

HOMÖOPATHIE

nur auf Rezept abgegeben. Die Verdünnungen werden im deutschen Sprachraum nach Zehnerpotenzen klassifiziert.

D1 bedeutet zum Beispiel, daß die Grundsubstanz im Verhältnis 1:10 verdünnt wurde, D2 entspricht einer Potenzierung von 1:100. Verdünnungen über D12 werden dabei als Hochpotenzen, die darunter als mittlere und tiefe Potenzen bezeichnet.

Wie immer dürfen Sie die Kraft des Medikaments nicht unterschätzen. Eine falsch ausgewählte Substanz kann Ihren Gesundheitszustand sogar noch verschlechtern.

Wie arbeiten Homöopathen?

Da jeder anders auf Krankheiten reagiert und für bestimmte Beschwerden besonders anfällig ist, behandelt der Homöopath jeden Patienten unterschiedlich. Ein Arzt kann zum Beispiel fünf Patienten, die an Rheuma leiden, das gleiche Medikament verschreiben, während der Naturheilkundige eventuell auf fünf verschiedene Heilmittel zurückgreift.

Er folgt dabei einem homöopathischen Gesetz: Bei fortschreitender Genesung sollten die Symptome von oben nach unten und von innen nach außen wandern, von den wichtigsten Organen zu den unwichtigsten und entgegengesetzt zu ihrem ersten Auftreten. So könnten Asthmapatienten beispielsweise feststellen, daß die Anfälle seltener auftreten, daß sich dafür aber ein Ekzem, an dem sie in ihrer Kindheit gelitten haben, kurzzeitig wieder einstellt, bis sie schließlich ganz geheilt sind.

Manchmal verstärken sich auch die Krankheitssymptome in der ersten Zeit nach Einnahme der Medikamente. Das ist normal und zeigt nur, daß sie tatsächlich wirken. Natürlich versucht der Therapeut diese Attacken so schwach wie möglich zu halten oder ganz zu vermeiden. Hierzu muß er genau darauf achten, daß er die richtige Verdünnung auswählt.

Besuch beim Heilpraktiker

Die erste Konsultation kann bis zu zwei Stunden dauern. Der Homöopath versucht sich ein komplettes Bild vom Patienten zu machen und fragt sehr viel. Die ganze Zeit beobachtet er Sie genau – Bewegungen, Hautfarbe, Ausdruck, Nervosität oder Ruhe, glückliche oder traurige Ausstrahlung, zerbissene Fingernägel und so weiter. Dabei macht er sich Notizen über Ihre Krankengeschichte, soziale Beziehungen, Familiengeschichte, Träume, bevorzugte Wetterlagen, Lieblingsspeisen, Schlafhaltung, Ängste und Befürchtungen und so weiter.

Er versucht auch, Ihre Beschwerden exakt einzugrenzen. Beispielsweise bei

HOMÖOPATHISCHE MITTEL FÜR DEN HAUSGEBRAUCH

Einige homöopathische Mittel im Erste-Hilfe-Schrank können die Genesung bei alltäglichen Beschwerden und Krankheiten beschleunigen.

Auch diese Mittel sollten mit Bedacht benutzt werden. Hier einige Ratschläge:
- Wenn die Symptome hartnäckig sind, Unfälle oder ernste Krankheiten vorliegen, gehen Sie zum Arzt, Heilpraktiker oder Naturheilkundigen.
- Nehmen Sie die verschriebenen Mittel genau nach den Anweisungen Ihres Therapeuten ein.
- Wenn Sie Schwierigkeiten bei der Einnahme der Tabletten haben, können Sie diese zerbröseln, so daß Sie sie leichter schlucken können.
- Manche Tabletten müssen unter die Zunge gelegt werden, damit sie sich auflösen. Sie dürfen nicht zerkaut werden.

Das passende Medikament

ARNIKA: äußerlich bei Entzündungen der Haut, der Mund- und Rachenschleimhaut, bei Prellungen, Muskelschmerzen sowie bei Quetschungen und Gelenkbeschwerden. Arnika wirkt antiseptisch.
BRECHNUSS: ausgezeichnet bei Verdauungsproblemen nach zu reichlichem Essen; kann auch als Anregungsmittel bei Schwächezuständen eingesetzt werden.
BRENNESSEL: beruhigt kleine Verbrennungen und Sonnenbrand; ist auch als Salbe erhältlich.
EISENHUT: das Mittel der Wahl bei Angst und Schock, zum Beispiel nach Unfällen. Hilft auch bei fiebriger Erkältung und Reisekrankheit.
JOHANNISKRAUT: äußerlich bei Verletzungen, Verbrennungen 1. Grades und Muskelschmerzen; innerlich bei depressiven Verstimmungszuständen, Angst und innerer Unruhe.
KAMILLE: äußerlich bei Entzündungen der Haut; innerlich bei Entzündungen im Bereich des Magen-Darm-Trakts.
RINGELBLUME: hat antiseptische Eigenschaften und wird auf kleine Schnitte und Wunden aufgetragen.

HOMÖOPATHIE

Ein homöopathisches Mittel wird durch Verdünnen und Schütteln in seiner Wirkung verstärkt. Dieser Prozeß kann viele Male wiederholt werden.

Kopfschmerzen: Welche Seite ist betroffen, was verschlimmert oder lindert sie, wann kommen und gehen sie. Wenn Ihnen das auch etwas mühsam erscheint, es hat seinen Sinn. Der Therapeut versucht einfach Ihr inneres System zu erkennen, um das Medikament einsetzen zu können, das Ihnen am meisten entspricht. Dabei helfen ihm auch Nachschlagewerke, die er zwischendurch konsultiert – nicht, weil er sich nicht auskennt, sondern weil er das geeignetste von etwa 2000 Mitteln ausfindig machen will.

Wenn er sich für ein Medikament entschieden hat, bekommen Sie Pillen oder eine Flüssigkeit oder Tabletten verordnet. Bei der nächsten Sitzung, die etwa eine Stunde dauern kann und zwei bis sechs Wochen nach der ersten erfolgt, sieht er bereits die Wirkung des Medikamentes.

Die Homöopathie beschränkt sich auf ein einziges Medikament auf einmal, das auf alle Symptome paßt. Seit Hahnemann, der es ebenfalls so hielt, hat man die Wechselwirkungen verschiedener Medikamente nebeneinander noch nicht genauer untersucht.

Wie lange dauert die Behandlung?

In akuten Fällen wie zum Beispiel bei Kinderkrankheiten oder nach Unfällen kann die Homöopathie in Minutenschnelle wirken. Langwierigere Beschwerden erfordern einige Wochen oder Monate der Behandlung, je nach Konstitution des Patienten.

Wenn Sie eine kurzzeitige Verschlechterung spüren, sollten Sie sich bald darauf besser fühlen und von kleineren Beschwerden wie Husten und Erkältung schnell geheilt sein.

Ärzte und Homöopathie

Es besteht die Möglichkeit, daß der Therapeut mit Ihrem Arzt zusammenarbeitet, wenn Sie gegenwärtig behandelt werden. Sie sollten ihm Test- und Untersuchungsergebnisse des Arztes auf jeden Fall mitteilen.

Konventionelle Medikamente wie Steroide (zum Beispiel die Pille) überdecken oft die Symptome, so daß sich der Homöopath kein klares Bild von Ihrer Krankheit machen kann.

Die Behandlung ist immer einfacher, wenn Sie keine zusätzlichen Medikamente einnehmen. Mit Zustimmung Ihres Arztes können Sie vielleicht die bisherigen Verschreibungen absetzen. Aber bitte wirklich immer nur in Absprache mit dem behandelnden Arzt!

Viele Ärzte lassen sich mittlerweile selbst in Homöopathie ausbilden. Fragen Sie Ihren Arzt danach, oder lassen Sie sich von ihm an einen geeigneten Therapeuten verweisen. Es gibt sogar homöopathische Kliniken, die aber oft weite Reisen erfordern. Wie bei anderen alternativen Behandlungsmethoden ist wahrscheinlich mehr als eine Behandlung nötig.

Die Kosten für eine Behandlung sind unterschiedlich hoch. Kinder zahlen oft weniger als Erwachsene, ebenso Personen mit niedrigem Einkommen.

Manchmal stellt der Therapeut das Medikament selbst bereit, manchmal verschreibt er es. Wenn Ihr Arzt Ihnen keinen Homöopathen nennen kann oder Sie von vornherein einen Homöopathen konsultieren wollen, achten Sie in den „Gelben Seiten" auf entsprechende Einträge in den Rubriken Ärzte für Allgemeinmedizin, Ärzte für Naturheilverfahren, Ärzte für Homöopathik und Heilpraktiker.

Homöopathie für Tiere

Wegen der nicht immer erklärbaren Wirkungsweise homöopathischer Mittel sprechen Kritiker viel von Placebo-Effekt: Wer daran glaubt, wird eher geheilt. Dies widerspricht aber der Tatsache, daß das System bei Tieren gleichermaßen wirkt.

Bei Haus- und Hoftieren wurden mittlerweile sehr gute Erfahrungen gemacht. In einem Versuch wurde eine Hälfte einer Kuhherde vorbeugend gegen Mastitis (Euter-Entzündung) homöopathisch behandelt, die andere nicht. Die behandelten Tiere blieben fast vollständig gesund, während die unbehandelten im durchschnittlich üblichen Prozentsatz an der Entzündung erkrankten.

„Das höchste Ideal der Therapie ist es, die Gesundheit schnell, sanft und dauerhaft wiederherzustellen, die gesamte Krankheit auf dem schnellsten und sichersten Weg zu vertreiben – nach leicht verständlich Grundsätzen."

Samuel Hahnemann

„Ähnliches wird durch Ähnliches geheilt"

Hippokrates

HONIG
Ein Geschenk der Bienen

Schon immer wurde Honig als gesundes Nahrungsmittel geschätzt, und kein Naturkostladen wäre ohne sein Honigangebot in etlichen Geschmacksvarianten komplett. Doch neben appetitlichem Aussehen und reichem Geschmack steckt auch Heilkraft im Honig.

Das älteste bekannte Süßungsmittel ist schon seit prähistorischen Zeiten eine beliebte Schleckerei – allerdings nicht nur als Nahrungsmittel, sondern auch als Opfergabe an die Götter und als Heilmittel.

Für frühe Kulturen hatte Honig etwas Geheimnisvolles, Magisches an sich. Die alten Ägypter benutzten ihn zum Einbalsamieren, und die alten Griechen hielten ihn für Tau aus dem Götterhimmel. Der römische Historiker Plinius überlegte weit unsentimentaler, ob es sich um eine Art Schweiß aus den Wolken oder um den Speichel der Sterne handle.

Honig war jedenfalls ein geheimnisvoller Stoff, der Macht und Glück symbolisierte. Im Alten Testament lesen wir vom Gelobten Land, wo „Milch und Honig fließen", und auch altägyptische und babylonische Texte preisen ihn. Stets wurden dem Honig wunderbare Kräfte zugeschrieben – so als Aphrodisiakum oder als Medikament, das die Jugend und die Gesundheit verlängert. Auch heute noch ist Honig für manche Menschen ein Allheilmittel und das natürlichste aller Nahrungsmittel.

Produkt der Bienen

Doch was ist Honig wirklich, was kann er tatsächlich leisten? Honig entsteht aus Blütennektar, einer wäßrigen Flüssigkeit, die die Arbeitsbienen aus den Blüten mancher Pflanzen saugen. Am bekanntesten ist Kleehonig, doch auch Akazien, Alfalfa, Orangenblüten, Salbei, Rosmarin, Eukalyptus, Brombeeren, Heide, Lindenblüten, Raps, Senf und andere Pflanzen werden von den Bienen „angezapft".

Fast alle Nektare – bis auf einige wenige, die für den Menschen giftig, für Bienen aber genießbar sind, kann man essen. Entsprechend gibt es auch einige giftige Honigsorten. Honig aus Schlafmohn ist ein Narkotikum. Ein anderer giftiger Honig wurde einst in der östlichen Türkei aus Rhododendron hergestellt.

Emsige Arbeiterinnen

Die Arbeitsbienen saugen den Nektar durch einen feinen Saugrüssel in einen speziellen Honigsack in ihrem Körperinneren ab. Hier wird bereits damit begonnen, ihn durch Enzyme in kleinere Glukose- und Fructose-Moleküle aufzuspalten.

Die Bienen bringen den Nektar in ihren Bienenstock, wo die Hausbienen ihn ständig ein- und aussaugen, bis er

HONIG

HONIGSORTEN

Honig wird entsprechend der von den Bienen besuchten Pflanzen klassifiziert. Hier einige Beispiele:

Akazien
Herrliches Aroma, klarer Honig, der nicht kristallisiert. Gut zum Süßen von Kräutertee.

Eukalyptus
Starkes Aroma, bräunliche Farbe, stammt aus Australien und dem Mittelmeerraum.

Heide
Butterartiger, weicher, rotbrauner Honig, der einen intensiven Geschmack hat.

Hymettus
Aus Griechenland; teurer, dunkelbrauner Honig mit Thymiangeschmack.

Klee
Blasser, dicker, aromatischer Honig.

Lavendel
Stammt hauptsächlich aus der Provence. Die Konsistenz ist dick. Goldene Farbe und starker Duft.

Lindenblüten
Cremefarbener Honig mit ausgeprägtem Aroma.

Orangenblüten
Delikater Duft, blaßgoldene Farbe, flüssige Konsistenz.

Rosmarin
Blasser, klarer Honig mit angenehmen Duft und Geschmack.

ZUSAMMENSETZUNG DES HONIGS

Wasser	18 %
Glukose	35 %
Fructose	40 %
Andere Zuckerarten	4 %
Weitere Bestandteile	3 %

Zu den weiteren Bestandteilen gehören über 200 bisher identifizierte Substanzen wie Pollen, kleine Mengen Vitamin B, Spuren von Vitamin C, Mineralstoffe wie Kalium, Kalzium, Phosphor und Eisen sowie winzige Mengen Eiweiß.

---

konzentriert genug ist, um sowohl gegen Bakterien als auch gegen Schimmel resistent zu sein.

Dieser konzentrierte Nektar wird in die sechseckigen Honigwaben gefüllt, die aus verschiedenen Schichten wachsiger Absonderungen der Arbeitsbienen bestehen. Dort reift er etwa drei Wochen und entwickelt seine Farbe und sein Aroma.

Unterschiedliche Farben

Honig kommt in vielen Farben, Duft- und Geschmacksrichtungen vor, je nachdem, welche Pflanzen von den Bienen angeflogen wurden, reichen die Farbnuancen von cremefarben (zum Beispiel Lindenblütenhonig) bis dunkelbraun (beispielsweise Hymettus). In Afrika ist sogar grünlicher Honig in roten Waben zu finden.

Je heller, desto milder schmeckt der Honig. Mit der Farbe wächst die enthaltene Mineral- und wahrscheinlich auch Eiweißmenge, der Geschmack wird dadurch intensiver. Der geschmackvollste Honig kommt frisch aus dem Bienenkorb. Nach der Ernte verflüchtigt sich das Aroma nach und nach. Auch Erhitzen schadet dem Geschmack.

Der meiste Honig wird in Rußland, China, den USA, Mexiko, Kanada und Argentinien produziert. Honig kann aus einem klassifizierten Land kommen oder aus mehreren Lieferungen zusammengemischt sein. Die meisten Honigmarken vermischen mehrere Blüten-Sorten. Honig aus nur einer Pflanze ist schwerer zu produzieren und daher teurer.

In Fabriken wird die klebrige Masse mit Zentrifugen aus den Waben entfernt, filtriert und gereinigt. Der seltenere aus den zerkleinerten Waben gewonnene Honig hält sich nicht so lange.

Gelée Royale

Diese Substanz, manchmal auch als „Milch der Bienen" bezeichnet, verwandelt die Larve einer Arbeitsbiene in eine Bienenkönigin. Die Larve schwimmt in einer Wabe mit dieser Flüssigkeit und nimmt sie ständig auf.

Für Bienen hat sie einen unbestreitbar hohen Wert, doch uns Menschen kann sie nicht so viel nutzen. Wir müßten etwa 700 000mal soviel wie eine Larve aufnehmen, um eine ähnliche Konzentration davon im Körper zu erreichen. Oft werden der Substanz verjüngende und ernährungsmäßig wertvolle Eigenschaften angedichtet. Es stimmt zwar, daß Gelée Royale viel Vitamin B_5 und B_6 enthält, doch dieses nehmen wir auch mit der normalen Nahrung auf. Der hohe Preis für die Substanz ist insofern nicht gerechtfertigt.

Zwar hört man oft in Büchern über Naturheilkunde, daß Honig gegen viele Krankheiten vom Husten über rauhen Hals und Blutarmut bis zu Nierenkrankheiten und Problemen im Verdauungsapparat hilft, doch dies ist wissenschaftlich nicht bewiesen.

Honig ist kein Wundermittel. Der Vitamin- und Mineralstoffgehalt ist minimal. Sie müßten beispielsweise am Tag 25 kg Honig essen, um Ihren Bedarf an Riboflavin (Vitamin B_2) zu decken.

So sinnvoll Pollen und Gelée Royale für die Bienen sind, wir Menschen haben kaum einen Nutzen davon.

Dennoch ist Honig als hochkonzentrierte Energiequelle zu schätzen. Die enthaltenen Zucker sind bereits in Monosaccharide zerlegt, können also schnell verdaut und vom Körper verwertet werden. Dies ist ideal für Sportler, Menschen mit körperlichen Gebrechen, Kinder und alte Menschen. Einige traditionsreiche Schleckereien wie Nougat und Halva sowie manche Liköre enthalten Honig.

Honig hilft Wasser zu speichern, so daß Kuchen und Brote mit diesem Süßstoff länger frisch und saftig bleiben als mit Zucker gebackene. Versuchen Sie Zucker durch Honig zu ersetzen: Vier Löffel Honig entsprechen etwa fünf Löffeln Zucker.

HYDROTHERAPIE

Kraft aus dem Wasser

Alle Wasser-Anwendungen, ob innerlich, äußerlich, ob Dusche, Unterwassermassage oder Spezialbäder, faßt man unter dem Begriff „Hydrotherapie" zusammen.

Die heilsamen Wirkungen von Wasseranwendungen wußten schon Griechen und Römer zu schätzen. Sie konstruierten Aquädukte, um reines Bergwasser zum Trinken und für ihre Dampfbäder in die Städte zu leiten.

Die ersten modernen Anwendungen wurden im frühen 19. Jahrhundert in Böhmen von Vincent Priessnitz entwickelt, der seinen Patienten eine strenge Folge eiskalter Bäder, Tauchbäder und Duschen verordnete. Daneben hatten sie auch, eingewickelt, Dampfbäder über sich ergehen zu lassen und große Mengen des örtlichen Heilwassers zu trinken. Auch die bekannten Kneipp-Kuren stützen sich auf die Heilkraft des Wassers.

Sauna
Was früher bei uns etwas mißtrauisch als Exzentrik der Finnen abgetan wurde, ist heute weltweit verbreitet. Man sitzt in der Sauna in auf mindestens 70 °C er-

HYDROTHERAPIE

ANWENDUNGEN ZU HAUSE

Die meisten von uns können sich eine eigene Sauna oder einen Whirlpool zu Hause kaum leisten. Dennoch lassen sich etliche Anwendungen in einem normalen Badezimmer mit Dusche oder Badewanne durchführen.

Wasser kann bei normalem Druck zur Stimulierung und Kräftigung der Blutzirkulation im Gesichtsbereich verwendet werden. Nehmen Sie dazu den Aufsatz von der Handbrause. Mit dem Nacken auf einem Handtuch lassen Sie ein paar Minuten lang kaltes Wasser in kreisenden Bewegungen über Ihr Gesicht laufen. Das macht wach und fördert die Durchblutung. Das Gesicht wirkt frisch und rosig.

Schlaflosigkeit bekämpft man mit Wassertreten in etwa handhohem, kaltem Wasser. Der restliche Körper wird warm gehalten.

Häufig wird nach der warmen Dusche der Körper eine Minute lang eiskalt abgeduscht. Auch dies ist eine Art Hydrotherapie und wird auch von Sportlern angewandt, um die Vitalität zu steigern. Dadurch gewöhnt sich der Körper an Temperaturschwankungen, die sonst oft Erkältungen auslösen.

Eine weitere Kaltwasser-Anwendung sind Sitzbäder. Man sitzt dabei für nur wenige Sekunden in taillenhohem, kaltem Wasser. Dadurch wird das Immunsystem gestärkt und Verstopfung gelöst.

Weiter kennen wir Senfbäder gegen schmerzende Füße und Dampf-Inhalationen gegen Erkältungen, die den Kopf angegriffen haben.

Kompressen werden bei Quetschungen, Stauchungen und Entzündungen eingesetzt, und schließlich – sechs bis acht Gläser Wasser, täglich getrunken, sollen den gesamten Körper reinigen und gesund erhalten.

wärmter Luft. Die Temperatur kann, wenn man es verträgt, aber auch deutlich höher liegen (bis 100 °C). „Anfänger" sollten nach fünf Minuten in der Sauna schwimmen gehen oder duschen. Später kann die Dauer verlängert werden, wenn man mehr Hitze aushält. Nach dem Saunen sollte man sich kalt abduschen oder kalt baden!

Bei Herzbeschwerden ist vom Saunen abzuraten. Schmerzen, Atmungs- und Verdauungsstörungen lassen sich dagegen gut behandeln. Durch regelmäßige Saunabesuche werden die Abwehrkräfte gestärkt und die Haut tiefgehend gereinigt. Außerdem fühlt man sich anschließend angenehm erholt.

Wenn Sie die heiße Luft nicht einatmen wollen, bieten sich kleine Dampfkabinen an, die den Kopf frei lassen.

Unterwassermassage

Die speziellen Becken werden wie ein Wannenbad beheizt und nehmen sechs bis acht Personen auf. Wasserstrahl und Düsen massieren den Körper unter Wasser. Unterwassermassagen sind anregend, helfen müden, schmerzenden Muskeln und erfrischen die Haut. Eine fünf- bis zehnminütige Anwendung reicht meistens aus. Ruhen Sie anschließend.

Thalassotherapie

Bei dieser Therapie (siehe auch eigenes Kapitel) wird Salzwasser verwendet. Die Salze, die in unserem Blut enthaltenen sind, sind weitgehend mit den im Meerwasser vorkommenden identisch und sollen daher einen gewissen Heileffekt besitzen.

Anhänger der Thalassotherapie wollen den Körper mit Salzwasser- und Algenbehandlungen ins Gleichgewicht bringen, die Haut gesund machen und den darunterliegenden Gewebeschichten Feuchtigkeit zuführen.

Viele der Anwendungen können beim Abnehmen helfen und überflüssiges Fett und Wasser ausscheiden helfen. Daher werden fünf bis sechs Sitzungen empfohlen. Obwohl sich ein paar Zentimeter weniger an der Figur bemerkbar machen, kann die Gewichtsabnahme ohne geänderte Eßgewohnheiten und körperliche Betätigung wohl kaum gehalten werden.

Die meisten hydrotherapeutischen Anwendungen wie zum Beispiel Güsse oder Duschen sind mit dem Ablösen abgestorbener Hautschichten verbunden. Vor der Behandlung sollte der Patient über seinen Gesundheitszustand befragt werden. Bei Schwangerschaft, hohem oder niedrigem Blutdruck ist von der Therapie abzuraten.

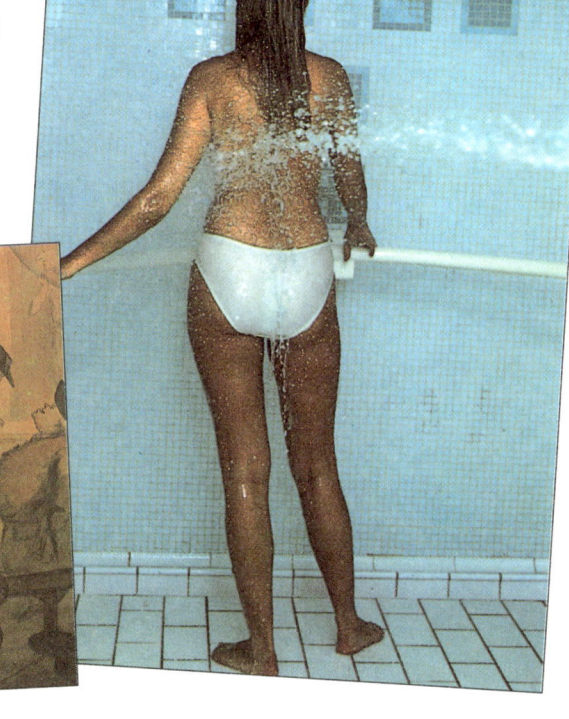

Die Menschen drängen sich in einem Badeort um eine Hydrotherapie-Demonstration (rechts). Heute arbeiten viele Therapeuten mit einem kräftigen Wasserstrahl. Meist können Sie sich ganz in Ihrer Nähe behandeln lassen (ganz rechts).

HYPNOSE

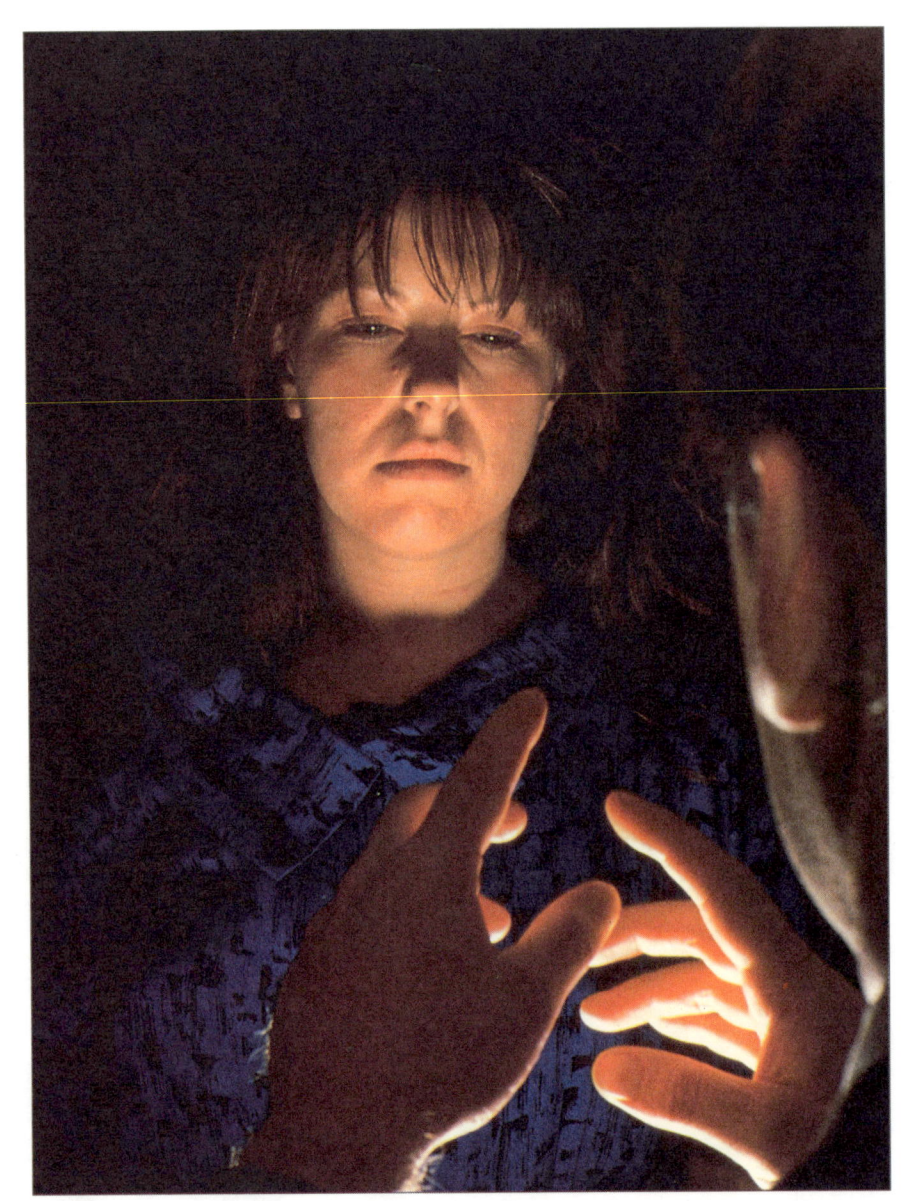

Ein anderer Bewußtseinszustand

**Kann man mit Hilfe einer pendelnden Uhr wirklich jemanden „verhexen",
so daß er alles macht, was man von ihm verlangt? Was ist Hypnose wirklich und wie funktioniert sie?**

In der Vergangenheit traten Hypnotiseure meist als Attraktion in Varietés auf. Das Medium wurde dabei meist lächerlich gemacht, indem es wie eine Ente quaken mußte, von einem angeblich „glühenden" Stuhl sprang und so weiter. Für die Zuschauer war das sehr komisch, für die unschuldigen Versuchspersonen aber sehr verletzend. Kein Wunder, daß die Hypnose etwas in Verruf geriet.

Die Geschichte der Hypnose
Man vermutet, daß die Technik der Hypnose schon seit Jahrtausenden bekannt ist. Die alten Ägypter hatten „Schlaftempel", in denen Menschen mit psychischen Problemen in Schlaf versetzt wurden, um sie auf natürliche Art zu heilen. Manchmal standen sie dabei unter Drogen, manchmal wurden sie in Trance versetzt, um dann tagelang zu schlafen.

Im 18. Jahrhundert entwickelte der österreichische Arzt Franz Anton Mesmer eine Methode der Hypnose, kombiniert mit äußerlichen Einwirkungen, die wir heute als „Mesmerismus" kennen. Diese Heilmethode, die manchmal als „dramatisch" empfunden wird, zeigte sehr gute Wirkung bei vielen Krankheiten, wurde aber wegen ihrer Theatralik in vielen Ländern Europas verboten.

HYPNOSE

Im 19. Jahrhundert experimentierten britische Ärzte, beispielsweise Dr. James Braid in Indien, mit Hypnose statt Narkose bei Operationen. Allerdings wurden die Erfolge von der Schulmedizin nicht anerkannt – und Tausende von Patienten mußten weiterhin schrecklich schmerzhafte Operationen ohne Anästhetikum über sich ergehen lassen, bis das Chloroform aufkam. Erst als Sigmund Freuds Lehrer Charcot an Hysterie-Patientinnen mit Hilfe der Hypnose die Macht des Geistes über den Körper nachwies, erkannten Fachkollegen die Methode an.

Was ist Hypnose?
Hypnose ist eine Bewußtseinsänderung irgendwo zwischen Wachen und Schlafen und mit Merkmalen dieser beiden Zustände. Prinzipiell fühlen sich hypnotisierte Medien körperlich vollständig entspannt, fast wie beim Schlafen, während das Unterbewußtsein wach ist. Daher eignet sich die Hypnose hervorragend dazu, verdrängte Erinnerungen und verborgene Motive freizulegen.

Während man hypnotisiert wird, ist man sehr empfänglich, das heißt, man glaubt alles, was der Hypnotiseur sagt. Frühere Experimente zeigten, daß Hypnotisierte nicht einmal einen Schnitt oder eine Verbrennung spürten, wenn ihnen suggeriert wurde, daß sie gar nicht verletzt seien. Erstaunlicherweise reagiert der Körper ebenso! Keine Verletzung, keine Brandwunde erscheint!

Man kann sogar so hypnotisieren, daß ein Patient selbst bei einer größeren Operation keinen Schmerz empfindet, obwohl er völlig wach bleibt. Auch Hypnose nach Operationen ist sinnvoll, da sie den Heilprozeß beschleunigt und Schmerzen lindert.

In den 50er Jahren wurde demonstriert, daß Hautkrankheiten durch Hypnose geheilt werden können. Den Patienten wurde dabei suggeriert, daß zuerst ein Arm, dann ein Bein und so weiter von der Krankheit befreit sei.

Kann jeder hypnotisiert werden?
Viele Menschen glauben, daß sie nicht hypnotisierbar sind, weil sie einen starken Willen besitzen oder nicht an die Sache glauben oder sich dagegen wehren. Tatsächlich gibt es einige Menschen, die sich nicht hypnotisieren lassen, maximal vier Prozent der Bevölkerung. Wenn Sie dagegen öfter in Gedanken versunken sind oder Dinge automatisch erledigen können (beispielsweise tippen oder Auto fahren), während Sie an etwas ganz anderes denken, dann können Sie auch hypnotisiert werden.

Die Tiefe des Zustandes kann unterschiedlich sein. Medien in tiefer Trance sind relativ selten, doch die meisten Menschen erreichen eine leichte bis mittlere Trance ohne Anstrengung. Insgeheim scheinen die meisten Menschen die Ruhe und Entspannung der Trance unbewußt zu suchen. Auch Skeptiker sind daher oft äußerst leicht zu hypnotisieren – vielleicht weil die Skepsis in ihnen nur ein Schutzschild gegen ihren Wunsch nach völliger Selbstaufgabe ist.

Wie wirkt Hypnose?
Hypnose wird für unterschiedliche Zwecke genutzt. Zusammen mit psychologischen Techniken hilft sie, sich von unerwünschten Gewohnheiten, Ängsten, Phobien und bestimmten Krankheiten zu befreien. Man spricht dann von Hypnotherapie (siehe nächstes Kapitel), die immer häufiger von Ärzten und Psychiatern angewandt wird.

Selbst von der Polizei wird sie eingesetzt, um bei Zeugen verlorene Gedächtnisfetzen wieder ins Bewußtsein zurückzurufen, an die sie sich unter normalen Umständen nicht mehr erinnern können. Verlorengegangene Details kommen durch die Hypnose wieder an die Oberfläche. Allerdings scheiden sich hier die Gemüter, denn Menschen unter Hypnose zeigen einen starken Hang, den Hypnotiseur zufriedenzustellen, und erzählen oft Geschichten, die nicht unbedingt der Wahrheit entsprechen müssen.

Auch in der New-Age-Bewegung findet die Hypnose begeisterte Anhänger, die mit ihrer Hilfe in vergangene Leben zurückfinden wollen, um aktuelle Traumata zu lösen (siehe unten).

REISE IN FRÜHERE LEBEN
Menschen durch Hypnose in ihre Kindheit zurückzuführen ist eine gebräuchliche Technik. Die Reise in die Vergangenheit kann aber nach Ansicht mancher Therapeuten noch weiter gehen - bis in frühere Leben, die vielleicht noch in die Gegenwart hineinwirken.

Die Vorstellung, mit Hilfe der Hypnose in frühere Leben zurückzugelangen, die man als andere Person in einer anderen Zeit gelebt hat, wird sehr kontrovers gesehen.

Manche Kritiker geben zu bedenken, daß Medien bunte Geschichten erfinden können, um den Hypnotiseur zufriedenzustellen. Außerdem erwiesen sich einige klassische Fälle als nicht stichhaltig: Die Medien griffen einfach auf bewußt längst vergessene historische Romane zurück, die sie einmal gelesen hatten. Doch das Unterbewußtsein – der Teil des Geistes, der bei der Hypnose wach ist – vergißt niemals etwas. Also erinnert es sich auch an längst vergangene historische Filme oder Geschichten. Die Idee der Reinkarnation läßt sich also mit Hilfe der Hypnose kaum beweisen.

Dennoch bleiben einige Fragen offen. Manche Medien kehren immer wieder zur gleichen Person in einem vergangenen Leben zurück, das vielleicht langweilig und ohne größere Ereignisse verlief.

Es läßt sich nicht nachweisen, daß die beschriebene Person jemals wirklich lebte – aber auch nicht das Gegenteil.

Links und oben: Ob Burgfräulein oder indische Tempeltänzerin – die Hypnose bringt die unterschiedlichsten Versionen vergangener Leben zum Vorschein.

HYPNOSETHERAPIE

„Bei zehn wachen Sie wieder auf"

Hypnotiseure behandeln Phobien, psychosomatische Schmerzen und Suchtprobleme wie übermäßiges Essen und Rauchen. Was passiert auf der Couch des Therapeuten mit den Patienten, welche Risiken birgt die Behandlung?

Die Behandlung mittels Hypnose hilft unerwünschte Zustände oder Gewohnheiten zu überwinden. Seit Sigmund Freud ist sie als effektive Therapie bei verschiedensten psychischen Problemen, aber auch bei manchen Hautkrankheiten, bei Schlaflosigkeit sowie bei innerer Unruhe und Phobien anerkannt.

Viele Menschen lassen sich zwar von der hohen Erfolgsrate beeindrucken, fürchten sich aber dennoch vor der „geheimnisvollen" Methode.

Oft haben sie Angst, ihre Selbstkontrolle zu verlieren und sich durch sinnloses Geplapper während der Hypnose lächerlich zu machen. Oft fürchten sie auch, der Therapeut könne sie gegen ihren Willen zwingen, irgendetwas zu tun.

Tatsachen und Fehleinschätzungen

Hypnose ruft einen veränderten Bewußtseinszustand hervor, der tief entspannt und empfänglich macht. Wir werden dabei offen für neue Ideen und positive Suggestionen ohne unseren normalerweise vorhandenen Argwohn, ohne Kritik. Der Hypnotiseur setzt seine Fähigkeiten ein, um zum Beispiel psychische Probleme offenzulegen und sie uns neu überdenken zu lassen.

Mit obskuren Praktiken hat das nichts zu tun! Alle seriösen Therapeuten sind als Psychiater oder als Psychotherapeuten ausgebildet und behandeln den Patienten mitfühlend und mit positiver Einstellung. Sie sind weder die Varietékünstler vergangener Zeiten, noch wollen sie ihre Patienten in irgendeiner Weise verletzen!

Zunächst erklärt der Hypnotiseur Ihnen, wie er Sie behandeln wird und was er erreichen kann. Nur unter extremen Umständen könnte es vorkommen, daß ein hypnotisiertes Medium gegen seinen Willen handelt. Normalerweise ist das nie der Fall.

Die Forschung hat gezeigt, daß sich der Hypnotisierte eher in einem wachen als in einem schlafenden Zustand befindet und daß nichts Unerwünschtes geschieht. Bei unvorhergesehenen Zwischenfällen tritt das Unterbewußtsein automatisch wieder in den Hintergrund, und Sie reagieren ganz normal. Alarm, Schreie und andere Störungen bringen Sie sofort in die Wirklichkeit des Alltags zurück.

Was geschieht bei der Hypnose?

Der eigentliche Hypnosevorgang ist meist viel weniger aufregend als erwartet. Manche Menschen merken bei der ersten Sitzung nicht einmal, daß sie hypnotisiert wurden.

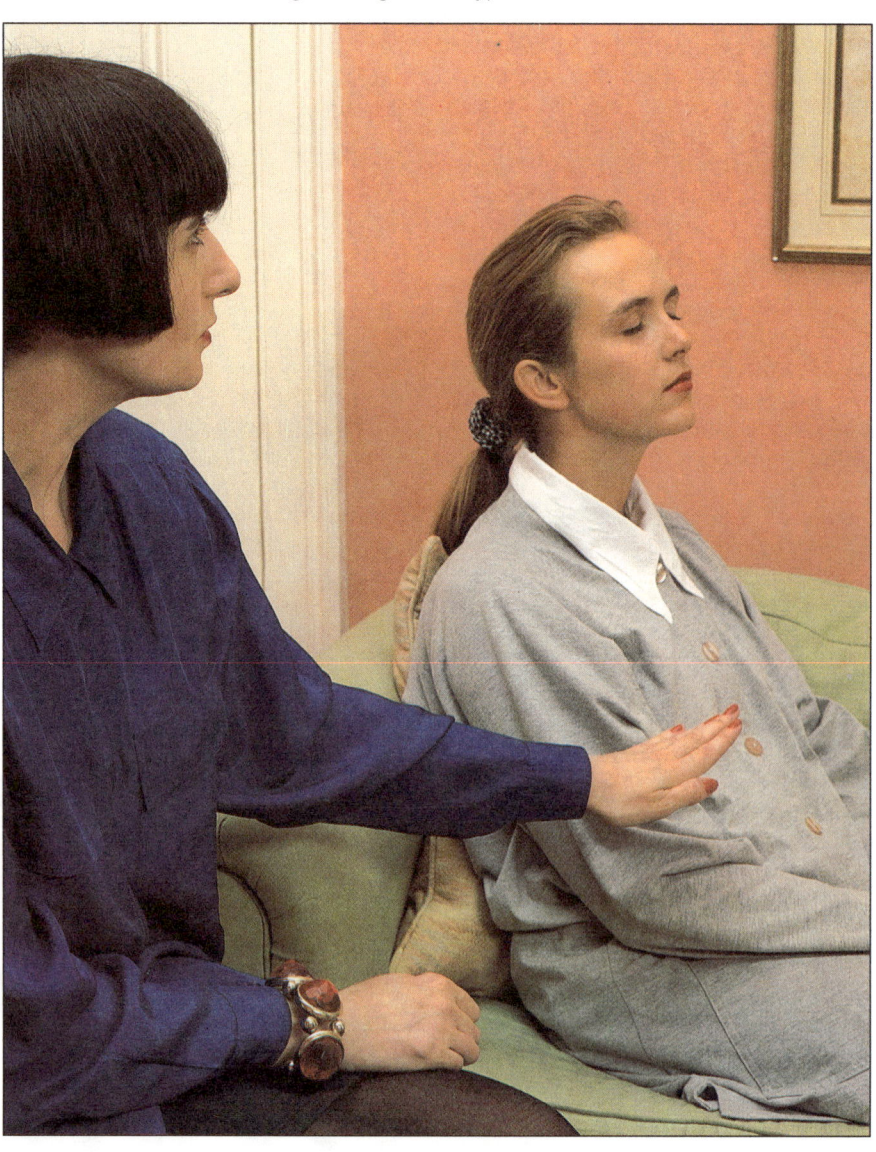

HYPNOSETHERAPIE

WELCHE PROBLEME BEHANDELT MAN DURCH HYPNOSE?

Zwar kann die Hypnose theoretisch die meisten Krankheiten behandeln, doch sie wird heute meist bei psychischen Problemen eingesetzt.

Die Hypnosetherapie eignet sich hervorragend zur Behebung von Problemen, die aus einer falschen Lebensweise entstehen, beispielsweise bei:
- Übergewicht
- starkem Rauchen
- Alkoholismus
- Hautkrankheiten aufgrund von emotionalen Störungen
- Schlaflosigkeit
- Streß und innerer Unruhe
- der Bekämpfung von chronischen Schmerzen. Bei langwierigen Erkrankungen und unerklärten Symptomen sollte in jedem Fall ein Arzt konsultiert werden.
- Verhaltensstörungen, die aus verdrängten Erinnerungen resultieren. Sobald diese Erinnerungen dem Patienten bewußt gemacht werden, verschwinden die Verhaltensstörungen. Ein Student konnte nicht vor anderen laut vorlesen. Als er in Trance an eine unangenehme Episode während seiner Schulzeit erinnert wurde, die diese „Sperre" ausgelöst hatte, war das Problem behoben.
- Minderwertigkeitskomplexen, die meist aus einer falschen Behandlung durch Eltern oder Lehrer resultieren. Drohungen, wie: „Aus dir wird nie etwas Rechtes!" können ein sensibles Kind ein Leben lang verfolgen. Unter Hypnose wird der Patient quasi neu programmiert, der negative Leitsatz wird durch einen positiven ersetzt.

Eine Raucherin, die ihr Laster aufgeben wollte, erzählte nach der ersten Behandlung: „Ich saß eigentlich nur mit geschlossenen Augen im Sessel und hörte ihm zu. Dann kam mir alles etwas komisch vor, ich fühlte mich gar nicht hypnotisiert. ‚Gib's auf, zahl die Sitzung und komm nicht wieder, es wirkt wohl nicht', sagte ich mir. Das war am Morgen. Ich erzählte schon allen Bekannten, daß die Methode an mir offensichtlich nicht funktioniert – bis ich merkte, daß ich den ganzen Tag noch nicht eine Zigarette geraucht hatte. – Die Behandlung fand vor sechs Jahren statt, und ich habe bis heute nicht wieder geraucht."

Hypnose hat sehr viel mit Entspannung zu tun, man fühlt sich herrlich dabei. Für abgespannte oder gestreßte Menschen ist sie besonders zu empfehlen, wie ein erholsamer Schlaf. Gleichzeitig konzentriert man sich mühelos auf die Stimme des Hypnotiseurs. Das Gefühl ist so angenehm und wirkt so beruhigend, daß Hypnotisierte sich anfangs oft gar nicht so gern in den Alltag zurückholen lassen!

Zunächst plazieren Sie sich bequem in einem Sessel oder auf einer Couch. Die Art, wie Sie in Trance versetzt werden, kann variieren. Meistens wird Ihnen mit ruhiger, monotoner Stimme vorgezählt, zwischendurch wird Ihnen Müdigkeit, schwere Augenlider etc. suggeriert. Manchmal sollen Sie auf einen bestimmten Punkt an der Wand oder an der Decke schauen, bis Sie von selbst die Augen schließen.

Tiefe Entspannung

Sobald Sie völlig ruhig und entspannt sind, können die Suggestionen beginnen. Sie haben vorher mit dem Hypnotiseur über die Notwendigkeiten gesprochen. Vielleicht möchten Sie sich von dem Zwang befreien, dauernd Torte essen zu wollen, oder Sie möchten beim Anblick einer Zigarette Ekelgefühle bekommen, um sich das Rauchen abgewöhnen zu können, oder die Ursachen für eine Phobie sollen herausgefunden werden, indem innere Blockierungen aufgelöst werden, und Sie lernen, über die Vergangenheit zu sprechen.

Die Reise zurück in die Kindheit ist oft nicht sehr angenehm, doch gerade diese Technik fördert Traumata zutage, die im Erwachsenenalter ungeklärte Probleme bereiten können. Manchmal werden Ihnen Fragen dazu gestellt – und Sie finden es vielleicht schwierig zu antworten. Das ist der erste Beweis, daß Sie wirklich hypnotisiert sind. Oft liegen Sie einfach nur da und hören auf die Stimme des Hypnotiseurs. Er sagt zum Beispiel: „Wenn ich bis zehn gezählt habe, sind Sie hellwach, erholt, glücklich und haben eine positive Einstellung."

Manche Patienten benötigen mehrere Sitzungen, wenn die Beschwerden auch schon nach der ersten Behandlung nachlassen. Die Preise für die Therapie schwanken.

Durch die Hypnose werden Sie sich weder in Superman noch in Superwoman verwandeln, doch kann sie sinnlose Schmerzen und Qualen lösen und Ihnen helfen, Ihre eigenen Kräfte besser einzuschätzen und zu nutzen.

IONEN
Negativ ist positiv

Die meisten Menschen fühlen sich nach einem Gewitter irgendwie besser, ebenso wie bei einem Aufenthalt am Meer.

Wissenschaftler haben herausgefunden, daß diese Erfrischung aus einem Überfluß an elektrisch geladenen Partikeln, den negativen Ionen, in der Luft resultiert.

Wenn dagegen positive Ionen vorherrschen, leiden überdurchschnittlich viele Menschen an Kopfweh und Depressionen.

Außerdem wurde festgestellt, daß bei überwiegendem Anteil an positiven Ionen die Rate an Unfällen, Morden und Selbstmorden steigt und auch der Haussegen öfter schiefhängt.

Sensible Personen bemerken einen solchen Umschwung in der Atmosphäre, bei dem die Menge des chemischen Botenstoffs Serotonin im Blut ansteigt, offensichtlich schon zwei Tage vorher.

Wenn diese Menschen Luft mit überwiegend negativen Ionen inhalieren, verbessert sich ihr Zustand merklich.

Positive Ionen überwiegen in Gegenden mit trockenen, heißen Winden, wie zum Beispiel dem Föhn im südlichen Mitteleuropa. Die positiven Ionen wurden sogar schon vor Gericht als „Entschuldigung" für ansonsten schwere Straftaten angeführt.

Kopfschmerzen, Asthma, Bronchitis, Ekzeme und das allgemeine Wohlbefinden können offenbar mit einem Ionisator beeinflußt werden, der die uns umgebenden Luftpartikel negativ auflädt.

Die Ionisierung der Luft wurde erst gegen Ende des 19. Jahrhunderts entdeckt. Elektromagnetische Wellen, Sonne und Gewitter wie auch andere natürliche Strahlenquellen sind für die Ionisierung der Luftmoleküle verantwortlich.

Unter bestimmten geographischen und klimatischen Bedingungen verändert sich der Anteil an positiven und negativen Ionen. In Städten oder gar in klimatisierten Gebäuden sinkt der Anteil der negativen Ionen bedenklich ab.

Heute kann man jedoch eine negativ geladene Umgebung in Wohnungen, Büros und sogar Autos durch ein einfaches Gerät schaffen: den Ionisator.

Positive Wirkung

Die Forschung hat gezeigt, daß negative Ionen einen heilsamen Einfluß auf den Körper ausüben können. Sie senken zum Beispiel den Blutdruck, verbessern den natürlichen Gehirnrhythmus und die Arbeit der Reinigungszellen im Atmungssystem.

Studien belegen, daß etwa 75 % der Menschen mit Heuschnupfen und anderen Atmungsproblemen, Nebenhöhlenentzündungen, Bronchitis und Asthma sehr positiv auf die Behandlung mit negativen Ionen angesprochen haben, ebenso bestätigen 45 % der Personen, die an Kopfschmerzen litten, daß diese durch die Behandlung mit negativen Ionen erheblich gelindert wurden.

Selbst Wunden und Verbrennungen sollen in Umgebungen mit negativen Ionen schneller abheilen. Außerdem

IONEN

können Angst und Streß abgebaut werden, und die negativen Ionen verringern auch das Infektionsrisiko in der Wohnung oder im Büro bei Erkältungswellen.

Der Ionisator in Bettnähe bringt tieferen Schlaf für Menschen mit Atembeschwerden und Gesundheitsstörungen durch passives Rauchen. Manche Hersteller dieser Geräte behaupten sogar, daß selbst Tiere und Pflanzen davon profitieren.

Die Ernte in Gewächshäusern soll erheblich gesteigert werden, wenn die Luft negativ ionisiert wird. Das gleiche gilt für die Milchproduktion bei Kühen.

Lebensfreude

Professor L. H. Hawkins von der University of Surrey führte im Management einer bekannten Versicherung eine zwölfwöchige Studie durch. Man informierte die Mitarbeiter darüber, daß eine neue Klimaanlage installiert werden würde, baute aber in Wirklichkeit Ionisatoren ein.

Die Ergebnisse waren erstaunlich. Weniger Mitarbeiter als vorher litten an Kopfschmerzen – statt bisher 26 % nur noch 5 bis 6 %. Das Betriebsklima verbesserte sich deutlich, und die einzelnen Mitarbeiter fühlten sich wesentlich besser.

Hawkins fand außerdem heraus, daß sich auch das Seh- und Hörvermögen unter dem Einfluß der negativen Ionen verbesserte.

Experimente der Rockefeller University, New York, ergaben weiter, daß eine Vermehrung der positiven Ionen bei sensiblen Menschen gegenteilige Gefühle auslöst, Aktivität und Wohlbefinden sinken deutlich. Nicht nur bei Atmungsproblemen, auch bei Konzentrationsstörungen kann der Ionisator helfen.

Die Umgebung verbessern

Ungenügende Luftzirkulation, Rauch, Kunstfasern und elektrische Geräte können die Ursache für das Auftreten des sogenannten „Sick-Building"-Syndroms sein.

Dabei sollen Einflüsse von Kopiergeräten, Neonleuchten, Kunstfasern, Zigaretten, Rauch und falsch eingestellte Klimaanlagen zusammenwirken. Diese Faktoren sind dafür verantwortlich, daß sich der Anteil der negativen Ionen in der Raumatmosphäre verringert. Also macht gewissermaßen die umgebende Arbeitswelt selbst die Menschen krank. Ionisatoren wirken dem effektiv entgegen.

Auch im Auto kann ein Ionisator angebracht werden, der unerwünschte Partikel wie zum Beispiel Staub, Rauch und sogar Bakterien beseitigt. Sobald man das Wagenfenster öffnet, ist man meistens stark verschmutzter Luft ausgeliefert. Deshalb ist die Installation eines Ionisators vor allem bei längeren, anstrengenden Reisen oder auch für gestreßte Lastwagenfahrer durchaus empfehlenswert.

Oft wurden die Erfolge als reiner Placebo-Effekt abgetan. Doch Studien zeigen teilweise eindrucksvolle Resultate. Manche Ionisatoren reichen für eine Fläche von etwa 6 m Durchmesser aus.

Die meisten Hersteller betonen die vollständige Sicherheit ihrer Apparate und weisen darauf hin, wie kostengünstig sie zu betreiben sind. Ihr Einsatz kostet nur Pfennigsbeträge pro Monat, selbst wenn sie häufig benutzt werden. Sie müssen auch keine Angst vor zuviel negativen Ionen haben, denn nach oben ist die Grenze offen, schaden können sie nie.

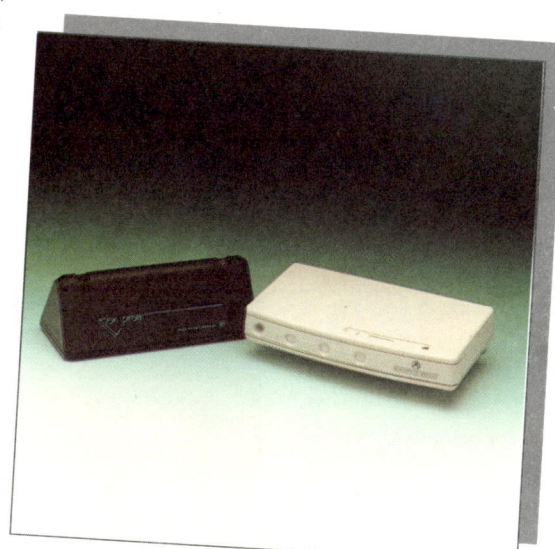

WIE DER IONISATOR FUNKIONIERT

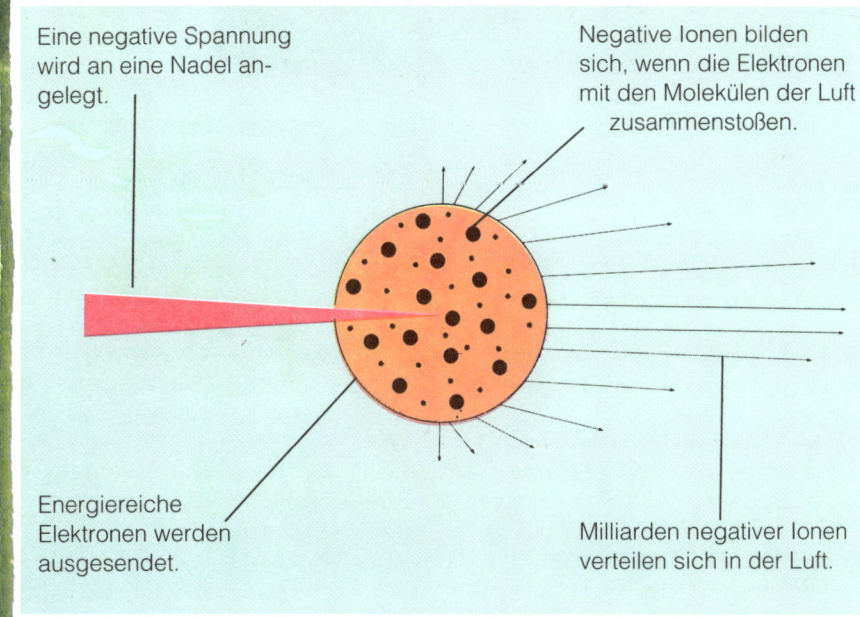

Eine negative Spannung wird an eine Nadel angelegt.

Negative Ionen bilden sich, wenn die Elektronen mit den Molekülen der Luft zusammenstoßen.

Energiereiche Elektronen werden ausgesendet.

Milliarden negativer Ionen verteilen sich in der Luft.

Negative Ionen verbessern die Qualität unserer Atemluft. Wie kann man mit einem Ionisator eine negativ geladene Umgebung schaffen?

Wenn man das Gerät einschaltet, laden sich die Nadeln im Inneren negativ auf. Dadurch werden energiegeladene Elektronen freigesetzt. Wenn diese mit den Luftmolekülen kollidieren, bilden sich Milliarden negativer Ionen, die sich verteilen. Sie beleben und reinigen die Atmosphäre.

Der Ionisator sollte über längere Phasen laufen. Den freigesetzten „Ionen-Wind" kann man auf der Haut spüren.

IRISDIAGNOSE

Einblick in den Körper

Manchmal werden die Augen das Fenster zur Seele genannt, und sie gewähren nach Meinung mancher Therapeuten tatsächlich auch Einblicke in unsere Gesundheit.

Die vordere Augenkammer wird hinten durch die ringförmige Iris (Regenbogenhaut), die aus Teilen der Aderhaut und der Netzhaut gebildet wird, begrenzt. Die Iris gibt dem Auge durch eingelagerte Pigmente seine charakteristische Färbung und absorbiert Licht, das außerhalb der Sehöffnung einfällt. Sie umgrenzt die Pupille, die die Sehöffnung darstellt.

Die Irisdiagnose studiert die Iris, um Aussagen über die Gesundheit oder Anfälligkeit für Krankheiten machen zu können. Sie ist also nur ein Hilfsmittel zum Aufspüren von Krankheiten, keine Heilmethode. Sie wird selten praktiziert, am ehesten noch von Heilpraktikern. Ihre Anwender glauben aber, allein aus dem Betrachten der Iris Krankheiten voraussagen und erkennen zu können. Stichhaltige Beweise gibt es bisher aber nicht.

Die Anfänge

Obwohl die Diagnosetechnik bis heute recht unbekannt ist, gibt es sie mindestens seit hundert Jahren. Sie wurde in Deutschland von Ignaz Peczely entwickelt. Als Junge fand er eine verletzte Eule. Als er versuchte sie zu fangen, brach er ihr ein Bein. Er nahm das verletzte Tier mit nach Hause und pflegte es. Beim Verbinden des Beines bemerkte er, daß sich in der Iris der Eule ein kleiner schwarzer Punkt bildete. Am nächsten Tag war er schon zu einer schwarzen Linie bis an den Iris-Rand angewachsen.

Schließlich heilte das Bein der Eule, sie blieb mehrere Monate als „Haustier" bei dem Jungen. Er beobachtete, daß sich der schwarze Punkt in der Iris während der Heilung weiß färbte. Er war sehr aufgeregt über seine Entdeckung und beschloß, Arzt zu werden, um weiterforschen zu können.

Andere Pioniere der Diagnosetechnik kamen ebenfalls aus Deutschland, aber auch aus der Schweiz. Im Lauf der Jahre wurden immer genauere Karten der Iris entwickelt, die heute das wichtigste Hilfsmittel bei der Irisdiagnose sind (siehe nächste Seite).

Spiegel des Körpers

Das Nervensystem verbindet alle Organe miteinander. Deshalb sind Iridologen davon überzeugt, daß sich Krankheiten auch an der Iris erkennen lassen, da diese Flecken, Linien oder Verfärbungen auf der Regenbogenhaut hinterlassen können.

Offensichtlich kann man also auch vergangene Krankheiten noch in der Iris erkennen.

Wie zuverlässig ist die Diagnose?

Die Anhänger der Theorie sind davon überzeugt, daß sie die meisten Krankheiten mit Hilfe der Irisdiagnose feststellen können. Besondere Stärken und Schwächen des Körpers kommen in der Regenbogenhaut zum Ausdruck – vor allem angeborene Dispositionen für Krankheiten. Wenn beispielsweise Diabetes in der Familie häufig auftritt, läßt sich durch die Irisdiagnose feststellen, ob man selbst mit dieser Krankheit rechnen muß.

Die Diagnose wird von manchen Menschen auch als eine Art Präventivmedizin verstanden. Sie konsultieren einen Experten, wenn sie gesund sind.

Augenkrankheiten können Iridologen besonders genau diagnostizieren. Nicht bestimmen können sie dagegen, ob Sie an einer Infektion wie Masern oder an einer Erkältung leiden, ob Sie schwanger sind oder an geistigen Störungen wie Schizophrenie leiden, die sich nicht in körperlichen Symptomen ausdrücken.

Ob die Methode wirklich funktioniert, ist fraglich. Wenn auch die Menschen – nicht nur Experten – im Alltagsleben viel aus den Augen ihrer Mitmenschen herauszulesen meinen, so gibt es doch keine Beweise für die Richtigkeit einer Irisdiagnose.

Manche Studien haben gezeigt, daß sie als Hilfsmittel zur Krankheitsbestimmung ungeeignet ist, andere fanden einen gewissen Nutzen darin. Mediziner betrachten die ganze Angelegenheit skeptisch, teilweise wohl, weil die Irisdiagnose nur einen Teilbereich der möglichen Krankheiten abdeckt.

IRISDIAGNOSE

DIE AUGEN ALS SPIEGEL DES INNEREN

Durch einen Blick in die Augen des Patienten können Anzeichen für Krankheiten erkannt werden, ohne daß der gesamte Körper untersucht werden muß.

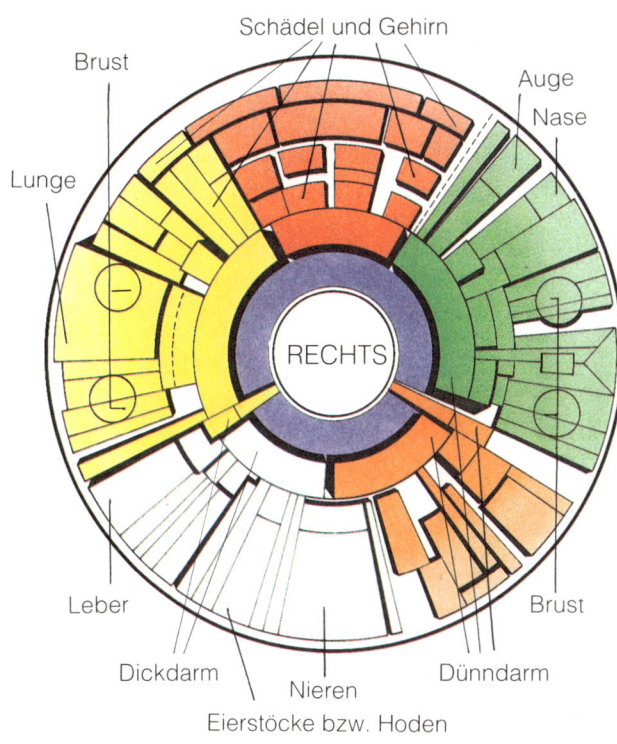

Rechtes Auge – Beschriftungen: Brust, Schädel und Gehirn, Auge, Nase, Lunge, Leber, Dickdarm, Nieren, Eierstöcke bzw. Hoden, Dünndarm, Brust

Linkes Auge – Beschriftungen: Nase, Schädel und Gehirn, Lunge, Auge, Brust, Brust, Leber, Dickdarm, Nieren, Dünndarm, Eierstöcke bzw. Hoden

Hier sehen Sie zwei Karten, für jedes Auge eine. Die Iris ist jeweils in Abschnitte unterteilt, die bestimmten Körperteilen und Organen zugeordnet sind. Jeder Mensch hat ein individuelles, einzigartiges Iris-Muster, so ähnlich wie seine Fingerabdrücke. Dieses Schema kann die Irisdiagnose entschlüsseln. Zunächst betrachtet der Therapeut die Augenfarbe. Gelbe Pigmente in grünlichem Auge können beispielsweise auf Leber- oder Gallenblasen-Probleme hinweisen.

Die Praxis

Eine ausführliche Konsultation dauert zwischen einer und zwei Stunden, die Iris beider Augen wird dabei untersucht. Manchmal wird ein Foto gemacht. Der Patient kommt dann ein zweites Mal, sobald die Aufnahme entwickelt ist. Meist wird das Auge für die Untersuchung mit einer kleinen Taschenlampe angestrahlt, was aber normalerweise nicht als unangenehm empfunden wird.

Erst wenn der Iridologe seine Untersuchung beendet und das Ergebnis mit seinen Karten verglichen hat, kann er Ihnen mitteilen, welche Anzeichen er für eventuelle Krankheiten in Ihren Augen sieht, so daß sie seine Diagnose mit Ihrer eigenen Einschätzung Ihrer Gesundheit vergleichen können.

Danach folgen bis zu fünf einfache Tests – abhängig vom Untersuchungsergebnis: Ihr Blutdruck wird beispielsweise gemessen, wenn die Iris auf eine Unregelmäßigkeit in diesem Bereich hindeutet. Falls der Iridologe eine Krankheit erkennt, wird er Sie nach der Diagnose an einen Arzt verweisen, wenn er selbst keine Behandlungsmöglichkeit sieht.

Wie schon gesagt, führen auch Heilpraktiker und andere auf alternativen Gebieten der Medizin Geschulte die Diagnose durch. Bei uns sind im Gegensatz zu vielen anderen Ländern die meisten Heilpraktiker in der Irisdiagnose ausgebildet und setzen sie gerne ein, wenn ein Patient sie zum ersten Mal aufsucht. Sie behandeln dann meistens selbst weiter. Auch über Ernährung und weitere Gesundheitsfaktoren werden sie sprechen.

Ein neuer Aspekt der Irisdiagnose ist die Anwendung gezielter Behandlungsmethoden für bestimmte Krankheiten und Probleme, die durch die Untersuchung festgestellt wurden. Die Behandlung erfolgt dann mit Kräutermedizin und/oder einer speziellen Diät.

Wer nimmt eine Irisdiagnose vor?

Wie schon angedeutet, gibt es wenige Therapeuten, die sich ausschließlich mit der Irisdiagnose beschäftigen. Am besten wenden Sie sich an einen erfahrenen Heilpraktiker. Fragen Sie bei deren Verband nach, wenn Sie nicht wissen, wie Sie eine geeignete Praxis finden können. Außerdem finden Sie Adressen von Heilpraktikern in den „Gelben Seiten". Erkundigen Sie sich vorab telefonisch, ob ein Heilpraktiker mit Hilfe der Irisdiagnose arbeitet.

> „Fünf Fenster sind unserer Seele gegeben, verzerren oft, was wir sehen und erleben: Verführen uns äußere Lügen zu glauben, wenn wir uns der inneren Sicht berauben."
>
> **William Blake**

KAMILLE
Ein vielseitiges Heilkraut

Kamille kommt an vielen Stellen wild vor. Wir kennen die unterschiedlichsten Anwendungsbereiche ihrer Wirkstoffe in Kosmetik und Heilkunde. Besonders gern wird sie als Bestandteil von Hautreinigungsmitteln, Shampoos, Zahnpasta und Gurgelmitteln wie auch als Tee verwendet.

Wir müssen zwei Arten unterscheiden: die Echte Kamille, *Chamomilla recutita*, (sie ist an ihren hohlen Hütchen zu erkennen) und die sogenannte Hundskamille, *Anthemis*. Für Heilzwecke wird fast ausschließlich die Echte Kamille gesammelt.

Ihr Name leitet sich vom griechischen Wort „chamaimelon" ab. „Chamai" bedeutet „auf dem Boden", „Melon" ist als Apfel zu übersetzen. Die Bezeichnung ist vermutlich auf ihren angenehmen Duft zurückzuführen.

Schon die alten Ägypter kannten die Heilkräfte der Pflanze. Griechische Mediziner verschrieben sie bei Fieber und Frauenleiden wie Anspannungszuständen vor der Menstruation. Auch in Europa wird sie nachweislich seit dem Mittelalter verwendet.

Kamille wächst meist auf kargen Böden, zum Beispiel an Wegrändern und auf Äckern. Sie läßt sich an ihren gelben Blütenköpfchen und weißen Blütenblättern leicht erkennen. Die grünen Blätter duften wirklich leicht nach Apfel, der Geruch wirkt sehr entspannend.

Anwendungsbereiche

Hauptsächlich wird Kamille wegen des in ihr enthaltenen ätherischen Öls angebaut. Dies ist in vielen Kosmetikprodukten wie Hautreinigungsmitteln, Seifen, Gesichtswässern und Spülungen enthalten. Kamille bekommt allen Hauttypen – besonders aber angespannter, trockener, empfindlicher Haut. Sie wirkt leicht beruhigend und feuchtigkeitsspendend und kann viele Hautprobleme wie Ekzeme, Akne, Entzündungen, Sonnenbrand und Allergien lindern. Besonders beliebt sind Shampoos und Haarpflegemittel mit Kamille für blondes Haar, die die natürliche Tönung unterstreichen und leicht aufhellen.

KAMILLE FÜR KINDER

Kamille ist besonders für Kinder geeignet, da sie sehr mild wirkt und unbedenklich ist.

Babys mit Hautausschlag bekommen eine kühlende Kompresse mit Kamille auf die entzündeten Stellen aufgelegt. Auch bei Kindern, die unter Alpträumen oder Schlaflosigkeit leiden sowie bei Kindern, die abends unruhig sind wirkt eine Tasse Kamillentee eine halbe Stunde vor dem Zubettgehen oft Wunder.

KAMILLE

Kamille hat antibakterielle und heilende Eigenschaften und wird auch Zahnpasta und Mundspülmitteln gerne zugesetzt. Daneben wirkt sie bei Hautentzündungen, Rheumatismus und auch nervösen Spannungszuständen. Die kleinen Blütenköpfe werden seit Jahrhunderten für die Zubereitung von Tee verwendet. In dieser Form wirkt Kamille gegen Kopfschmerzen, Regelbeschwerden, Streßerscheinungen und Magenverstimmungen. Sogar die Gesichtsmuskulatur entspannt sich mit ihrer Hilfe.

Kamillenbad

Kamillenöl wird gerne bei Depressionen, Schlaflosigkeit oder Verdauungsproblemen verabreicht. Es wirkt erfrischend und beruhigend und lindert Gelenkschmerzen.

Ein entspannendes Kamillenbad ist genau das richtige, wenn Sie sich abgespannt und ausgelaugt fühlen. Mischen Sie das Badewasser mit etwa zehn Tropfen ätherischem Kamillenöl. Es speichert die Feuchtigkeit länger in der Haut und beruhigt schmerzende Muskeln.

Wenn Sie kein Kamillenöl zur Hand haben, können Sie genausogut drei oder vier Beutel Kamillentee oder eine Handvoll getrocknete Kamillenblüten, die Sie in etwas Mulltuch einbinden, verwenden. Lassen Sie die Beutel im Badewasser. Sie können nun herrlich entspannen.

Mit einem Mulltuch voll Kamillenblüten, denen Sie etwas Kleie zusetzen, können Sie während des Bades Ihre Haut abreiben und abgestorbene Zellen lösen. Nach dem Bad wirkt die Haut frisch und rosig.

Statt Kamillebeutel oder Kamillenöl können Sie dem Badewasser auch einen Aufguß aus zwei Tassen kochendem Wasser auf eine halbe Tasse getrocknete Kamillenblüten zusetzen. Lassen Sie die Mischung etwa zehn Minuten ziehen, seihen Sie sie ab und gießen Sie sie ins Wasser. Mischen Sie niemals die Kamillenblüten direkt ins Badewasser, da sie den Ausfluß verstopfen können.

Die vielfältige Heilwirkung der Kamille macht sie zu einem wichtigen Bestandteil vieler Produkte.

SCHÖNHEITSREZEPTE

KRÄUTERTEE

1 Tl getrocknete Kamillenblüten
Eine Tasse kochendes Wasser

Füllen Sie die Kamille in eine vorgewärmte Tasse, gießen Sie kochendes Wasser auf und lassen Sie das Ganze mindestens zehn Minuten ziehen.

FUSSBAD

25 g Kamille, 10 g Thymian, 10 g Rosmarin, 25 g Pfefferminze, 25 g Majoran

Mischen Sie die getrockneten Kräuter. Rühren Sie zwei Teelöffel Kräuter in einen Liter Wasser. Kochen Sie das Ganze fünf Minuten, lassen Sie es etwas abkühlen, bevor Sie es in eine Fußwanne füllen. Das Bad wirkt sehr erfrischend bei müden und schmerzenden Füßen.

GESICHTSDAMPFBAD

40 g getrocknete Kamillenblüten
1,5 l kochendes Wasser

Schminken Sie sich vollständig ab und binden Sie Ihr Haar zurück. Füllen Sie die Kamille in eine Schale. Gießen Sie das kochende Wasser auf. Rühren Sie dabei mit einem Holzlöffel um. Bedecken Sie Kopf und Schale mit einem Handtuch, während Sie das Gesicht etwa 30 cm über das Wasser halten. Entspannen Sie sich und atmen Sie den Dampf ein. Spülen Sie nach zehn Minuten Ihr Gesicht mit kaltem Wasser ab. Das Bad wirkt beruhigend und reinigend.

REINIGUNGSMILCH

25 g getrocknete Kamillenblüten
125 ml Vollmilch

Erhitzen Sie die Milch mit der Kamille für eine halbe Stunde. Sie darf aber nicht kochen. Lassen Sie das Ganze zwei Stunden ziehen. Seihen Sie dann die Milch ab und reiben Sie Ihr Gesicht damit mittels eines Wattebausches ein. Die Milch hält sich im Kühlschrank etwa eine Woche.

NÜTZLICHE TIPS

- Kamillentee wird besonders nach einer Antibiotika-Behandlung sehr empfohlen.
- Bei Hautjucken und Sonnenbrand tupfen Sie die betroffenen Stellen mit einem in eiskaltem Kamillentee getränkten Wattebausch ab.

KINESIOLOGIE

Muskelsache

Die Kinesiologie ist sowohl ein diagnostisches Hilfsmittel wie auch eine Therapie. Grundsätzlich geht sie davon aus, daß Krankheiten Auswirkungen auf verschiedene Muskeln haben können. Bestimmte Probleme sollen dabei mit einem Ungleichgewicht im Energiefluß des Körpers zusammenhängen, was wiederum anhand von Muskelschwächen in bestimmten Bereichen erkannt werden kann.

Indem also die Kraft einzelner Muskeln gemessen wird, gewinnt man Aufschlüsse über den allgemeinen Gesundheitszustand. Nachdem der Therapeut festgestellt hat, welche Muskelpartien Probleme bereiten, wird er versuchen diese durch leichte Fingerspitzen-

Die Kinesiologie versucht die Gesundheit zu verbessern, indem sie Muskeln wieder ins Gleichgewicht bringt.

Massage an bestimmten Druckpunkten des Körpers zu lösen. Das Prinzip ist ähnlich wie bei der Akupunktur: Die Körperenergie fließt entlang von Meridianen durch den Körper.

Die Anfänge
In den frühen 60er Jahren entdeckte der amerikanische Chiropraktiker Dr. George Goodheart, daß die Überprüfung von Muskeln neue Erkenntnisse über den Gesundheitszustand eines Patienten vermitteln konnte. Er kombinierte seine Untersuchung mit Druckmassage, wie sie besonders effektiv auch bei der Lymphdrainage angewendet wird.

Später glich er seine Technik mit dem medizinischen Wissen der alten Chinesen über die natürlichen Energieflüsse im Körper, wie sie sich auch bei seinen Muskeltests gezeigt hatten, ab.

Einzigartig an seinem System ist, daß es sich sowohl als Diagnosewerkzeug wie auch als selbständige Therapie versteht, durch die Patienten geheilt werden können.

KINESIOLOGIE

WANN HILFT DIE KINESIOLOGIE?

Die Kinesiologie eignet sich ausgezeichnet zum Diagnostizieren von Allergien, kann aber in vielen weiteren Bereichen hilfreich sein.

Die Wiederherstellung des Gleichgewichts bei Gesundheitsproblemen wie Störungen im Immunsystem, Rückenschmerzen, Lernschwierigkeiten, Unruhe und Phobien, Ernährungsstörungen und Nahrungsmittelunverträglichkeiten ist Ziel der Kinesiologie. Sie kann Heilprozesse unterstützen und den generellen Gesundheitszustand verbessern.

Man kann mit Hilfe der Kinesiologie bestimmte Nahrungsmittelallergien feststellen. Der Körper erkennt und bekämpft umgehend Nahrungsmittel und chemische Stoffe, die wiederum die Muskelarbeit beeinflussen. Therapeuten nutzen diese unmittelbare Muskelreaktion, um Unverträglichkeiten aufzuspüren. Als Symptome treten hier Kopfschmerzen, Verdauungsstörungen, Gelenkschmerzen, Depressionen und Müdigkeit auf, auch Katarrh.

Selbst Vitamin- und Mineralstoffmangel läßt sich mit Hilfe der Kinesiologie feststellen, weiterhin Probleme im gesamten Verdauungstrakt wie Verstopfung, Störungen im Gallenfluß und bei den Verdauungssäften.

Manche Therapeuten sind davon überzeugt, daß mit Hilfe der Kinesiologie alle Arten von Krankheiten geheilt werden können.

Die praktische Anwendung

Bevor Sie sich an einen Therapeuten wenden, informieren Sie sich über seine Qualifikation und seine Ausbildung. Die anerkannte Form der Lehre beruft sich stets auf ihren Gründer Dr. Goodheart und hält sich an dessen Richtlinien. Oft wird der Therapeut sich auch noch mit anderen Formen von alternativer Medizin beschäftigen.

Bei der ersten Sitzung spricht er mit Ihnen über Ihren allgemeinen Gesundheitszustand und über größere Probleme. Die Sitzung dauert etwa eine halbe Stunde. Die weiteren Konsultationen beanspruchen meist eine halbe bis eine Stunde.

Bei manchen Therapeuten muß man sich nicht ausziehen, bei anderen müssen sich die Patienten bis auf die Unterwäsche freimachen.

Während der Untersuchung werden verschiedene Muskelgruppen getestet. Bei der Behandlung müssen Sie zum Beispiel einen Arm in eine bestimmte Position bringen. Sie halten ihn ruhig, während der Therapeut ihn für ein paar Sekunden sanft drückt.

Dabei zeigt sich, ob Sie einen entsprechenden Gegendruck zustande bringen. Danach folgen Berührungstests, die Aufschluß darüber geben sollen, ob verschiedene Muskeln richtig arbeiten.

Nach der Untersuchung entscheidet der Therapeut, welche Beschwerden zuerst behandelt werden müssen. Er drückt auf die geeigneten Punkte, um diese Beschwerden zu beheben. In manchen Fällen wird er Sie bitten, ein Vitamin- oder Mineralstoffpräparat zu sich zu nehmen. Es kann außerdem vorkommen, daß Sie sich auf ein spezielles psychisches Problem, wie zum Beispiel Ihre Ängste, konzentrieren müssen, während der Therapeut Sie behandelt.

Dieses Vorgehen ist notwendig, um Ihre Beschwerden effektiv – sowohl im physischen wie auch im psychischen Bereich – beheben zu können und ein inneres Gleichgewicht zu erzielen.

Selbsthilfe

Oft erhalten Sie auch Anregungen, wie Sie sich selbst behandeln können. Dazu gehören sowohl eine vernünftige, ausgewogene Ernährung als auch Streßbewältigungs-Techniken sowie leichte Übungen oder die Massage durch einen Partner.

Chronische Krankheiten bessern sich meist erst nach mehreren Sitzungen, doch eine allgemeine Verbesserung des Wohlbefindens stellt sich relativ schnell ein.

Die meisten Patienten empfinden nach der Behandlung ein Gefühl von Leichtigkeit, als ob ein schweres Gewicht von ihnen genommen worden wäre.

ÜBUNGEN GEGEN DEN STRESS

Hier sehen Sie ein einfaches, doch sehr wirksames Mittel gegen Streß und Angst, auch gegen Anspannung. Sie können sich selbst massieren oder sich von Freund/Freundin oder Partner behandeln lassen. Dann ist es meist noch wirksamer.

- Plazieren Sie sich bequem. Legen Sie die Fingerspitzen auf die beiden seitlichen Stirnkuppen etwa in der Mitte zwischen Augenbrauen und Haaransatz über den Augen. Drücken Sie nur sehr sanft. Ziehen Sie die Haut nur etwa 1-2 mm nach oben. Halten Sie mit leichtem Druck fest, bis das Ziehen nachläßt.

- Wenn Sie sich von Streß befreien wollen, müssen Sie zunächst nach der Ursache forschen und sich darauf konzentrieren. Während die Finger auf die Stirn gehalten werden, löst sich der Streß innerhalb von Minuten in Luft auf.

HILFREICHE ADRESSEN

Auch die Kinesiologie wird von den meisten Therapeuten in Kombination mit anderen alternativen Heilmethoden angewandt.

Wenn Sie sich näher für eine Behandlung interessieren, wenden Sie sich an Ihnen bekannte Therapeuten anderer Richtungen. Die „Gelben Seiten" geben unter den Stichwörtern Ärzte für Naturheilverfahren, Krankengymnastik, Physiotherapie etc. manchmal Hinweise auf Kinesiologen. Bei uns ist die Kinesiologie nicht sehr verbreitet und wird am ehesten von Krankengymnasten durchgeführt.

KNOBLAUCH

Die tolle Knolle

Schon seit Urzeiten ist Knoblauch als die Apotheke des armen Mannes bekannt. Er wurde gegen alle möglichen Krankheiten und Wehwehchen eingesetzt. In Stoffstückchen um den Hals getragen, sollte er Erkältungen verhindern.

Ursprünglich stammt der Knoblauch aus Zentralasien. Mit den Kreuzrittern gelangte er nach Europa. Hier erkannte man bald seine Heilwirkung, setzte ihn aber auch zum Schutz vor Seuchen, „Vampiren" und sogar „Teufeln" ein.

Schon seit Jahrtausenden wird er als Heilmittel verwendet. Durch den starken Geruch, den der Knoblauch verbreitet, sollte man sich nicht abschrecken lassen. Die Menschen früherer Zeiten schrieben gerade diesem intensiven Duft magische Kräfte zu.

Die alten Ägypter glaubten, der Knoblauch enthalte das Geheimnis ewiger Jugend. Arbeiter, die mit dem Bau der Pyramiden beschäftigt waren, nahmen ihn in großen Mengen zu sich, um gesund und leistungsfähig zu bleiben. Auch Griechen und Römer kannten seine medizinische Wirkung. Hippokrates bezeichnete ihn als „scharfes, abführendes und harntreibendes" Mittel.

Der ganzheitlich orientierte indische Ayurveda (er wird auch heute noch praktiziert) sieht im Knoblauch ein Mittel zur Vorbeugung gegen Arthritis und Nervenkrankheiten. Auch bei Bronchitis, Asthma und anderen Atembeschwerden, wird er eingesetzt, ebenso um Blähungen aufzulösen und Parasiten zu bekämpfen.

Obwohl man die Kräfte des Knoblauchs seit Jahrtausenden kennt, wird seine chemische Struktur und damit die Wirkungsweise erst in neuester Zeit erforscht. Pharmazeutische Studien und Praxisversuche bestätigen aber seine universelle Einsatzmöglichkeit.

Frischer Knoblauch enthält einen Wirkstoff namens Alliin. Beim Schneiden oder Brechen reagiert dieses Alliin mit einem Enzym namens Alliinase, das es in Allicin verwandelt – einen stark antibakteriellen Stoff mit dem charakteristischen Knoblauchgeruch. Das Allicin kann Keime abtöten und wirkt regulierend auf die Bakterienflora des Magen-Darm-Kanals.

Knoblauch wird unter anderem medizinisch unterstützend bei Arteriosklerose, hohem Blutdruck und Darmkatarrh sowie bei Leber- und Gallenleiden verwendet.

Man befaßt sich aber vor allem mit der Wirkung des Knoblauchs bei koronaren Herzerkrankungen und zur Vorbeugung gegen Herzinfarkt. In Experimenten mit Kaninchen, denen

KNOBLAUCH

GESUND UND LECKER

KNOBLAUCHHÄHNCHEN

Lassen Sie sich durch die Knoblauchmenge nicht abschrecken. Bei dieser Zubereitung schmeckt der Knoblauch mild, fast süßlich.

Für vier Personen

1 Hähnchen (etwa 1,5 kg)
Salz, Pfeffer, Saft einer Zitrone
1 kg Knoblauchzehen, die Hälfte davon geschält
1 Lorbeerblatt
Thymian, Olivenöl
1 Glas Weißwein

Ofen auf 220 °C vorheizen. Hähnchen salzen, pfeffern und mit Zitronensaft einreiben. Mit den abgepellten Knoblauchzehen, Lorbeerblatt und Thymian füllen. Mit Olivenöl einreiben und mit der Brust nach unten in eine Bratform legen. Eine halbe Stunde braten, bis die Haut braun zu werden beginnt. Hitze auf 170 °C reduzieren. Den restlichen Knoblauch zugeben, zusätzlich 2 El Olivenöl. Das Hähnchen umdrehen, weiterbraten. Dabei gelegentlich begießen. Für etwa eine Stunde weiterbraten, bis der Saft beim Einstechen klar herauskommt. Richten Sie das Hähnchen auf einer vorgewärmten Platte an, legen Sie die ungeschälten Zehen rundum. Löschen Sie den Fond in der Bratform mit Weißwein ab. Für einige Minuten bei mittlerer Hitze aufkochen, abschmecken und über das Hähnchen verteilen.

AM BESTEN ROH

Wenn Sie Knoblauch als Heilmittel einsetzen, muß er roh verzehrt werden. Das Kochen zerstört die medizinisch wirksamen Stoffe.

Am besten ißt man rohen Knoblauch (zwei bis drei Zehen) zerquetscht oder fein geschnitten in Salat. Man kann aber auch mehrere Zehen zerdrücken und den Saft in kleinen Mengen pur oder mit anderen Gemüsesäften gemischt zu sich nehmen.

Wir kennen alle den leider etwas unangenehmen „Duft", den roh verzehrter Knoblauch in unserem Atem und sogar in den Hautausdünstungen hinterläßt. Wenn Sie etwas rohe Petersilie, Minze oder Sellerie kauen, wird der Atem wieder frisch.

Natürlich können Sie statt der rohen Zehen auch geruchlose Knoblauchkapseln oder -tabletten verwenden. In dieser Form bleiben Alliin und Alliinase getrennt und verbinden sich erst im Magen zu dem riechenden Allicin.

Knoblauchöl verabreicht wurde, stellte man eine Verringerung bestimmter Cholesterine im Blut fest, die an Arterienwänden klebenbleiben und Herzkrankheiten hervorrufen können. Gleichzeitig beobachtete man eine Erhöhung der erwünschten Form von Cholesterin, das nicht an den Wänden hängenbleibt.

Klinische Studien an Patienten mit Herzerkrankungen, die einen Monat lang täglich zehn Zehen Knoblauch zu sich nahmen, haben eine Erhöhung der Substanzen in ihrem Blut ergeben, die das Verklumpen verhindern.

Außerdem schränkt Knoblauchsaft die Vermehrung einer großen Zahl von möglicherweise gefährlichen Pilzen, Hefen und Bakterien ein. Auch beim Wundheilungsprozeß wirkt er Wunder. Im Ersten und Zweiten Weltkrieg wurde er großflächig für diesen Zweck eingesetzt.

Zur Regulierung von Verdauungsproblemen wie zum Beispiel chronischem Durchfall und Amöbenbefall wird Knoblauch ebenfalls erfolgreich eingesetzt. Er verbessert die Darmflora, die natürlicherweise im Verdauungstrakt vorhandenen Bakterien, die auch die Verdauung unterstützen.

Wenn Sie ausreichend Knoblauch essen, liefert er auch viele sonstige wichtige Nährstoffe. Er enthält Kohlenhydrate, etwas Eiweiß, Ballaststoffe und sehr wenig Fett. Dazu kommen reichlich Vitamine und Mineralstoffe, vor allem Vitamin C, Eisen und Kalzium.

Er ist außerdem eine der besten Quellen für Germanium, ein Spurenelement, das vermutlich das Immunsystem des Körpers stärkt, und für Selen, ein weiteres Spurenelement mit Antioxidationseigenschaften ähnlich dem Vitamin E.

INHALTSSTOFFE

Nährwert (pro 100 g)
(eine Knoblauchzehe entspricht ca. 3 g)

kcal	136,00
Eiweiß	6,10 g
Fett	0,10 g
Kohlenhydrate	27,50 g
Kalzium	38,00 mg
Phosphor	134,00 mg
Eisen	1,40 mg
Niacin	4,8 mg
Vitamin B_1	0,25 mg
Vitamin B_2	0,10 mg
Vitamin C	26,00 mg

KRÄUTERMEDIZIN
Gesundheit aus Pflanzen

Für Jahrzehnte von modernen chemischen Arzneien verdrängt, erlebt die sanfte Pflanzenmedizin heute ein Comeback.

Naturheiler und Kräuterkundige verwenden Pflanzen aus allen Teilen der Welt als Heilmittel für jede erdenkliche Krankheit, und auch die indischen, chinesischen und indianischen Heilkünste beruhen auf Pflanzenmedikamenten.

Obwohl überall sehr unterschiedliche Pflanzen vorkommen, haben sie doch oft ähnliche Wirkungen. Man findet in räumlich weit entfernten Gegenden Pflanzen mit ähnlichen Eigenschaften. Daher ist die Heilkunst mit Pflanzen auch schon sehr alt und auf der ganzen Welt verbreitet. Bereits die Kelten sowie die alten Griechen und Ägypter setzten Heilpflanzen systematisch ein. Die alten Ägypter unterrichteten ihre Verwendung sogar schon vor etwa 5000 Jahren in Schulen. Auch in unseren Regionen ließ sich die einfache Bevölkerung mit Hilfe von Pflanzen kurieren. Trotz der Angriffe von Ärzten, die ihre Macht durch die Kräuterfrauen gefährdet sahen, ging das Wissen nie ganz verloren. Doch mit zunehmenden Erfolgen der modernen Medizin,

UNBEDENKLICHE KRÄUTER?
Manchmal wird der gesundheitliche Nutzen von bekannten Heilkräutern – in letzter Zeit beispielsweise Huflattich – in Frage gestellt. Sind sie wirklich ungefährlich?

Mediziner äußern Bedenken gegen mehrere Kräutermittel, zum Beispiel gegen die Beinwellwurzel. Als Tee verabreicht, sind sie generell mild und relativ unbedenklich, doch sollte man sich im klaren darüber sein, daß sie wirksame Inhaltsstoffe haben. 5 l Kräutertee am Tag sind sicher genauso schädlich wie zuviel Kaffee oder Cola. Wechseln Sie die Sorte der medizinischen Kräutertees etwa einmal pro Monat, und trinken Sie nie mehr als drei Tassen derselben Art pro Tag.

Kräutermedikamente spielen in der traditionellen chinesischen Medizin seit Jahrtausenden eine wichtige Rolle.

KRÄUTERMEDIZIN

die auf chemischen Stoffen und Operationen basiert, wurden die Pflanzen immer mehr verdrängt. Teilweise wurden die Dienste der Kräuterkundigen sogar durch die Obrigkeit verboten.

Heute interessieren wir uns wieder mehr für sanfte Heilmethoden ohne die teilweise massiven Nebenwirkungen, die uns moderne Medikamente bescheren. Deshalb greifen wir vermehrt auf die alten Kräuterweisheiten zurück.

Auch konventionelle Medikamente werden oft aus Pflanzenextrakten hergestellt. Viele Pflanzen und Heilkräuter, die für die Medizin von Bedeutung sind, enthalten Substanzen, deren Nutzen für die Pflanze selbst noch nicht bekannt sind. Werden sie aber Menschen verabreicht, so können sie körperliches und geistiges Befinden positiv beeinflussen. Solche Stoffe sind:
- Alkaloide wie Nikotin, Koffein, Morphium und Amphetamine
- Glykoside, die beispielsweise in der Goldrute vorkommen
- antibiotische, fungizide oder sedative Inhaltsstoffe, die in vielen bitter schmeckenden Pflanzen wie Baldrian vorhanden sind.

Wie wirken Pflanzen?

Naturheiler und Kräuterkundige haben ein tiefgehendes Wissen über die Pflanzen. Sie nutzen ihre Fähigkeiten, um Krankheiten zu heilen und die Lebensenergie eines Patienten wieder ins Gleichgewicht zu bringen und zu stärken, wobei die Selbstheilungskräfte des Körpers aktiviert werden.

Die meisten Kräuterkundigen vertreten eine ganzheitliche Medizin. Sie glauben, daß unser Körper mit Geist und Gefühlen eine Einheit bildet und ständig bemüht ist, uns gesund zu erhalten. In diesem Sinn müssen die körperlichen, geistigen und seelischen Symptome als Versuch des Körpers gesehen werden, sich selbst zu heilen. Bis zum 18. Jahrhundert war dies übrigens die Ansicht der meisten Ärzte: der Körper als selbstregulierendes Gleichgewicht von Energien.

Die chinesische Kräutermedizin beruft sich noch immer auf die vier Elemente Erde, Feuer, Wasser und Luft zur Zuordnung ihrer Heilmittel und bei der Diagnose. Die moderne Medizin sieht den Menschen dagegen gleichsam als Maschine, bei der Geist und Körper zwei getrennte Einheiten bilden. Wenn eine „Funktionsstörung" auftritt, wird dieses Symptom isoliert behandelt: Wenn also ein „normaler" Therapeut beispielsweise künstlich das Fieber senkt oder blockierte Nervenbahnen durch Medikamente behandelt, die nur den Schmerz nehmen, wird ein Kräuterkundiger im Gegensatz dazu das Fieber vielleicht sogar steigern! Er sieht es als eine Gegenmaßnahme des Körpers zum „Verbrennen" unerwünschter Bakterien und Viren. Im zweiten Fall versucht der Behandelnde die Ursache der Schmerzen herauszufinden, statt sie nur zu beseitigen. Kräuterkundige

HAUSMITTEL

Viele pflanzliche Medikamente können Sie selbst herstellen. Sie können alltägliche Erkrankungen und Wehwehchen damit behandeln. Bei ernsteren Problemen sollten Sie sich an einen Fachmann der Pflanzenheilkunde wenden!

Erkältung Stellen Sie bei den ersten Anzeichen ein Dekokt her:
- 30 g kleingeschnittener frischer Ingwer
- 1-2 Zimtstangen, zerbröselt
- 2-5 g Korianderkörner
- 4 Gewürznelken
- 600 ml Wasser

Alles in einem geschlossenen Topf aufkochen und 20 Minuten köcheln lassen. Die letzten 5 Minuten eine Zitronenscheibe zugeben. Sieben und mit Honig süßen. Alle 2-3 Stunden eine Tasse trinken (heiß)!

Halsentzündung
Stellen Sie ein Gurgelmittel her:
- Eine Handvoll Salbeiblätter
- ½ El Weinessig
- 500 ml kochendes Wasser

Gießen Sie die Kräuter mit dem kochenden Wasser auf, bedecken Sie es und lassen Sie es kalt werden. Weinessig zugeben. Alle 4 Stunden gurgeln.

Husten
Schneiden Sie eine große Zwiebel in Ringe, geben Sie diese in einen tiefen Topf. Bedecken Sie sie mit Honig, 8 Stunden stehen lassen. Die Flüssigkeit abseihen, Zwiebel wegwerfen. Alle 2-4 Stunden einen Eßlöffel voll Flüssigkeit einnehmen.

Müde und entzündete Augen
Gießen Sie in einer Tasse einen Beutel Kamillen- oder Fencheltee mit kochendem Wasser auf, lassen Sie ihn fünf Minuten ziehen. Abgekühlt die Augen mit einem sterilen Augenbad darin baden. Für das zweite Auge verwenden Sie eine neue Flüssigkeit oder legen die abgekühlten Teebeutel direkt aufs Auge (rechts).

Reisebeschwerden
Kauen Sie kleine Stücke frischen Ingwer (Wurzel oder Stiele).

Schlaflosigkeit und Anspannung
Trinken Sie vor dem Schlafengehen Tee von Kamille, Passionsblume, Baldrian, Hopfen oder Lindenblüten.

Verbrennungen
Reiben Sie etwas Lavendelöl oder Beinwell-Salbe auf die verbrannten Stellen.

Quetschungen Hier kann eine Salbe aus den Wurzeln und Samen der Großen Flockenblume helfen.

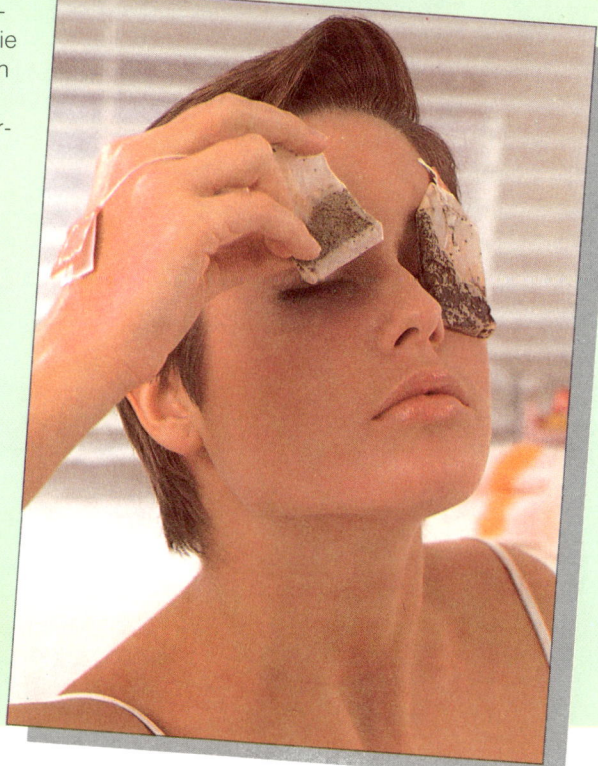

KRÄUTERMEDIZIN

MEDIKAMENTE AUS PFLANZLICHEN GRUNDSTOFFEN

Viele Medikamente werden aus Pflanzen gewonnen. Die Wirkstoffe werden isoliert und konzentriert, dadurch steigert man ihre Wirksamkeit.

Aspirin kann aus verschiedenen Pflanzen extrahiert werden, zum Beispiel der Weide. Steroide werden aus wilder Yamswurzel gewonnen. Morphium gewinnt man aus Schlafmohn, und Amphetamine sowie gegen Asthma wirkende Stoffe stammen aus der chinesischen Pflanze Ma Huang.

Wenn man aus einer Pflanze den Gesamtextrakt zur Medikamentenherstellung verwendet, sollen Nebenwirkungen eher vermieden werden können, als wenn man nur einen einzelnen Wirkstoff der Pflanze einsetzt.

Dies zeigte sich besonders bei dem Asthma-Medikament Ephedrin, das aus der Pflanze *Ephedra sinica* gewonnen wird.

Die Pflanze ist in China seit Jahrtausenden wegen ihrer Heilwirkung in Gebrauch. Als das Alkaloid Ephedrin aber isoliert Asthmatikern verabreicht wurde, erhöhte sich bei diesen der Blutdruck stark. Das Medikament wurde aus dem Verkehr gezogen.

Kräuterkundige wissen, daß die Pflanze ein zweites Alkaloid enthält, das den Herzschlag bremst und den Blutdruck senkt. Nur wenn also die ganze Pflanze verwendet wird, ist sie ungefährlich und hilft dem Patienten wirklich.

setzen voraus, daß der Körper selbst immer sein Möglichstes tut, um sich gesund zu erhalten.

Genau genommen kurieren Naturheilpraktiker nicht eng umgrenzte Krankheiten, sie behandeln den Menschen als Ganzes, welche aktuellen Beschwerden er auch haben mag. Selbst bei unheilbaren Krankheiten wie Parkinson oder Multipler Sklerose vermag die Kräutermedizin die Schmerzen zu lindern, die Anspannung zu verringern und die Lebensqualität der Betroffenen zu steigern.

Verbreitete Beschwerden

Einige Krankheiten kann die Kräutermedizin meist mit gutem Erfolg behandeln:
- Erkältung, Husten, Halsentzündung
- Kinderkrankheiten
- Verdauungsbeschwerden, Magengeschwüre und andere Magenbeschwerden
- Krampfadern, Angina, hohen und niedrigen Blutdruck
- Kopfschmerzen, Migräne, Schlaflosigkeit
- Ekzeme, Schuppenflechte, Akne
- Prämenstruelles Syndrom, Regelbeschwerden, Beschwerden in den Wechseljahren, Unfruchtbarkeit, Depressionen nach der Schwangerschaft
- Blasenentzündung, Nierenentzündung, Soor
- Arthritis und Rheuma
- Allergien, Asthma, Heuschnupfen.

Naturheilkundige und Ärzte stimmen darin überein, daß in einigen Fällen auf konventionelle Medikamente und Operationen nicht verzichtet werden kann – beispielsweise bei schweren Unfällen. Doch insgesamt greifen Naturheiler in der Regel nicht auf diese Mittel zurück, da sie die Selbstheilungskräfte des Körpers nicht stärken. Bei zu häufigem Gebrauch wirken Medikamente immer schwächer und bilden oft sogar einen sinnlosen Streßfaktor für den kranken Körper.

Kräuterkundige haben meist eine Praxis oder arbeiten zu Hause. In ihren Räumlichkeiten findet man oft Regale mit Kräutermischungen in dunklen

KRÄUTERMEDIZIN

Glasflaschen. Die erste Sitzung dauert vielleicht eine halbe Stunde. Der Therapeut bemüht sich, so tief wie möglich in Ihre Krankengeschichte einzudringen und die geeigneten Mittel herauszufinden. Er fragt Sie nach aktuellen Beschwerden, Lebens- und Eßgewohnheiten, nach früheren Krankheiten und nach erblichen Belastungen. Selbst Ihre Stimme und Ihr Händedruck (warm, feucht, trocken oder fest) können Aufschluß über Ihre Gesundheit geben. Manchmal ist es auch nötig, Ihren Blutdruck zu messen oder Sie vollständig zu untersuchen. Der Behandelnde sollte auch wissen, welche Medikamente Sie im Moment nehmen, ebenso die Resultate medizinischer Tests.

Behandlung und Ratschläge

Sobald der Therapeut ein klares Bild von Ihrem Gesundheitszustand gewonnen hat, kann er ein einziges oder mehrere Heilmittel verschreiben, die genau auf Sie abgestimmt sind. Die ausgewählten Kräuter sollen nicht nur Ihre aktuellen Beschwerden behandeln, sondern Ihr Immunsystem stärken und Ihnen neue Vitalität geben, damit Sie in Zukunft besser vor Krankheiten geschützt sind. Die Naturheilkundigen folgen dem Rat des Hippokrates: „Laßt Nahrung eure Medizin sein." Neben den Kräuterarzneien gibt man Ihnen also auch Ratschläge für eine sinnvolle Ernährung. Beispielsweise sollten Menschen mit Katarrh Milchprodukte eine Zeitlang meiden, da sie die Probleme noch verstärken können.

Die meisten Kräuterkundigen sind bereit, mit Ihrem Arzt zusammenzuarbeiten, wenn Sie bereits in konventioneller Behandlung stehen. Zusammen wirken beide Methoden oft ausgezeichnet.

Die erste Konsultation kostet etwas mehr als die folgenden. Generell sind die Preise moderat. Manchmal werden Patienten mit niedrigem Einkommen sowie Kinder und alte Menschen niedriger taxiert. Die Dauer der Behandlung hängt von der Art der Krankheit ab. Eine einfache Verstopfung kann in wenigen Wochen behoben werden, während Arthritis oder Akne über einen längeren Zeitraum kuriert werden müssen. Eine spürbare Verbesserung sollten Sie frühestens nach zwei bis drei Wochen erwarten. Langjährige chronische Krankheiten erfordern grob geschätzt etwa einen Monat Behandlung pro Jahr der Art der Krankheit. Der Therapeut bespricht mit Ihnen, wie lange die Behandlung dauern könnte. Nach ein paar Wochen sollten Sie sich aber bereits besser fühlen.

Wie Sie einen Therapeuten finden

Meistens wird man sich auf Empfehlungen von Freunden oder Verwandten verlassen. In manchen Städten existieren auch Kräuterkliniken, an die Sie sich wenden können. In Mitteleuropa befassen sich neben unausgebildeten Laien hauptsächlich Naturheilkundiger mit der Kräutermedizin. Ihre Adressen sind unter anderem in den „Gelben Seiten" zu finden.

VERSCHIEDENE PFLANZENMEDIKAMENTE

Pflanzen können in verschiedenen Zubereitungen verabreicht werden, je nach Art der Pflanze und den Bedürfnissen des Patienten.

- Tinkturen stellt man durch Zerquetschen der ganzen Pflanze, die anschließend einen Monat in Alkohol ziehen muß, her. Die entstandene Mischung wird meist verdünnt.
- Ein Dekokt erhält man, wenn man das Kraut einige Minuten in Wasser kocht und abseiht.
- Kräutertees bereitet man, indem man die Kräuter mit heißem Wasser übergießt und einige Minuten ziehen läßt.
- Pulverisierte Kräuter werden in eine Gelatine-Kapsel gefüllt und wie normale Medikamenten-Kapseln geschluckt.
- Pastillen werden aus Kräutermischungen mit Zusatz-Masse hergestellt. So können die Kräuter langsam gelutscht werden.
- Salben und Öle entstehen, wenn ein fettiges Trägermaterial mit Kräutern versetzt wird. Sie sind zur äußerlichen Anwendung gedacht.

KUREINRICHTUNGEN

Inseln der Ruhe

Die meisten Kurhotels und Schönheitsfarmen offerieren eine komfortable, wenn nicht luxuriöse Unterkunft in reizvoller Umgebung. Hier können Sie in Ruhe ausspannen, eine Diät durchführen, Gymnastik treiben und sich mit Gesichtsmasken, Sauna oder Massagen verwöhnen lassen.

Kurhotels unterscheiden sich stark voneinander. Für manche Besitzer von Kureinrichtungen steht die Gesundheit an oberster Stelle, und sie erwarten das gleiche auch von ihren Gästen – die sie entsprechend als Patienten bezeichnen. Andere legen den Schwerpunkt auf die Schönheitspflege, entsprechend ist ihr Angebot gestaltet. Für welche Form Sie sich entscheiden, hängt von Ihren persönlichen Vorstellungen ab.

Länge des Aufenthalts

Der Aufenthalt kann so lange dauern, wie Ihr Geldbeutel es zuläßt. Manche Einrichtungen fordern aber ein Minimum von vier oder sieben Tagen. Dies gilt besonders für die Einrichtungen, in denen man ernsthaft an Ihrer Gesundheit interessiert ist. Erst nach dieser Zeit können Sie wirklich von der Behandlung profitieren. In der Regel können Sie daher schon an der von der Einrichtung vorgeschlagenen Mindestdauer der Kur ermessen, wie ernst es die Betreiber des Kurhotels meinen.

Die modischeren Schönheitsfarmen bieten oft spezielle Angebote für Kurzaufenthalte oder ein erholsames Wochenende und konzentrieren sich dabei dann eher auf die Schönheitspflege.

Kurhotels sind sicher nicht billig, wählen Sie also sorgfältig nach Ihren individuellen Bedürfnissen aus. Lassen Sie sich beim Einholen von Informationen und bei der Auswahl des Hotels ruhig Zeit.

Wie geht man vor?

Kureinrichtungen unterscheiden sich in ihrem Einsatz für die Gesundheit und den angebotenen Anwendungen und Behandlungen stark voneinander. Viele stützen sich auf eine bestimmte Form von alternativer Therapie. Dies können beispielsweise Naturmedizin, Kneipp-Anwendungen oder Naturkost sein. Andere bieten osteotherapeutische oder chiropraktische Behandlung zur Linderung von Wirbelsäulenproblemen an.

Doch auch in der „Disziplin" gibt es große Unterschiede. Manche Kurhotels richten sich streng nach einem genauen Zeitplan und verlangen dieselben Einschränkungen wie ein Krankenhaus. Dennoch ist die Atmosphäre meist angenehm entspannt und natürlich sehr viel komfortabler. Dabei haben Sie immer das Recht, die Form zu akzeptieren oder zu ignorieren. Doch selbst die strenge Routine wird normalerweise als wohltuend empfunden.

Gute Kureinrichtungen bemühen sich um eine ganzheitliche Behandlung, statt nur an einzelnen Symptomen herumzudoktern. Sie kümmern sich um die Gesundheit insgesamt, berücksichtigen also auch psychische Faktoren.

Ankunft

In jedem Kurhotel werden Sie wohl zunächst gefragt, was Sie erreichen möchten und warum sie hier sind. Wenn Sie abnehmen und wieder fit sein wollen, werden Sie zuerst gemessen und gewogen.

Bei seriösen Kurkliniken und -hotels folgt meist ein ausführliches Gespräch mit dem medizinischen Fachpersonal, bei dem es um Ihre Erwartungen und ihre Krankheitsgeschichte sowie um gegenwärtige Beschwerden geht. Gewicht und Blutdruck werden gemessen. Diese Konsultation gleicht einem normalen Arztbesuch, wenn sie meist auch nicht von einem Arzt durchgeführt wird.

Falls die ausgewählte Einrichtung auf eine spezielle Therapie ausgerichtet ist, beispielsweise auf Osteotherapie oder Chiropraktik, folgt eine genaue Untersuchung der Wirbelsäule, der Muskeln und der Gelenke. Alle Auffälligkeiten werden schriftlich festgehalten.

Sobald Ihr Ansprechpartner alles aufgenommen hat, werden Sie zusammen ein akzeptables Programm

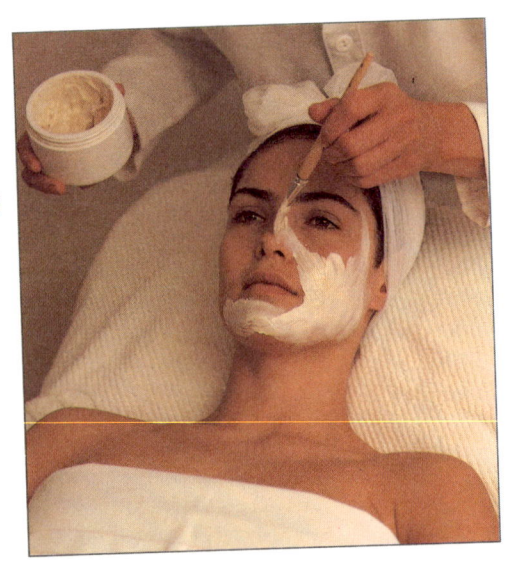

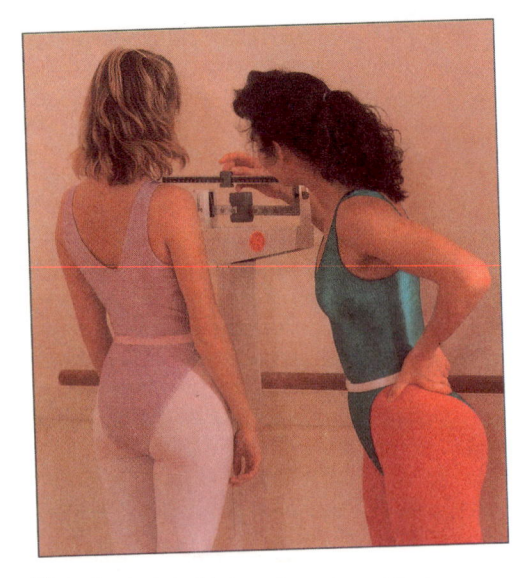

Viele Kurhotels bieten die unterschiedlichsten Möglichkeiten zur Revitalisierung an, zum Beispiel Gesichtsmasken, Schwimmen oder Diäten.

KUREINRICHTUNGEN

TYPISCHER SPEISEPLAN FÜR DIE ERSTEN DREI TAGE

Kein Ernährungsplan ist verpflichtend. Sie können ihn je nach vorhandenem Angebot in Ihrer Einrichtung variieren. Schließlich sollen einige Patienten ja sogar zu- und nicht abnehmen. Auch deren Bedürfnisse sind berücksichtigt. Naturbelassene Lebensmittel werden bevorzugt.

ERSTER TAG

Frühstück
heißes Wasser und Zitrone
gedämpfte Früchte
Joghurt, Kleie und Honig

Mittagessen
hausgemachte Gemüsesuppe
frisches Obst
heißes Wasser und Zitrone

Abendessen
frisches Obst
Joghurt, Kleie und Honig
heißes Wasser und Zitrone

ZWEITER TAG

Frühstück
heißes Wasser und Zitrone
frisches Obst
Joghurt, Kleie und Honig

Mittagessen
frischer Salat
leicht gedämpftes Obst
Joghurt, Kleie und Honig
heißes Wasser und Zitrone

Abendessen
hausgemachte Gemüsesuppe
frisches Obst
Joghurt, Kleie und Honig
heißes Wasser und Zitrone

DRITTER TAG

Frühstück
heißes Wasser und Zitrone
leicht gedämpftes Obst
Joghurt, Kleie und Honig

Mittagessen
hausgemachte Gemüsesuppe
gebackene Kartoffel (Baked potato)
mit etwas Butter, frisches Obst
heißes Wasser und Zitrone

Abendessen
mageres Fleisch oder Fisch
mild gekochtes frisches Gemüse
leicht gedämpftes Obst
Joghurt, Kleie und Honig

---

ausarbeiten, nach dem Sie sich dann für die Dauer Ihres Aufenthalts richten können.

Ernährung

Kurhotels und Schönheitsfarmen bieten meist eine genau geregelte Ernährung an. Durch natürliche Nahrungsmittel soll der Körper von Giftstoffen befreit werden und gleichzeitig wertvolle Nährstoffe zugeführt bekommen.

In Schönheitsfarmen liegt der Schwerpunkt manchmal auf dem Abnehmen, entsprechend einfacher wird die Diät konzipiert.

Nicht selten wird in einer Gesundheitsklinik mit zwei- bis dreitägigem Fasten begonnen. Während dieser Tage dürfen Sie nur Wasser und kalorienarme Getränke wie zum Beispiel Gemüsesäfte zu sich nehmen. Manchmal ist auch Obst erlaubt.

Viele Menschen fühlen sich beim Fasten nicht wohl, bekommen Kopfschmerzen, Schwächeanfälle und Schwindelgefühle. Diese verschwinden jedoch nach spätestens zwei Tagen. Nach dem Fasten folgt meist eine ausgewogene Ernährung aus frischen, einfach zubereiteten Nahrungsmitteln wie Obst, Gemüse, Honig, Weizenkleie, ein wenig magerem Fleisch, Geflügel oder Fisch. Viele Kureinrichtungen haben einen eigenen organischen Gemüsegarten.

Massagen

Die meisten Kureinrichtungen bieten Massagen als Grundbestandteil der Behandlung an. Sie sind speziell zur Entspannung empfehlenswert, regen den Kreislauf an und fördern den Ausstoß von Giftstoffen durch die Haut. Es gibt unterschiedliche Massagemethoden:

● Eine kräftige, tiefgehende Massage in einem speziellen Bad, bei der der Körper mit Wasserstrahlen „beschossen" wird. Besonders bei Arthritis und Rheuma empfohlen.
● Die sanftere Massage mit den Fingerspitzen, die Muskelverspannungen abbauen soll.
● Beim Shiatsu wird der Druck entlang von Energiekanälen, den sogenannten Meridianen, ausgeübt statt an den Muskeln selbst. Dies soll Stauungen, die den Energiefluß durch den Körper behindern, lösen (siehe auch entsprechendes Kapitel).
● Die gebräuchlichste Form der Massage arbeitet mit kräftigen Streich-, Schlag- und Drückbewegungen auf die großen Muskelpartien an Rücken und Beinen. Sie soll Verspannungen lösen und den Kreislauf anregen.

Wärmebehandlung

Viele Kurkliniken bieten verschiedene Arten der Wärmebehandlung an – sowohl lokal begrenzt wie auch für den gan-

Zu den angenehmsten Anwendungen im Kurhotel gehört eine erfrischende Massage im Wasserstrudel. Sie bringt den ganzen Körper zum Kribbeln.

KUREINRICHTUNGEN

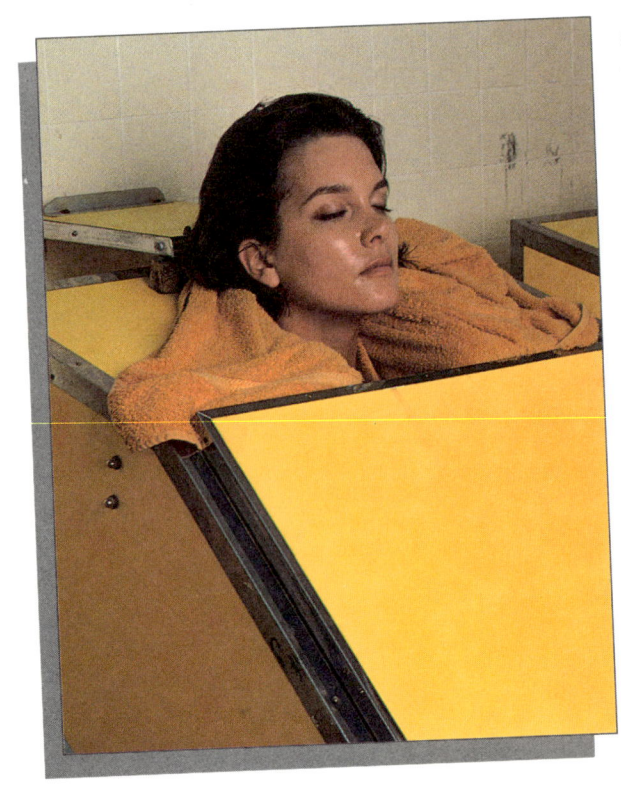

Reinigen Sie den Körper in einem Schwitzkasten von allen schädlichen Giftstoffen.

zen Körper. Zu letzterer gehören Sauna und Dampfbad sowie Schwitzbäder. Durch diese Behandlung soll die Körpertemperatur gesteigert werden. Dies regt den Kreislauf an und schwemmt Giftstoffe aus dem Körper. Durch das starke Schwitzen werden schädliche Stoffe offensichtlich vermehrt durch die Haut ausgeschieden.

Weniger anstrengend sind Spezialbäder mit Moorschlamm, Hafermehl, Torf oder Algen, die eher gegen Abspannung und Unruhe wirken. Sie sind für empfindlichere Personen gedacht, die die starke Hitze der erstgenannten Methoden nicht so gut verkraften würden.

Lokal begrenzte Wärmebehandlungen umfassen Packungen für angegriffene Gelenke mit Arthritis oder Muskelverletzungen, daneben Sitzbäder, die Muskeln und Organe im unteren Körperbereich wieder in Schwung bringen.

Physiotherapie

Die in vielen modernen Kureinrichtungen angebotene Bewegungstherapie läßt sich durchaus mit Krankengymnastik in Krankenhäusern und Reha-Zentren vergleichen. Die Art der Bewegung muß natürlich auf jeden Patienten individuell abgestimmt sein. Zu diesen Programmen gehören:

- Gymnastik und Bewegungsübungen, um die Kondition zu stärken und verletzte oder geschwächte Körperteile zu tainieren.
- Eine lokale Wärmetherapie durch Infrarotlicht oder Bäder, um verletzte oder kranke Körperteile zu behandeln.
- UV-Bestrahlung für die tieferen Schichten des verletzten Gewebes.
- Inhalation für Patienten mit Lungen- und Atemwegsbeschwerden.
- Behandlung mit Reizstrom für entzündete Muskeln und Gelenke.
- Ultraschall-Therapie

EIN TYPISCHER TAGESABLAUF

So könnte ein typischer Tag in einem Kurhotel aussehen

7.00 Uhr: Frühstück
8.00 Uhr: Untersuchung
8.15-11.30 Uhr: Behandlungen
- Sauna
- Massage
- Gesichtsbehandlungen

11.30 Uhr: Osteotherapie
12.15 Uhr: Mittagessen
13.30 Uhr: körperliche Übungen
15.00 Uhr: Spaziergang
16.00 Uhr: Kaffeepause
16.30 Uhr: Entspannungsübungen
17.30 Uhr: Ruhepause
19.00 Uhr: Abendessen
20.00 Uhr: Yoga-Vortrag

Sie sehen, daß fast der gesamte Tag mit Aktivitäten ausgefüllt ist. Sie bleiben immer in Bewegung. In den Freistunden können Sie die Umgebung erkunden oder die Sportmöglichkeiten ausnutzen.

Also, keine Angst: Langweilig wird es bestimmt nicht!

Viele Kurhotels warten mit abwechslungsreichen Sportangeboten für Aktive auf. Links eine Aerobic-Gruppe, rechts ein Tennismatch. Besonders beim Sport werden angestaute Aggressionen abgebaut.

KUREINRICHTUNGEN

für ermüdete Körperteile zum Beispiel bei Schultersteife und Tennisarm.

Entspannung

Die ruhige und entspannte Atmosphäre in einer Kureinrichtung trägt sicherlich dazu bei, daß Sie sich auch persönlich entspannen können. Gleichzeitig bieten viele Häuser nach Belieben Nachmittagskurse mit dem Hotelpersonal oder auswärtigen Experten, in denen Sie spezielle Entspannungstechniken wie zum Beispiel Yoga und Meditation erlernen können.

Was bringt der Kuraufenthalt letztlich?

Kurhotels sind sicher nicht billig, doch der Preis steht in den meisten Fällen in einem angemessenen Verhältnis zu den Erfolgen.

Unschätzbar ist die wiedergewonnene Ruhe, durch die sich sowohl Ihre Gesundheit wie auch Ihr Aussehen verbessert. Ein ausgeglichener, ausgeruhter Mensch sieht wesentlich besser aus als eine gestreßte angespannte Person. In Kureinrichtungen wird man umhegt und umpflegt, auch das fördert die Gesundheit.

Erwarten Sie keinen Gewichtsabnahme-Rekord. Wenn Sie auch weniger essen als zu Hause, so tun Sie doch auch weniger als in einer normalen Arbeitswoche!

Betrachten Sie Ihren Aufenthalt einfach als einen kleinen Urlaub. Fügen Sie sich in neue Ernährungsgewohnheiten, und genießen Sie die Übungen und Entspannungstechniken, so profitieren Sie am meisten von Ihrem Aufenthalt in einer Kureinrichtung.

KNEIPPKUREN

Sebastian Kneipp (1821-1897), Pfarrer und Naturheilkundiger, entwickelte vielfältige Anwendungen mit kaltem und warmem Wasser und gab Anregungen zu einer naturgemäßen und gesunden Lebensweise.

Folgende Anwendungen sind wichtige Bestandteile einer Kneippkur:

Armguß

Der Armguß wird warm oder heiß sowie nach Gewöhnung als Wechselguß (warm – kalt) angewendet. Beginnen Sie an der Außenseite der rechten Hand bis über das Schultergelenk. Steigen Sie an der Innenseite des Armes zur Handinnenfläche ab. Wiederholen Sie diesen Vorgang an der linken Hand. Der Armguß wirkt bei Kreislaufstörungen, rheumatischen Beschwerden und Herzmuskelschwäche.

Blitzguß

Der Blitzguß setzt die Gewöhnung an Wasseranwendungen voraus. Er wird als kalter und heißer Blitzguß sowie als Wechselblitzguß verordnet. Bei dieser Anwendung spielt neben der Temperatur die ausgezeichnete Massagewirkung des Wasserdrucks, mit dem der Strahl auf den Körper auftrifft, eine Rolle. Der Blitzguß wird vor allem bei rheumatischen Erkrankungen verordnet, aber auch bei Zyklus- und Menstruationsstörungen.

Gesichtsguß

Beugen Sie sich nach vorn und beginnen Sie mit dem Guß unterhalb der rechten Schläfe. Umkreisen Sie das Gesicht in Richtung Kinn. Danach folgen einige Querstriche über die Stirn, dann abwärts rechts der Nasenwurzel zum Kinn und schließlich mehrere Längsstriche zum rechten Ohr. Wiederholen Sie diesen Vorgang auf der linken Gesichtshälfte. Danach folgt ein Guß mit Abschluß von der Nasenwurzel zum Kinn. Der Gesichtsguß hilft bei geistiger und allgemeiner Ermüdung und bei Konzentrationsschwäche.

Kneippsche Waschung

Die Waschung gilt als die mildeste Form der Kneippschen Anwendungen. Sie sollte vom Bett aus vorgenommen werden, da der Körper dann warm bleibt. Nach der Waschung sollten Sie sich nicht abtrocknen, sondern wieder ins Bett gehen, damit die Feuchtigkeit abdunsten und der Körper sich wieder erwärmen kann. Diese Anwendung beruhigt das Nervensystem, regt den Kreislauf und die Atemtätigkeit an und fördert die Hautdurchblutung.

Tautreten

Mit dem Tautreten dürfen Sie nur beginnen, wenn Ihre Füße warm sind. Die Anwendung sollte nicht länger als 3 bis 5 Minuten dauern. Danach ziehen Sie trockene Strümpfe an und gehen spazieren, bis Sie sich wieder aufgewärmt haben. Tautreten fördert die örtliche Durchblutung, lindert Kopfschmerzen, hilft bei Schlafstörungen und dient zur Abhärtung bei Neigung zu Erkältungskrankheiten.

Wassertreten

Beginnen Sie nur, wenn Sie warme Füße haben. Sie sollten diese Anwendung nicht länger als eine Minute durchführen. Wenn es zu einem unangenehmen Zwicken oder zu einem Schmerzgefühl kommt, sollten Sie das Wassertreten sofort abbrechen und Ihre Füße aufwärmen. Diese Anwendung wirkt ähnlich wie das Tautreten, allerdings ist die Wirkung hier stärker.

Wechselfußbad

Für das Wechselfußbad benötigen Sie zwei Wannen, eine gefüllt mit Wasser von etwa 15 bis 20 °C, die zweite gefüllt mit Wasser von etwa 36 bis 40 °C. Zunächst tauchen Sie die Beine für ca. 5 Minuten in die Warmwasserwanne, dann wechseln Sie für 5 bis 10 Sekunden in das kalte Wasser. Wiederholen Sie diesen Vorgang zweimal. Das Wechselfußbad eignet sich bei Bluthochdruck, Schlafstörungen, Kopfschmerzen, Durchblutungsstörungen und bei Herz- und Kreislaufbeschwerden.

MAKROBIOTIK

Gleichgewicht der Energien

Die Makrobiotik ist eine Philosophie, die auf der Idee basiert, daß unser Leben durch ein Gleichgewicht der zwei Energieströme Yin und Yang bestimmt wird. Ein Leben nach den natürlichen Rhythmen soll uns ein tiefes geistiges und körperliches Wohlbefinden bescheren.

Makrobiotik bedeutet Leben im Einklang mit der Natur, im Gleichgewicht mit der Umgebung. Dem Ganzen liegt die östliche Vorstellung von zwei entgegengesetzten Energieflüssen zugrunde: Yin ist das passive, weibliche, weiche Prinzip, während Yang das aktive, männliche, harte Prinzip verkörpert. Die Ernährung soll eine ausgewogene Mischung aus Yin und Yang enthalten. Sie ist auf die persönlichen Bedürfnisse des einzelnen abgestimmt.

Die Anhänger der Makrobiotik sehen in der Ernährung den wichtigsten Weg, wieder zu einer allumfassenden Gesundheit zurückzufinden. Der Gründer George Ohasawa soll sich selbst von einer Tuberkulose geheilt haben, indem er alte fernöstliche medizinische Vorstellungen auf seine Ernährung anwandte. Kalorienmäßig entspricht die Diät weitgehend den aktuellen Empfehlungen der Weltgesundheitsorganisation. Sie empfiehlt 55-75 % komplexe Kohlenhydrate (Getreide, Hülsenfrüchte, stärkehaltige Gemüsesorten etc.), 15-30 % Fett und 10-15 % Eiweiß.

Die Makrobiotik unterscheidet zwischen drei Arten von Nahrung: „Yang" sind Nahrungsmittel tierischen Ursprungs, mehr „yin" sind pflanzliche Lebensmittel. Manche Pflanzen sind neutral. Unten sind die wichtigsten Vertreter in einer Liste aufgeführt. Milchprodukte sind „yin" und „yang". Yin-Nahrungsmittel assoziiert man mit sauer, Kalium, Zucker und Früchten. „Yang" dagegen umfaßt basische Lebensmittel, wie Eier, Fleisch, Fisch.

Das richtige Gleichgewicht

Eine mehr yin-haltige Ernährung verursacht Expansion und schwächt den Körper. Die yang-reiche Nahrung dagegen macht Teile des Körpers hart und verkrampft. Das Prinzip der makrobiotischen Ernährung beruht darauf, daß man überwiegend Lebensmittel aus der neutralen Gruppe zwischen Yin und Yang (siehe unten) zu sich nimmt. Sie sind ausgeglichener und gesund.

Nachteile der Ernährungsform

Frühe Vertreter der Makrobiotik empfahlen braunen Reis als das ausgewogenste Nahrungsmittel, doch liefert er nicht alle Proteine, die wir benötigen; ebenso fehlen ihm bestimmte Mineralstoffe und Vitamine. Manche Makrobiotik-Anhänger übertreiben ihre Liebe zum braunen Reis etwas, wodurch es zu Mangelerscheinungen aufgrund der einseitigen Ernährung kam.

Am Anfang lehnte die Makrobiotik tierische Nahrung grundsätzlich als zu „yang" ab. Milchprodukte wurden und werden als verschleimend ebenfalls abgelehnt, obwohl sie in einer fleischfreien Ernährung lebenswichtige Eiweiße und

YIN UND YANG

Die meisten Formen der makrobiotischen Ernährung schlagen dieselben Anteile der Nahrungs-Grundstoffe vor. Auf der folgenden Karte sehen Sie, welche „yin" und welche „yang" sind.

Die makrobiotische Standarddiät

40-60 % ganze Getreidekörner
25-40 % Gemüse
5-10 % Hülsenfrüchte (Bohnen)
5 % Suppe
5 % Fisch, Nüsse, Samen, Gewürze
3-4 % Algen

Yin	Neutral	Yang
Alkohol	Bohnen	Eier
Kaffee, Tee	Gemüse	Fleisch
Milch, Sahne	Getreide	Fisch
Obst und Säfte	Nüsse	Geflügel
Kräuter, Gewürze	Samen	Hartkäse
Honig, Zucker		
Melasse		
Vitamin C		
Joghurt		

MAKROBIOTIK

konzentrierte Energie liefern könnten. Wenn Eiweiß und Energie ausschließlich aus Pflanzen stammen sollen, muß man schon fast unangenehm große Mengen von Getreide und Hülsenfrüchten zu sich nehmen. Auch dies kann zu Fehlernährung führen, besonders bei Babys und Kindern.

Schwierig ist vor allem eine ausreichende Versorgung mit dem Vitamin B_{12}, wenn man sich an diese Ernährungsform hält, denn dieses Vitamin kommt nur in tierischen und speziell aufbereiteten Lebensmitteln vor. Ein Mangel an Vitamin B_{12} kann Blutarmut und in schweren Fällen auch Nervenerkrankungen auslösen.

Neuerungen

Mittlerweile hat die Makrobiotik zu einer Standarddiät aus den ausgeglicheneren Nahrungsmitteln der Yin-Yang-Tabelle gefunden und sich an den westlichen Geschmack angepaßt. So ist mittlerweile auch eine kleine Menge Fisch erlaubt, der relativ viel Eiweiß liefert und auch das wichtige Vitamin B_{12} enthält.

Im Alltag schafft die Makrobiotik einige Probleme durch langwierige und umständliche Zubereitung der Nahrungsmittel. Auch ist sie nicht gerade billig, da sie sich auf biologisch erzeugte Grundstoffe und teure aus Japan importierte Produkte stützt.

> „Tao schuf die Eins.
> Die Eins schuf die Zwei.
> Die Zwei schuf die Drei.
> Und die Drei schuf zehntausend Dinge.
> Diese zehntausend Dinge tragen das Yin und umarmen das Yang.
> Und in Durchmischung mit dem Ki schaffen sie die Harmonie."

NAHRUNGSMITTEL IN DER MAKROBIOTIK

Wir haben bereits die Anteile der verschiedenen Nährstoffe an der Diät gesehen. Schauen wir sie uns jetzt noch genauer an:

- **Getreide und Getreideprodukte** Diese werden zu jeder Mahlzeit gegessen – beispielsweise Reis, Gerste, Weizen, Hirse, Mais, Buchweizen, Vollkornnudeln, Haferflocken, Couscous. Beim Mahlen und Verarbeiten verliert das Getreide einen Teil seiner Energie, so daß Nudeln und Couscous nur selten gegessen werden sollten.
- **Gemüse** Hauptsächlich grüne Blätter, runde und Wurzel-Gemüse verwenden, aus biologischem Anbau. 75 % werden gekocht, der Rest wird roh verzehrt.
- **Algen** Dulse, Hiziki, Kelp, Nori, Carrageen (Irländisches Moos) und Wakame sind frisch und getrocknet erhältlich. Sie werden in Suppe, Eintopf oder Salat gemischt oder wie Weinblätter verwendet. Carrageen ist ein Andickungsmittel.
- **Hülsenfrüchte und deren Produkte** Dazu gehören Kichererbsen, Aduki- und Kidneybohnen, Linsen, Erbsen und Sojabohnen. Etwa zwei Eßlöffel pro Tag essen. Produkte aus Sojabohnen sind Miso (eine fermentierte Würzpaste), Tofu, Tempeh (aus fermentierten Sojabohnen gepreßt) und Sojamilch.
- **Suppen** Sie sollten täglich mit Getreide, Hülsenfrüchten, Algen oder Gemüse bereitet werden.
- **Samen und Nüsse** Sesam, Kürbiskerne, Sonnenblumenkerne, Mandeln, Erdnüsse, Paranüsse, Wal- und Haselnüsse können zwischendurch oder als Zusatz zu Getreidegerichten, Salaten, Gemüse und Desserts verzehrt werden. Geröstet und gemahlen dienen sie als Gewürz. Sonnenblumenbutter und Tahin (Sesampaste) sowie Erdnußbutter werden als Aufstrich verwendet.
- **Obst** Trockenobst und frische Früchte sind sehr „yin" und sollten nur zwei- bis dreimal pro Woche gegessen werden. Wählen Sie einheimisches Obst, alles andere schwächt den Körper.
- **Fisch** wird ein- bis zweimal die Woche als Quelle von Eiweiß gegessen. Wählen Sie weißfleischige Arten, da diese mehr „yin" sind als die dunkleren. Muscheln sind mehr „yang" und sollten nur gelegentlich auf dem Speiseplan stehen.
- **Gewürze** Beim Kochen wird wenig Meersalz verwendet. Bei Tisch nicht nachwürzen! Zuviel Salz macht „yang", zu wenig mehr „yin". Tamari, Shoyu-Sojasauce und Miso können statt Salz als Würzung an Salate, Suppen und Saucen gegeben werden. Umeboshi sind eingelegte grüne Pflaumen mit sehr erfrischendem, saurem, Geschmack. Sie sind sehr alkalisch und werden Saucen und Salaten zugegeben. Reisessig ist milder als andere Sorten und neutraler – für Gemüse und Salate. Ingwer, Senf und Meerrettich geben farblosen Gerichten mehr Aroma.
- **Getränke** Kaffee, Tee, Kräutertee und Obstsäfte sind sehr „yin". Täglich sollte nur Bancha (ein Kräutertee), ein Gerstenkaffee sowie Quellwasser getrunken werden. Mu-Tee, Apfelsaft, Gemüsesäfte, Kamillen- und Lindenblütentee sind ebenfalls gelegentlich erlaubt. Alkohol ist „yin" (der aus Getreide ist etwas mehr „yang" als der aus Obst). Wein sollte deshalb gemieden werden. Bier, Sake (Reiswein) und Whisky dagegen sind in kleinen Mengen erlaubt.

Naturbelassener, ungeschälter Reis ist ein wichtiger Bestandteil der makrobiotischen Diät.

NACHTKERZE

Das Öl der Nachtkerze

Nachtkerzenöl lindert angeblich eine erstaunliche Vielzahl von Beschwerden. Worin liegt das Geheimnis dieser Pflanze?

Die Nachtkerze *(Oenothera)* stammt ursprünglich aus Nordamerika und wurde schon von den Indianern verwendet. Im 17. Jahrhundert gelangten Samen nach Europa, wo sich die Pflanze bald einbürgerte. Viele der Samen gelangten zufällig in Baumwolladungen und siedelten sich zuerst an europäischen Häfen an.

Die Pflanze zählt zur Familie der *Onagraceae*, wie auch Fuchsie, Weidenröschen und Hexenkraut. Charakteristisch sind die langen Stiele und die gelben Blüten mit zarten Blütenblättern, die sich abends öffnen – daher der Name. Die Blüten halten nur einen Tag, werden aber den ganzen Sommer über produziert.

Ein besonderes Öl

Das Öl wird aus den Samen der Pflanze gewonnen. Es wird meist in Form von Kapseln von 250 oder 500 mg verkauft. Für äußerliche Anwendungen ist das Öl auch mit Tropfern oder Pipetten erhältlich. Bei Kindern wird das Öl in die Haut eingerieben.

Man unterscheidet mehrere Unterarten der Nachtkerze die zur Ölgewinnung verwendet werden wie zum Beispiel die Gemeine Nachtkerze *(Oenothera biennis)*.

Der wichtigste Bestandteil des Pflanzenöls ist die Linolensäure. Normalerweise produziert unser Körper diese aus Linolsäure, wie sie in vielen Nahrungsmitteln vorkommt, zum Beispiel in Sonnenblumenöl, Sesam, Sojabohnen und Maiskeimöl, grünem Gemüse, Hühnern, Fisch, Schalentieren und der Nachtkerze.

Nachdem die Linolensäure aus der Linolsäure gewonnen ist, wandelt sie sich in den hormonähnlichen Stoff Prostaglandin E_1 um. Dieser ist lebensnotwendig für Gesundheit, Wachstum und die Produktion von Zellen. Er wirkt außerdem gegen die Gerinnung, also gegen Blutgerinnsel in Venen und Arterien.

Menschen, deren Körper die Umwandlung der Säure in Linolensäure nicht zustandebringt, können offenbar mit Nachtkerzenöl erfolgreich behandelt werden.

Experimente erforschen in kleinerem Maß auch den Effekt von Nachtkerzenöl bei vielen weiteren Krankheiten wie zum Beispiel dem Prämenstruellen Syndrom und allergischen Ekzemen.

Prämenstruelles Syndrom

Die Symptome dieser Störung sind unter anderem Verwirrung, Aufregung, Depressionen, Blähungen und geschwollene Brüste. Die Standardbehandlung basiert auf Hormongaben, hilft aber nicht jedem. Ein Versuch mit Nachtkerzenöl lohnt sich in jedem Fall. In einem Test wurden 65 Frauen, die auf die Standardbehandlung nicht reagierten, mit Nachtkerzenöl behandelt. Mehr als zwei Drittel von ihnen fühlten sich daraufhin besser, vor allem die Spannung in der Brust ließ nach. Im Moment sind die Studien aber noch nicht umfangreich genug, um wirklich eindeutige Ergebnisse zu bringen.

Das Prämenstruelle Syndom wird auch mit dem Vitamin B_6 (Pyridoxin) behandelt. In vielen Öl-Kapseln sind sowohl das Nachtkerzenöl als auch das Vitamin B_6 enthalten.

NACHTKERZE

In Tests wurden auch andere Brustschmerzen, beispielsweise gutartige Vergrößerungen, erfolgreich behandelt. Allerdings stellten manche Patientinnen eine Gewichtszunahme oder eine Vergrößerung der Brust fest.

ACHTUNG! Bei Knoten in der Brust sollten Sie auf jeden Fall zuerst zum Arzt gehen, da diese auch bösartig sein können. Erst dann wird die Art der Behandlung festgelegt.

Neurodermitis

Neurodermitis ist eine chronische Hauterkrankung, die sich durch gerötete, fleckenartige Entzündungsstellen auf der Haut – vor allem im Gesicht, an Gelenkbeugen und an den Händen – zeigt.

Die Ursachen für diese Erkrankung sind noch nicht eindeutig geklärt, es besteht jedoch ein Zusammenhang mit psychovegetativen Störungen und immunologisch bedingten Überempfindlichkeitsreaktionen, vor allem auf bestimmte Nahrungsmittel (zum Beispiel Nüsse oder Weizen). Häufig steht eine Erkrankung an Neurodermitis auch mit anderen allergischen Erscheinungen wie Asthma und Heuschnupfen in Zusammenhang.

„Nachtkerzenöl ist kein Allheilmittel für solche Erscheinungen", empfiehlt die British National Eczema Society, „doch klinische Versuche haben ergeben, daß es die Symptome, insbesondere den Juckreiz, verringert." Wenn Sie an Ekzemen leiden, können Sie durch einen Allergietest die auslösenden Stoffe, die sogenannten Allergene, herausfinden. Falls Sie sich aber nicht vor diesen Stoffen schützen können, versuchen Sie, deren Wirkung durch Nachtkerzenöl zu verringern.

Interessanterweise enthält auch die Muttermilch Linolensäure, Babys, die gestillt werden, entwickeln normalerweise keine Allergien. Man nimmt an, daß manche Babys die in der Kuhmilch enthaltene Linolsäure wegen eines Enzym-Defekts nicht in Linolensäure umwandeln können.

Alkoholabhängigkeit

Alkoholkonsum vermindert die Konzentration von Prostaglandin E_1 im Körper.

Ärzte haben herausgefunden, daß nach der Einnahme von Nachtkerzenöl die Betrunkenheit nach exzessivem Alkoholkonsum längst nicht so deutlich wird. Tierstudien haben außerdem ergeben, daß man durch den Gebrauch des Öls den immer höheren Konsum bremsen kann (normalerweise muß man immer mehr trinken, um denselben Effekt zu erreichen).

Andere Anwendungen

Nachtkerzenöl, besser gesagt Linolensäure, kann auch bei anderen Problemen hilfreich sein. Es reduziert den Cholesterinspiegel im Blut noch wirksamer als vielfach ungesättigte Fettsäuren und ist gerinnungshemmend, so daß es präventiv gegen Thrombosen und Herzinfarkte eingesetzt werden kann. Man erforscht außerdem seine Wirkung gegen Bluthochdruck.

Auch hyperaktiven Kindern wird das Öl verabreicht. Man nimmt an, daß sie an einem Defizit an Prostaglandin E_1 leiden, weil sie die Linolsäure nicht in Linolensäure umwandeln können oder weil der letzte Umwandlungsschritt in Prostaglandin gestört ist (vielleicht durch Milch- oder Weizenbestandteile). Experten empfehlen eine Mischung aus Vitaminen, Mineralstoffen und Nachtkerzenöl, um die Beschwerden zu lindern.

Patienten mit Multipler Sklerose können ebenfalls eine Linderung ihrer Beschwerden feststellen, wenn das Öl auch nicht bei allen Erscheinungsformen der Krankheit wirkt und die Forschung noch nicht sehr weit gediehen ist.

Ähnlich wird in New York Schizophrenie erfolgreich mit Nachtkerzenöl und Penizillin behandelt. Sogar bei der Kontrolle und Vorbeugung gegen krebsartige Wucherungen forscht man mit Nachtkerzenöl.

Weitere Anwendungsgebiete sind Depressionen, Magersucht, Diabetes (besonders damit verbundene Haut- und Augenkrankheiten), Migräne, Krämpfe während der Schwangerschaft, geistige Degeneration, rheumatische Arthritis sowie verschiedene Haut- und Nagel-Erkrankungen.

Nebenwirkungen

Selbst bei Anwendung des Öls unter ärztlicher Aufsicht sind einige Nebenwirkungen zu beobachten. Wenn Sie es ausprobieren wollen, fragen Sie zunächst Ihren Arzt.

Epileptiker sollten Nachtkerzenöl nicht einnehmen, manche Erscheinungsformen können sich sogar verschlimmern.

Andere Nebenwirkungen sind Kopfschmerzen, Schwindel, manchmal auch leichter Durchfall sowie, bei äußerlicher Anwendung leichter Hautausschlag.

Manche Frauen stellen nach der Behandlung eine Gewichtszunahme fest. Frauen, die sich ein Kind wünschen oder schwanger sind, sollten sich in jedem Fall von ihrem Arzt beraten lassen, bevor sie zu Nachtkerzenöl greifen.

Andere Quellen

Der wertvollste Bestandteil des Öls ist die Linolsäure. Sie kommt auch in anderen Ölen aus Samen vor, auch in Borretsch, Stachelbeere, Roter Johannisbeere, Hanf und Hopfensamen-Öl.

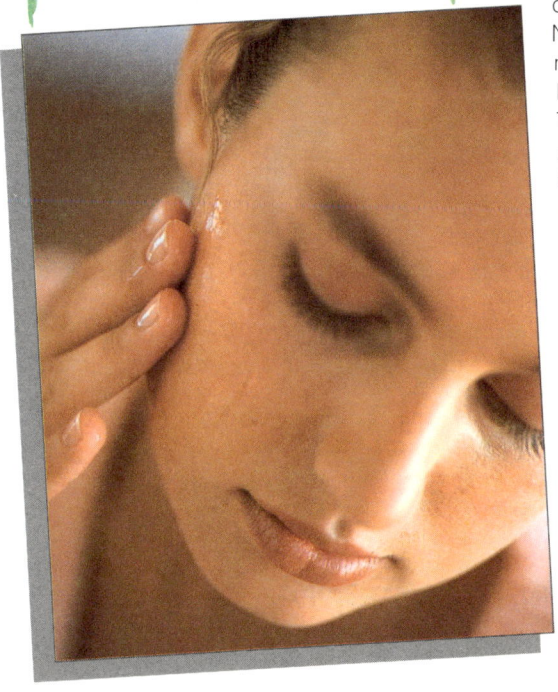

ÄUSSERLICHE ANWENDUNG

Offensichtlich profitiert auch die Haut von Nachtkerzenöl. Mittlerweile ist es Bestandteil vieler Kosmetika.

- Bei Kindern wird das Öl meist in die zarteren Hautbereiche wie Kreuz oder innen am Oberschenkel einmassiert, wo es leicht absorbiert wird.
- Viele Leute schwören auf die feuchtigkeitsspendenden Eigenschaften von Nachtkerzenöl. Es ist in vielen Feuchtigkeitscremes und Nachtcremes enthalten.
- Auch gegen Fältchen auf der alternden Gesichtshaut hilft es angeblich.

NATURHEILKUNDE

Dieser Zweig der Heilkunst gehört zu den ältesten in der Ganzheitsmedizin. Er geht zurück auf die alten Griechen und Römer, die in natürlicher Lebensweise den Schlüssel gegen Krankheiten sahen.

Er basiert auf den ursprünglichen Gefühlen und auf dem gesunden Menschenverstand: ausgewogene Ernährung, Übungen an der frischen Luft, ausreichend Ruhe. Damit wird im Grunde nichts Neues gesagt. Doch oft sind die ältesten und einfachsten Methoden die besten.

Die Geschichte

Die moderne Geschichte der natürlichen Heilung begann vor über 150 Jahren im schlesischen Ort Grafenberg, wo der Landwirt Vincent Priessnitz mit frischer Luft, Kaltwasser-Anwendungen, gesunden Nahrungsmitteln wie Schwarzbrot, Gemüse und frischer Milch seine Familie und Freunde behandelte. Ein anderer Landwirt entwickelte eine Rheumatherapie mit strenger Diät, kombiniert mit Wasseranwendungen.

Immer neue Erkenntnisse bestätigten, daß man auf dem richtigen Weg war.

Die natürliche Lebenskraft

Grundlegend für die Heilung aus der Natur ist der Glaube an eine „Lebenskraft" – diese schöne, nicht näher faßbare Energie, die uns Menschen gesund und am Leben hält. Naturmediziner glauben, daß unsere natürlichen Heilkräfte uns von jeder Krankheit heilen können – besser als Medikamente oder äußerlich angewandte Mittel.

Der Naturheilkundige versucht diese Lebenskraft im Patienten durch natürliche Mittel anzuregen. Er versucht den Menschen als ein Ganzes zu sehen, seine gesamte Umgebung und Lebensart zu erfassen, um dann auf seine speziellen Probleme einzugehen. Er betrachtet hinsichtlich einer Krankheit zwei wesentliche Einflußgrößen: das krankheitsbildende Potential schädlicher Faktoren und die Widerstandsfähigkeit des Körpers. Um eine Krankheit zu behandeln, muß man auf beiden Seiten etwas verändern – den schädlichen Einfluß von außen reduzieren und die Widerstandsfähigkeit der Person erhöhen.

Die erste Konsultation dauert etwa eine Stunde und ergibt eine genaue Krankengeschichte. Körperliche Untersuchung, Blutdruck- und Pulsmessen gehören ebenso dazu wie ein Abwägen der allgemeinen Erscheinung, Untersuchung von Haar, Fingernägeln und Zunge.

Manchmal sind auch Blut- und Urinuntersuchungen erforderlich, gelegentlich auch ein Röntgenbild. Oft befassen sich die Therapeuten mit mehreren Naturheilmethoden, so daß sie zum Beispiel eine Mineralanalyse Ihrer Haare vorschlagen oder verschiedene Punkte Ihres Körpers ähnlich wie bei der Akupunktur behandeln. Manche Therapeuten untersuchen auch die Iris, um sich ein genaueres Bild machen zu können.

Hilfe aus der Natur

Allein durch natürliche Mittel wie Nahrung, Ruhe, Wasser, Sonnenlicht und Erhohlung wird der Körper angeregt, sich selbst zu heilen. Sind diese einfachen Methoden wirklich erfolgreich?

NATURHEILKUNDE

Reichlich Quellwasser schwemmt giftige Stoffe aus dem Körper, die wir mit der Luft und als künstliche Nahrungszusätze aufnehmen.

Behandlungsmöglichkeiten

Alle Methoden, die in der Naturheilkunde angewendet werden, zielen darauf ab, das natürliche Gleichgewicht von Körper, Geist und Seele wiederherzustellen.

Der Naturheilkundige wendet zwei grundlegende Praktiken an, um dies zu erreichen. Zuerst soll das erschöpfte, geschwächte System durch Wasser, reine Nahrungsmittel, positive Gedanken, körperliche Bewegung und durch inneren Frieden gestärkt werden; dann wird der mit Giften überladene Körper innerlich (durch Fasten) gereinigt. Diese beiden Methoden ergänzen sich gegenseitig und werden stets gemeinsam angewendet.

Wie erfolgreich ist die Therapie?

Naturheilkunde wird schon seit Jahren erfolgreich angewandt. Wieviel sie im einzelnen Fall bringt, hängt stark von der Motivation des Patienten und der Schwere seiner Krankheit ab. Der Erfolg hängt außerdem davon ab, inwieweit der Patient bereit ist, seinen gesamten Lebensstil zu ändern.

Auch zur Behandlung von Krebs kann auf die Naturheilkunde zurückgegriffen werden. Krebs wird in der Naturheilkunde als eine Systemerkrankung des gesamten Organismus gesehen, die durch unterschiedliche Faktoren, wie zum Beispiel durch äußere Einflüsse und durch eine Stoffwechselstörung, verursacht durch ungesunde Ernährung hervorgerufen werden kann.

Ansatzpunkt für eine Therapie ist weniger der Tumor selbst, sondern das sogenannte Tumormilieu, der aus dem Gleichgewicht geratene Organismus, in dem erst Krebs ausbrechen kann.

BEHANDLUNGSMETHODEN

Die wichtigsten Möglichkeiten einer Behandlung sind sehr einfach durchzuführen:

FASTEN Unter sachkundiger Anleitung ist es eine Möglichkeit, den Körper von angehäuften Giften zu befreien. Sie können zum Beispiel mit Obst- und Gemüsesäften, Obst, Gemüse, Wasser, stärkearmen grünen Gemüsesuppen oder mit einer Monodiät aus braunem Reis fasten (siehe auch Kapitel Fasten).

HYDROTHERAPIE Wasseranwendungen sind sehr beliebt in der Naturheilkunde. Wir kennen kalte und heiße Güsse, Bäder, Brausen, Kompressen, Packungen, Dampfbäder, Eis-Umschläge und Einläufe. Letztere reinigen den Verdauungstrakt bei Fastenkuren (siehe auch Kapitel Hydrotherapie).

DIÄT Meist wird eine gesunde Vollwertkost mit möglichst wenig aufbereiteten Nahrungsmitteln empfohlen. Oft geht man noch einen Schritt weiter zu vegetarischer Kost oder reiner Rohkost. Die Lebensmittel sollten aus organischer Produktion stammen. Gleichzeitig wird manchmal die Einnahme von zusätzlichen Vitaminen empfohlen. Andere Therapeuten halten dies nicht für nötig, wenn man sich vollwertig ernährt und alle wichtigen Stoffe durch die Nahrung aufnimmt (siehe auch Kapitel Diät).

Bei Verdauungsproblemen wird manchmal Trennkost empfohlen. Zweifellos ist die Ernährung einer der wichtigsten Aspekte unserer Gesundheit, so daß ihr bei der Behandlung viel Raum gegeben wird. Mit dem Interesse für Naturmedizin wurden auch viele unterschiedliche Ernährungsformen, die auf den Prinzipien der Naturheilkunde basieren, populär.

LUFT UND SONNE Aufenthalt an der frischen Luft ist für Körper und Geist gleichermaßen heilsam. Luftbäder werden empfohlen – möglichst für einige Minuten auch nackt, so daß die Haut atmen kann. Die Ionisation der Luft wird für wichtig gehalten. Entsprechend empfehlen Therapeuten Ferien in Badeorten oder in Gebirgsregionen mit vielen Wasserfällen.

Daneben werden Patienten in wichtigen Entspannungs- und Meditationstechniken unterrichtet. Da Körper, Geist und Seele als Einheit verstanden werden, wird versucht, diese drei Elemente in Einklang zu bringen.

„Man sollte nicht die Teile zu heilen versuchen, ohne das Ganze zu behandeln. Der Körper kann nicht ohne das Innere geheilt werden, und wenn Kopf und Körper gesund werden sollen, muß man beim Geist anfangen."

Plato

„Der kluge Mensch sollte erkennen, daß seine Gesundheit sein wertvollstes Gut ist."

Hippokrates

NATURKOST

Was die Natur uns schenkt

Mittlerweile wird organisch produzierte Nahrung nicht mehr nur in Reformhäusern und Naturkostläden angeboten, auch in den Supermärkten hat sie Einzug gehalten.

In den letzten Jahrzehnten führten die immensen Ertragssteigerungen in der konventionellen Landwirtschaft zu einer immer größer werdenen Belastung des Ökosystems Erde durch Gift- und Schadstoffe sowie Bodenzerstörung. Eine besondere Rolle spielten hierbei chemische Schädlingsbekämpfungsmittel, anorganische Düngung und großflächig angebaute Monokulturen.

Um dieser besorgniserregenden Entwicklung entgegenzuwirken, hat sich in den letzten Jahren eine alternative Form der Landwirtschaft immer stärker durchgesetzt: der biologische Landbau. Hierbei werden Krankheiten und Schädlinge ohne Chemikalien unter Kontrolle gehalten. Natürliche Feinde werden eingesetzt, so daß das natürliche Gleichgewicht erhalten bleibt.

Statt chemischer Herbizide wird Unkraut mechanisch ausgesondert. Außerdem verzichtet man auf anorganische Düngung und versucht die natürliche Artenvielfalt zu erhalten, indem man auf großflächige Monokulturen verzichtet. Der Boden wird durch eine ausgeklügelte Fruchtfolge gesund erhalten und nicht ausgelaugt. Leguminosen (Hülsenfrüchtler wie Bohnen, Erbsen und Linsen) als Zwischensaat mit ihren Knöllchenwurzeln binden den Stickstoff aus der Luft im Boden.

Weiter gehört zum biologischen Arbeiten der humane und verantwortungsbewußte Umgang mit Nutztieren sowie die Schonung von Refugien wildwachsender Pflanzen und wildlebender Tiere.

Oft meinen Konsumenten fälschlicherweise, biologische Nahrung sei rein vegetarisch. Tatsächlich aber sollte ein biologisch bewirtschafteter Hof sowohl Nutzpflanzen anbauen als auch Nutztiere halten.

Die Ziele des biologischen Landbaus sind:
- ausgezeichneter Wohlgeschmack der Produkte statt perfektes Aussehen
- Anbau mit organischen Düngemitteln, natürliche Schädlings- und Krankheitskontrolle
- keine künstlichen Hormone und genetisch manipulierten Tiere und Pflanzen
- möglichst geringe Schädigung der Umwelt, Zulassen von Wildtieren und -pflanzen auf dem Areal
- humaner, verantwortungsvoller Umgang mit Nutztieren
- Gesundheit und Wohlbefinden für die Kundschaft
- Keinerlei Bestrahlung
- keine künstlichen Zusatzstoffe
- Schonung des Bodens durch extensives Bearbeiten

Warum ist Naturkost so teuer?

Es läßt sich nicht leugnen, daß Naturkost erheblich teurer als herkömmliche Ware ist. Teilweise liegt das an der großen Nachfrage – wo das Angebot zu klein ist, schrauben sich die Preise nach oben.

Ebenfalls wegen der großen Nachfrage muß ein guter Teil biologisch angebauter Nahrungsmittel importiert werden, auch dies erhöht die Preise. Außerdem erhalten biologisch wirtschaftende Betriebe keine Extra-Zuschüsse von der EU für die aufwendigere Produktion.

NATURKOST

Oben: *Der behutsame Einsatz von natürlichen Feinden macht Pestizide überflüssig. Insekten wie diese elegante Florfliege oder Marienkäfer ernähren sich von Läusen.* Rechts: *Natürlicher Kompost und Mist werden als Dünger verwendet. Gleichzeitig dienen sie als Mulchschicht: Sie halten Unkraut niedrig und schützen die Wurzeln im Winter.*

Unter der Agrarpolitik der EU erhalten die konventionellen Betriebe Zuschüsse und Preisgarantien für ihre Produkte, unabhängig davon, wie groß oder klein der Bedarf an diesen Waren ist. Da aber die Zuschüsse für Lebensmittel, die von konventionellen Betrieben erzeugt werden, aus unseren Steuern stammen, zahlen wir indirekt wieder mehr.

Ist biologisch angebaute Nahrung wirklich unschädlich?

Man sollte denken, daß ohne künstliche Dünger und Pestizide produzierte Nahrung wirklich frei von Chemie ist. Doch so einfach ist es nicht. Wir leben in einer verschmutzten Welt, unerwünschte Partikel treiben mit Wind und Wasser überall umher und werden jahrzehntelang nicht abgebaut.

Immerhin sind die meisten untersuchten, biologisch produzierten Lebensmittel weitgehend frei von solchen Verschmutzungen. Trotzdem sollten auch Naturkostprodukte wie alles Obst und Gemüse vor dem Verzehr gründlich gereinigt werden.

Manche Menschen finden biologisch angebaute Lebensmittel im Vergleich zu Supermarkt-Artikeln weniger appetitlich, weil ihr Äußeres vielleicht nicht ganz so makellos ist. Wenn man aber bedenkt, mit welchen chemischen Mitteln diese Lebensmittel vermutlich behandelt wurden, sollte einem die Wahl nicht schwer fallen.

Normen

Um die Einheitlichkeit und Verläßlichkeit biologisch produzierter Lebensmittel zu gewährleisten, haben sich die Produzenten zu mehreren Verbänden zusammengeschlossen. Dadurch kann der Käufer auch die Pseudo-Naturkostprodukte, die nur mit einem wohlklingenden Namen belegt sind (meist mit dem Zusatz „bio" oder „öko"), von wirklich den Richtlinien entsprechenden unterscheiden.

Die bekanntesten Organisationen sind „Demeter" und „Bioland", daneben existieren aber auch noch weitere kleinere Verbände. Die Vertragsbauern werden hier regelmäßig kontrolliert.

In anderen Ländern gibt es ähnliche Organisationen, so daß auch importierte Produkte eindeutig gekennzeichnet sein sollten. Aus Frankreich kommt beispielsweise „Nature et progrès". Auch beim Kauf von losem Obst und Gemüse muß der Händler die Herkunft genau angeben.

Warum Naturkost?

Die biologischen Anbaumethoden sind weder neu noch revolutionär. In der Vergangenheit war der gemischt mit Tieren und Pflanzen bewirtschaftete Bauernhof eher die Norm. Folglich gab es immer reichlich Mist als Dünger für die Felder. Erst in den 60er Jahren wurden verstärkt Kunstdünger, chemische Pflanzenschutzmittel und Unkrautvernichtungsmittel eingesetzt. Dadurch verbesserten sich die Ernteergebnisse enorm, Riesenfrüchte und -gemüse kamen auf die Märkte und sahen appetitlicher aus als je zuvor. Krankheiten und Unkraut schienen der Vergangenheit anzugehören.

Regelmäßige Spritzdurchgänge wurden die Norm. Zeigte ein Schädling oder eine Pflanzenkrankheit Resistenz, so wurden sie mit einer neuen „chemischen Keule" bekämpft.

Schließlich rieten Konsumenten und Umweltschützer zu mehr Vorsicht: Der

NATURKOST

Chemiegehalt in der Nahrung sei bedenklich und störe das biologische Gleichgewicht. Man versuchte die Öffentlichkeit zu beruhigen: Alle Mittel seien offiziell geprüft und für unbedenklich befunden.

Doch Naturschützer und Verbrauchergruppen ließen sich nicht überzeugen, besonders da einige frühe Pestizide bei den Tests so schlecht abschnitten, daß sie teilweise sogar verboten wurden. Forderungen wurden laut, die Anbaumethoden zu ändern.

Gleichzeitig erkannten Bauern, Gärtner und Wissenschaftler im Lauf der Zeit die katastrophalen Auswirkungen des Chemieeinsatzes auf das natürliche Gleichgewicht. Die alte Vorstellung, daß man dem Boden soviel zurückgeben muß wie man ihm entzieht, hatte also immer noch Gültigkeit.

Endlich scheint sich diese Erkenntnis durchzusetzen. Immer mehr Bauern und Gärtner kehren heute zu biologischen Anbaumethoden zurück, und sogar die Supermärkte bieten mittlerweile einige Naturkostprodukte an.

Bisher wurde die schon einige Jahrzehnte erhältliche Naturkost immer als Randprodukt gesehen. Doch immer mehr Kunden finden sich aus verschiedenen Motivationen ein.

Viele Menschen machen sich mehr Gedanken über ihre Gesundheit und wollen sich nicht durch Chemikalien belasten. Andere denken in erster Linie an die Umwelt. Sie sehen, daß vernünftige Anbaumethoden die Natur schonen. Wieder andere handeln aus einem Nachahmungstrieb, weil es sich in den 90ern einfach gehört, umweltbewußt zu handeln.

Schließlich ist auch zu bedenken, daß die Produktion von Pestiziden etc. die Umwelt belastet und einen hohen Energieeinsatz erfordert.

Wie auch immer, die Verkaufszahlen sind jedenfalls erheblich gestiegen. Die Marktforschung fand heraus, daß über 70 % der Käufer an biologisch angebautem, frischem Obst interessiert sind und daß viele auch bereit sind, etwa 10 % mehr dafür zu zahlen.

Wo bekommt man Naturkost?

Früher gab es sie nur in Reformhäusern und Naturkostläden oder direkt beim Produzenten. Supermärkte gaben sich nicht damit ab, da die Bauern meist keine gleichbleibend großen Mengen garantieren konnten. Auch verlangten sie makellose Ware in Normgrößen. Da die Naturkost all dies nicht bieten kann, wurden nur konventionell produzierte Lebensmittel angeboten – schön anzuschauen, aber ernährungsphysiologisch oft wert- und geschmacklose Obst- und Gemüseberge, die sinnlosen EU-Vorschriften entsprechen.

Teilweise bemühen sich die Supermarktketten heute um biologisch erzeugte Produkte, indem sie bei größeren Produzenten einkaufen. Offensichtlich sind die Kunden heute auch etwas toleranter gegenüber kleinen Schönheitsfehlern wie einem ange-

DER EIGENE GARTEN

Wenn Sie keinen eigenen Garten haben, können Sie vielleicht eine kleine Parzelle oder einen Schrebergarten in Ihrer Umgebung pachten.

Auch wenn Sie nur wenig Zeit haben oder sich auf einige Pflanzkübel auf dem Balkon beschränken müssen – das Gärtnern lohnt sich. Buchhandel und öffentliche Büchereien bieten mittlerweile zahlreiche Publikationen zu diesem Thema an. Auch verschiedene Zeitschriften veröffentlichen immer öfter Artikel zu diesem Thema.

Eine der sichersten Methoden, zu wirklich biologisch angebautem Obst und Gemüse zu kommen, ist der eigene Garten. Es ist gar nicht so schwer!

NATURKOST

fressenen Blatt. Andere Ketten haben sogar ihre eigene Naturkost-Marke. Trotzdem beurteilen manche Bio-Produzenten die Waren, welche die Supermärkte einführen, als minderwertig und zu teuer.

Wenn Sie sich also nicht sicher sind, ob das Angebot in Ihrem Supermarkt auch tatsächlich aus biologischem Anbau stammt, versuchen Sie es lieber direkt bei einem Produzenten in Ihrer Umgebung oder an einem Marktstand, an dem biologisch produzierte Ware angeboten wird. Viele Bauern und Gärtner haben eigene kleine Verkaufsräume direkt auf dem Hof mit festgesetzten Öffnungszeiten.

Schmeckt Naturkost besser?

Bei den meisten Experimenten wird biologisch produzierte Nahrung als geschmackreicher empfunden. Der Unterschied in Geschmacksgehalt und Konsistenz zwischen biologisch und konventionell gezogenen Karotten ist meist sehr stark, bei Kartoffeln dagegen weniger ausgeprägt.

Auch bei verschiedenen Obstsorten sind die Unterschiede von saftig-süßen, aromatischen Naturprodukten zu geschmacksarmen und wäßrigen, konventionellen Angeboten oft beträchtlich. Kuchen aus biologisch angebauten Produkten sind ebenfalls geschmack- und gehaltvoller.

Biologisch produziertes Fleisch schneidet dagegen im Vergleich nicht so gut ab. Hähnchen wurden als nur unbedeutend besser empfunden, Steaks sogar als schlechter. „Biologisch" ist also nicht in jedem Fall ein Qualitätskriterium, was den Geschmack betrifft. Jedoch spielt bei Fleischprodukten der Aspekt der artgerechten Tierhaltung eine wichtige Rolle.

Ist Naturkost nahrhafter?

Über den unterschiedlichen Ernährungswert von biologisch und konventionell produzierten Nahrungsmitteln wissen wir noch nicht sehr viel. Dennoch sind einige generelle Aussagen möglich.

Nahrung aus konventionellem Anbau enthält durchschnittlich 20 % mehr Wasser. Das ist der Grund, warum viele Früchte so groß, gleichzeitig aber geschmacksarm sind, und warum Fleisch beim Kochen und Braten kleiner wird. Gleichzeitig ist die Konzentration an Nährstoffen geringer. Im Gegensatz dazu hat Naturkost ein geballtes Aroma und auch einen höheren Vitamin-C- und Magnesiumgehalt.

BIOLOGISCH PRODUZIERTE LEBENSMITTEL

Unter biologisch produzierten Lebensmitteln finden wir nicht nur frisches Obst und Gemüse, sondern auch Getreide und getrocknete Hülsenfrüchte, Wein aus biologisch angebauten Trauben, Fleisch und Milchprodukte von Tieren, die ohne Hormone und Antibiotika ernährt und artgerecht gehalten werden.

- Mehl
- Getreide, Getreideflocken, Reis
- Getreideprodukte fürs Frühstücksmüsli
- Brot und Knäckebrot
- Teigwaren
- Marmeladen, Essig und Würzstoffe
- frisches Obst und Trockenfrüchte
- Obstsaft
- Kräuter
- Gemüse
- Nüsse
- Kaffee und Tee
- Knabbersachen und kleine Fertigmahlzeiten
- Milch
- Butter
- Joghurt
- Babynahrung
- Käse
- Fleisch
- Geflügel
- Eier
- Öle
- Wein, Most
- Bier

VOLLWERTREZEPTE FÜR VIER PERSONEN

Ratatouille

2 Auberginen, gewürfelt
2 Zucchini, gewürfelt
Eine grüne Paprikaschote, grob gehackt
Eine Zwiebel, fein gewürfelt
3 Knoblauchzehen, zerquetscht
250 g Tomaten
Ein Tl frisches Basilikum
2 Tl Olivenöl
Salz und Pfeffer

Füllen Sie Auberginen- und Zucchiniwürfel in ein Sieb. Etwas salzen und eine halbe Stunde stehen lassen. Einen Teller auf das Gemüse legen und pressen, so daß die Flüssigkeit ausgedrückt wird. Tomaten abziehen, entkernen und hacken. Das Öl in einer Pfanne erhitzen, Zwiebel und Knoblauch darin anbraten. Alle weiteren Zutaten zugeben, und das Ganze etwa 40 Minuten leicht köcheln lassen.

Risotto Romanie

175 g brauner Reis
100 g Karotten, gewürfelt
200 g Lauch, fein geschnitten
100 g gekochter Schinken
100 g Zuckererbsen
6 Tomaten, geschält
Eine Zwiebel, gewürfelt
2 Tl Olivenöl
Salz und Pfeffer

Erhitzen Sie die halbe Menge Öl in der Pfanne. Reis, Tomaten und Zwiebel dazugeben. 10 Minuten köcheln lassen, gelegentlich umrühren. Etwa 500 ml kochendes Wasser zugeben und 30 Minuten kochen, bis der Reis weich ist und das Wasser aufgesaugt hat. Restliches Öl in einer Pfanne erhitzen, Karotten und Lauch 5 Minuten dünsten, dann restliche Zutaten zugeben. Noch 3 Minuten weiterdünsten, dann zum Reis geben. Alles würzen.

NEW AGE

Schöne neue Welt

**Ob wir wollen oder nicht, das New Age begegnet uns immer wieder.
Doch sind die Gedankengänge, die es uns zu bieten hat, wirklich „neu"?**

New Age ist die Bezeichnung für spirituell-religiöse Strömungen, welche die individuellen wie auch die globalen Probleme der Welt mit Hilfe eines ganzheitlichen Denkens und Bewußtseins des Menschen zu lösen versuchten.

Hierbei wird Meditation und Mystik (unter anderem beeinflußt von Buddhismus, Islam und Christentum), alten und neuen Ritualen, psychotherapeutischer Erfahrung sowie übersinnlichen Inspirationen eine zentrale Bedeutung zugemessen.

Anhänger des New Age glauben meist auch an den Sinn alternativer und ganzheitlicher Behandlungsmethoden, an die Selbsthilfe, an spirituelles Bewußtsein sowie an Gleichberechtigung. Sie plädieren für einen respektvollen Umgang mit unserem Planeten und fühlen eine persönliche Verantwortung für die Zukunft.

Das New Age hat mittlerweile viele Anhänger gefunden. Auch Personen des öffentlichen Lebens, wie zum Beispiel Schauspieler, sind hier nicht ausgeschlossen. Viele Menschen fühlen sich zum New Age hingezogen, da sie es als positives Gegenmodell zu unserem heutigen materialistischen, leeren und unbefriedigenden Alltag betrachten.

Immer wieder New Age

Für wie aufgeklärt wir uns heute auch halten mögen – es gab schon immer Wellen eines „neuen Bewußtseins". Bereits die ersten Christen mit ihren neuen Ideen und Umgangsformen meinten, das letzte, endgültige neue Zeitalter einzuleiten. Gleichzeitig dachten Sie, in den „letzten Tagen" kurz vor dem jüngsten Gericht zu leben.

Auch die Jahrtausendwende um 999 n. Chr. war erfüllt von Panik und Weltuntergangsvorstellungen. Fragwürdige Sekten und seltsame Kulte erlebten eine Blütezeit, und in allem sah man Anzeichen und Vorausdeutungen auf das Ende der Welt.

Seitdem hat die Welt viele neue Anfänge wie auch „Fehlstarts" erlebt. Offenbar besitzen die Menschen einen unerschütterlichen Optimismus und Zukunftsglauben, auch wenn Sie immer wieder Enttäuschungen durchleben müssen.

Die Weisheit des Ostens

Als Reaktion auf den Materialismus der 50er Jahre suchten viele Menschen ihr Heil in einer Spiritualität, wie man sie aus Asien kannte. Besonders die 60er Jahre brachten zahlreiche Gurus hervor, die denen, die schon alles hatten, einen neuen Lebenssinn vermitteln wollten.

Sogar die Beatles gaben ihr Leben im Rampenlicht eine Zeitlang auf, um zu Füßen des Mahareshi über die Weisheit der Erde zu meditieren. Buddhismus und hinduistische Denkweisen wurden „in", und bis heute sind sie es beim New Age geblieben.

Tatsächlich begann das New-Age-Denken in den 60er Jahren: Schlagworte wie „Flower Power" und „Make Love not War" verbanden sich mit einem wachsenden Bewußtsein für die inneren Werte. Meditation und spirituelles Gedankengut folgten.

Schriftsteller der Beat Generation wie Jack Kerouac schrieben an gegen die Materialisierung der Welt, die Menschen sollten lernen, wieder an ihre eigenen Kräfte zu glauben, die

NEW AGE

Hoffnung war neu geboren.

Wenn Sie Interesse an den „Lehren" des New Age haben, können Sie in verschiedenen Großstädten spirituelle Veranstaltungen besuchen, bei denen man den Geist des New Age authentisch erleben kann.

Meist finden Sie auf solchen Festivals und Messen Dutzende von Ständen an denen Edelsteine, Wünschelruten, Räucherstäbchen, ätherische Öle, Meditations- und Selbsthypnose-Videos sowie Fußreflexzonenmassage angeboten werden.

Meist wirkt das Ganze etwas befremdend, wenn nicht gar wie Hochstapelei. Doch hinter diesem Sammelsurium von Darbietungen steckt eine Grundidee, und die ist sicher eine Betrachtung wert: All die Menschen, die sich mit den Ideen des New Age beschäftigen, sind auf der Suche nach einer Harmonie zwischen Körper, Geist und Seele, nach einer menschlichen Ganzheit statt der zerhackten Wirklichkeit, die wir heute oft empfinden.

New Age will auch das Bewußtsein heben und uns mit unserem höheren Selbst in Verbindung bringen. Diese innere Kraft zu wecken verändert uns grundlegend, es ist Magie, jeder kann dadurch grundlegend verändert, „verbessert" werden – wenn er nur an die angewandten Techniken glaubt.

ERFOLGE IM NEW AGE

Viele Aspekte des New Age scheinen lächerlich zu sein, doch es hat auch schon Gutes erreicht:

Durch den ständigen Einsatz für alternative Heilmethoden wie Akupunktur und Chiropraktik mußten sich sogar konservativste Medizinerkreise damit auseinandersetzen. Ein Arzt erklärt: „Die Menschen wählen mit den Füßen: Sie gehen zu einem Heiler statt zu mir. Ich muß das akzeptieren und möchte wissen, warum das so ist."

Letztendlich bemühen sich die New-Age-Anhänger auch um eine größere Auswahl an alternativen medizinischen Therapien, außerdem um ein stärkeres Bewußtsein für Umweltfragen und für die Frauenbewegung.

Die Erleuchtung

Immer wieder tauchen neue Systeme auf, mit deren Hilfe die Welt verbessert werden soll. Oft stammen sie aus den USA. Beispielsweise der „Life Extension Plan" verspricht Gesundheit und erleuchtetes Leben auch jenseits der biblischen siebzig Jahre. Die „Flame Foundation" aus Arizona verheißt sogar körperliche Unsterblichkeit.

Wenn diese Gedanken auch vollkommen lächerlich erscheinen, so findet sich doch im Inneren von New-Age-Bewegungen immer ein Kern, der eine Betrachtung wert ist. Beispielsweise propagieren sie auch ein streßfreies Leben durch Meditationstechniken, plädieren für die Förderung der Selbstheilungskräfte durch Weckung unserer inneren Kräfte und fordern die Erhaltung der Umwelt für zukünftige Generationen.

EIN HEILIGER?

Einer der bekanntesten und akzeptiertesten Gurus mit fast göttlichem Status und vielen Anhängern – auch im Westen – ist der Inder Sai Baba, der oft als lebender Heiliger verehrt wird.

Sai Baba ist eine ausgeglichene, frohliche Person sehr bekannt für seine Zauberkünste. Er soll Gegenstände – einschließlich warmem Essen – aus der Luft erhalten. Auch christliche Embleme soll er für Freunde herbeigezaubert haben. Ebenso materialisierte er ein Foto von Hindu-Göttern, das er von seinen Anhängern am Strand ausgraben ließ. Er soll auch schon an zwei Orten gleichzeitig gesehen worden sein. Dieses Phänomen der „Bilokation" ist auch von christlichen Heiligen bekannt. Sogar einen Toten soll er nach mehreren Tagen auferweckt haben.

Untersuchungen

Natürlich rufen Wunder immer Skeptiker und Kritiker auf den Plan. Angezogen von den seltsamen Geschichten machte sich in den 70er und 80er Jahren eine Gruppe westlicher Parapsychologen (die nicht unbedingt für ihre Glaubwürdigkeit bekannt sind) auf den Weg, um Sai Baba für längere Zeit genau zu beobachten. Einer aus dieser Gruppe, der Isländer Erlandur Haraldsson, erklärte die Wunder für echt. Er gab zu, vollkommen verblüfft über Sai Babas Fähigkeiten zu sein, denn selbst unter den kritischen Blicken der Parapsychologen erschien das warme Essen für die Besucher aus der Luft, und Kranke wurden oft unter dramatischen Umständen geheilt.

In den ersten Jahren wurde der Heilige vom New Age oft mißtrauisch beäugt. Man bevorzugte ruhigere, geheimnisvoller auftretende Gurus. Mittlerweile ist er aber von vielen anerkannt – vielleicht, weil das New Age an anderen Gurus, die statt Taten nur weise Worte anzubieten haben, mittlerweile übersättigt ist.

OHRAKUPUNKTUR
Das Ohr ist der Schlüssel

Die Ohrakupunktur, auch Aurikulotherapie genannt, ist ein Spezialbereich der Akupunktur. Sie behandelt Krankheiten durch Stimulation bestimmter Punkte des Ohres. Während die klassische Akupunktur (siehe entsprechendes Kapitel) über 1000 Punkte entlang unsichtbarer Meridiane (Energiebahnen durch den Körper) lokalisiert, beschränkt sich die Ohrakupunktur auf etwa 110 Stellen an jedem Ohr.

Schon um 400 vor unserer Zeitrechnung war die Nadelbehandlung am Ohr im Mittelmeergebiet bekannt. Sie war auch im alten Indien und in China gebräuchlich, wo die klassische Akupunktur eine mehrere Jahrtausende umfassende Tradition hat.

Im Westen übernahm man die Ohrakupunktur nur zögernd. Eine herausragende Rolle spielten dabei die Erkenntnisse des französischen Arztes Paul Nogier. Er entdeckte an der Ohrmuschel einiger Patienten eine eigenartige Narbe, die seine Neugierde weckte. Er fand heraus, daß die Narbe von einer besonderen Behandlungsart der Ischiasentzündung stammte, die ein Heilkundiger im Mittelmeerraum praktizierte.

Dr. Nogier erfuhr von seinen Patienten, daß diese Behandlungsmethode erfolgreich war und kam zu der Überzeugung, daß es doch möglich sein müsse, über die Stimulation anderer Punkte am Ohr weitere Organe und Körperteile zu beeinflussen.

Er experimentierte mehrere Jahre und fand seine Vermutung bestätigt. Als er die einzelnen Punkte am Ohr, die die verschiedenen Organe und Körperteile beeinflussen, miteinander verband, er-

Oft geben Zunge und Füße den Ärzten Aufschluß über Gesundheit und Krankheiten. Die Ohrakupunktur dagegen sieht das Ohr als eine Karte unseres ganzen Körpers.

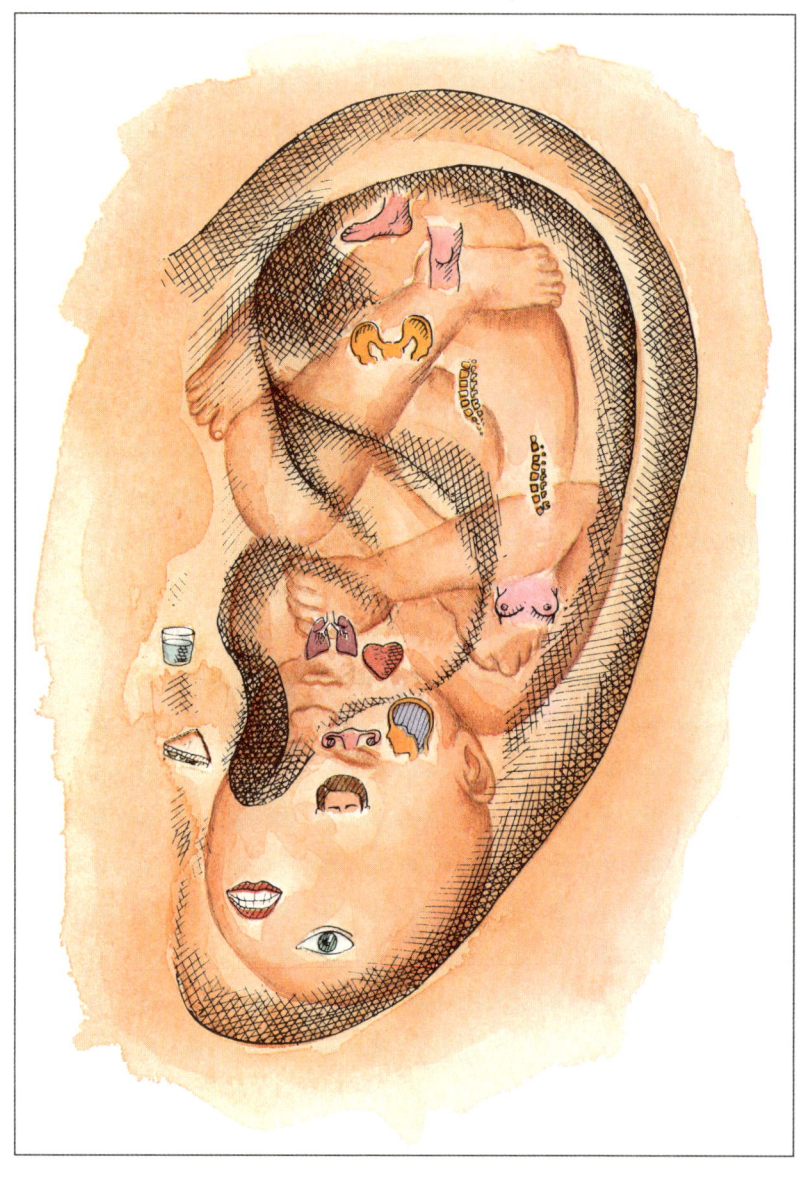

Oben: *Die Zeichnung zeigt einige der Akupunkturpunkte im Ohr und verdeutlicht auch das von Nogier entdeckte Embryo-Bild.*

gab sich zu seinem Erstaunen das Bild eines kopfunter liegenden Embryos im Mutterleib. Daraus schloß er, daß das Ohr eine Art Karte des gesamten Körpers sein müsse. Er behandelte Patienten aufgrund seiner Erkenntnisse erfolgreich und unterrichtete auch Kollegen.

Die Ohrläppchen
Dr. Nogiers Theorie besagt, daß das Ohr eine Brücke zu den Akupunktur-Meridianen darstellt und daß folglich alle Teile des Körpers über das Ohr behandelt werden können.

Durch Stimulierung von Stellen auf den Ohrläppchen soll zum Beispiel der Tast- und Riechsinn – und damit der Appetit – beeinflußt werden.

Diese Form der Akupunktur wird seit mehreren Jahrhunderten besonders im Fernen Osten angewendet.

Weitere Vorteile
Gegenüber der klassischen Akupunktur hat die Ohrakupunktur einige Vorteile. Beispielsweise muß man sich nicht entkleiden, die Methode kann also im Notfall schnell und unkompliziert angewendet werden.

Außerdem können Sie die Therapie teilweise selbst mit sogenannten Drucknadeln (die wie kleine Briefklammern aussehen) durchführen. Die Drucknadeln werden mittels einer kleinen Operation ins Ohr eingeführt. Danach werden sie mit einem Pflaster abgeschlossen, damit es nicht zu Verunreinigungen kommt.

Drucknadeln können mehrere Tage im Ohr bleiben, so daß der Patient sie bei Bedarf selbst stimulieren kann.

Diese Methode ist besonders erfolgreich bei der Suchtbekämpfung – zum Beispiel, wenn man sich das Rauchen abgewöhnen will –, wobei man öfter

OHRAKUPUNKTUR

eine Stimulierung benötigt. Daneben hilft die Ohrakupunktur bei manchen Beschwerden, die durch die klassische Akupunktur nicht beseitigt werden können.

Wenn Sie das erste Mal einen Therapeuten besuchen, nimmt er Ihre gesamte Krankengeschichte auf, beginnend mit den aktuellen Beschwerden. Er wird Sie auch nach Krankheiten in Ihrer Familie, nach Ihren Lebens- und Eßgewohnheiten sowie nach Bezugspersonen und Freizeitbeschäftigungen fragen.

Danach sucht der Akupunkteur Ihre Ohren auf weiße Flecken, Knoten, Wunden oder Hautprobleme ab, die schon viel über Ihren generellen Gesundheitszustand aussagen und ebenso auf den Zustand einzelner Körperteile hinweisen können. Daraufhin versucht er die sensibelsten Teile Ihres Ohres zu finden. Stellen, an denen Sie diese Probe als unangenehm empfinden, können auf die Notwendigkeit einer Behandlung hinweisen.

Nadeln, Strom und Laser

Nach der Voruntersuchung beginnt die Behandlung. Der Therapeut benutzt Nadeln, kleine Stromstöße, Laser oder Drucknadeln. Die Nadeln werden zwischen einem und drei Millimeter tief eingesteckt, also direkt unter die Haut. Sie werden bewegt, um die entsprechenden Punkte zu stimulieren.

Statt dessen kann auch ein leichter elektrischer Impuls durch die Nadeln geschickt werden. Das tut nicht weh, sondern wirkt eher entspannend.

Man läßt die Nadeln normalerweise etwa 15 bis 20 Minuten in dem Punkt. Auch ohne zusätzliche Nadeln wird manchmal ein Stromstoß angewandt. Dann hält der Akupunkteur einfach eine spitze Elektrode an die relevanten Punkte.

Kinder und Erwachsene, die sich vor Nadeln fürchten, können mit Laser behandelt werden. Die Strahlen an den entsprechenden Punkten stimulieren sie genauso, ohne daß der Patient etwas merkt.

Grundsätzlich sollten Sie sich vor einer Konsultation vergewissern, daß der ausgewählte Therapeut auch die entsprechenden Qualifikationen aufweist und die Praxis entsprechend eingerichtet ist.

BEI DER BEHANDLUNG

- Versuchen Sie bei der ersten Behandlung genau auf die Reaktionen und empfindlichen Stellen in Ihrem Ohr zu achten, dies hilft problematische Bereiche ausfindig zu machen.
- Während der Therapeut das Ohr behandelt, kann er Sie bitten, die entsprechenden Körperteile gleichzeitig zu massieren.

FRAGEN ZUR OHRAKUPUNKTUR

Wenn Sie womöglich an der klassischen Akupunktur zweifeln, sind Sie der Ohrakupunktur gegenüber vielleicht erst recht mißtrauisch. Einige Ihrer möglichen Fragen werden hier beantwortet.

F Welche Beschwerden und Krankheiten können durch Ohrakupunktur behandelt werden?

A Diese Behandlungsmethode wirkt bei fast allen Krankheiten, die auch auf die klassische Akupunktur ansprechen. Häufig wird sie bei Alkohol- oder Drogenabhängigkeit und bei Rauchern angewendet; ebenso beim Prämenstruellen Syndrom, bei Arthritis, Schulterproblemen, Asthma, Verdauungsbeschwerden, Migräne, Angst und Phobie.

In China und Sri Lanka wird sie auch für schmerzfreie Geburten, Zahnbehandlungen und Operationen eingesetzt. Die Patienten sind dabei bei vollem Bewußtsein.

F Wie viele Nadeln werden verwendet, und ist das Einstecken der Nadeln sehr schmerzhaft?

A Trotz der etwa 110 festgelegten Punkte im Ohr werden selten mehr als vier Nadeln auf einmal eingesetzt. Manche Stellen im Ohr fühlen sich beim Drücken unangenehm an. Aber auch wenn die Nadeln eingesteckt werden, tut die Behandlung nie richtig weh. Selbst, wenn Drucknadeln in das Ohr eingeführt werden, piekst es längst nicht so wie beim Ohrenstechen für Ohrringe.

F Wie viele Behandlungen braucht man, und was kostet das Ganze?

A Das hängt von der Krankheit ab. Langjährige chronische Erkrankungen wie zum Beispiel Arthritis oder Migräne erfordern etliche Sitzungen, akute Probleme dagegen können oft schon nach ein bis zwei Behandlungen geheilt werden. Die erste Konsultation dauert am längsten und ist entsprechend auch am teuersten.

F Stört die Therapie eine normale Behandlung oder Medikamente, die ich bereits einnehme?

A Nein. Die Methode kann auch begleitend zur normalen Behandlung eingesetzt werden. Informieren Sie Ihren Akupunkteur aber immer darüber.

F Ich habe durchstochene Ohren. Kann ich deswegen keine Ohrakupunktur vornehmen lassen?

A Doch, Sie können. Wenn das Loch allerdings durch einen Akupunkturpunkt geht, hat der Therapeut manchmal Schwierigkeiten, diesen zu behandeln.

F Ich habe Angst vor Nadeln. Kann ich mich trotzdem behandeln lassen?

A Sie können, denn der Therapeut setzt in diesem Fall Laserstrahlen ein, die Sie nicht spüren.

F Woran erkenne ich, ob der Therapeut qualifiziert ist, wie kann ich eine geeignete Praxis finden?

A Rufen Sie das Gesundheitsamt an. Wenn man Ihnen dort nicht direkt weiterhelfen kann, schlagen Sie in den „Gelben Seiten" unter Akupunktur bzw. Heilpraktiker nach. Auch manche Ärzte führen die Therapie durch. Fragen Sie auch Freunde oder Ihren Hausarzt.

OSTEOTHERAPIE

Knochen-Arbeit

**Viele Menschen leiden heute an Gelenk- und Wirbelsäulenerkrankungen.
Ähnlich wie der Chiropraktiker kann der Osteotherapeut hier große Heilerfolge erzielen.
Worin liegen die Unterschiede zwischen beiden Richtungen?**

Die Osteotherapie versteht sich ebenfalls als ganzheitliche Therapie und baut auf dem Grundgedanken auf, daß ein stabiles Knochengerüst von fundamentaler Bedeutung für die Gesundheit ist. Die Verbindung der Knochen durch Gelenke geben dem Körper Struktur und Halt.

Osteotherapeuten glauben, daß verschobene Knochen und entzündete Gelenke den Körper insgesamt schwächen. Deshalb überprüfen sie zunächst den Zustand der Knochen mit ihren Händen, indem sie verschiedene Körperteile bearbeiten. Dadurch soll der Körper angeregt werden, sein Gleichgewicht wiederzufinden und gesund zu werden.

Die Anfänge

Die heute bekannte Form der Therapie wurde 1874 von dem amerikanischen Arzt Dr. Andrew Still als Behandlungsmethode für Schäden und Fehler im Knochenbau entwickelt. Dr. Still ging davon aus, daß der Körper Selbstheilungskräfte besitzt und daß die Versorgung aller Körpergewebe mit Blut nicht unterbrochen werden darf, damit der Körper normal funktioniert.

Die Osteotherapeuten teilen die Sichtweise aller anderen Therapeuten mit ganzheitlichen Behandlungsmethoden, daß der Körper sich im Grunde immer selbst heilt. Man muß ihn nur entsprechend anregen.

Die Idee ist schon sehr alt. Chinesische Schriften sprachen bereits um 2700 v. Chr. von Stimulierung als Heil-

OSTEOTHERAPIE

WÄHREND DER SCHWANGERSCHAFT

Osteotherapeuten können ausgezeichnet bei Schwangerschaftsbeschwerden helfen.

Viele schwangere Frauen klagen über Rückenschmerzen, besonders gegen Ende der Schwangerschaft. Das liegt hauptsächlich an der Gewichtszunahme von durchschnittlich gut 12 kg gegenüber dem Normalgewicht. Gleichzeitig erweichen die Bänder im Beckenbereich als natürliche Vorbereitung des Körpers auf die Geburt.

Der Osteotherapeut kann durch sanfte Techniken, die den Körper so wenig wie möglich anstrengen, bei derartigen Beschwerden eingreifen. Auch die Erfahrungen der Patientin bei vorausgegangenen Geburten werden dabei berücksichtigt. Weitere schwangerschaftsbedingte Nebenerscheinungen wie Verdauungsprobleme, Hämorrhoiden, schmerzende Füße und Fußgelenke behandelt der Osteotherapeut ebenfalls.

---

methode, und auch die alten Ägypter und Griechen kannten bereits ähnliche Techniken.

Hippokrates, bekannt als der Vater der Medizin des Abendlandes, schrieb um 400 v. Chr.: „Man muß die Natur der Wirbelsäule kennen, ihren Sinn und Zweck; dieses Wissen ist bei vielen Krankheiten hilfreich."

Vergleichbare Therapien

Zweifellos gleicht die Behandlung sehr der Chiropraktik und wird oft vom selben Therapeuten angewandt. Beide Richtungen entstanden etwa zur selben Zeit und regen gleichermaßen die Selbstheilung an. Chiropraktiker nehmen allerdings immer Röntgenuntersuchungen vor (meist wird vor und nach der Behandlung ein Röntgenbild gemacht, um einen eventuellen Erfolg genau erkennen zu können) und konzentrieren sich hauptsächlich auf die Wirbelsäule.

Osteotherapeuten unterscheiden sich auch von Krankengymnasten, wenn sie auch teilweise die gleichen Methoden kennen. Qualifizierte Physiotherapeuten arbeiten mit Hitze, Kälte, Übungen, Massage, Anregung, Reizstrom und Licht, um Patienten nach Krankheiten und Verletzungen wieder aufzubauen. Sie arbeiten fast immer unter Anleitung eines Arztes, der die Verantwortung für den Patienten behält. Osteotherapeuten und Chiropraktiker dagegen behandeln ihre Patienten unabhängig. Man braucht keine Überweisung, sondern kann nach eigenem Gutdünken einen Osteotherapeuten aufsuchen.

Die Behandlung erfolgt hauptsächlich mit den Händen. Der Osteotherapeut kennt eine Reihe von Techniken, um Knochen und Gelenke wieder einzurenken und Verspannungen in den Muskeln zu lösen. Hierbei gibt es keine Normen. Viele Therapeuten entwickeln ihre eigenen Arbeitsmethoden, je nach Erfahrung und Körperkräften.

Wie sieht die Behandlung aus?

Wie bei den meisten Formen ganzheitlicher Medizin dauert die erste Behandlung etwa eine Stunde. Der Therapeut erfährt Ihre persönliche Krankengeschichte und untersucht Sie gründlich. Sie geben genaue Auskunft über Ihre Gewohnheiten, soweit sie mit Körperhaltung und Gesundheit zusammenhängen. Das beinhaltet unter anderem Fragen über Ihre Arbeit, sportliche Betätigung und körperliche Beschwerden, an denen Sie in der Vergangenheit gelitten haben.

Oft kommen Menschen mit Gelenkschmerzen vom langen Klavierspielen oder Musiker, die täglich stundenlang in einer anstrengenden Haltung verharren müssen, in die Sprechstunde.

„Wie der Mechaniker jedes einzelne Teil und jede Schraube an einer Maschine untersucht, damit sie gut funktioniert, müssen wir Ärzte als Ingenieure des menschlichen Körpers da nicht ebenfalls jeden einzelnen Knochen prüfen? Kann man sagen, daß auch nur ein winziges Knöchelchen in der Maschine des Lebens keine Bedeutung hat? Wir müssen verantwortlich handeln. Entweder vernünftig oder gar nicht."

Dr. Andrew Still

Andrew Taylor Still wurde 1828 in Kirksville, Missouri, geboren. Er begann zunächst einer Ausbildung zum Ingenieur, wechselte aber in die medizinische Profession und wurde im Bürgerkrieg Militärarzt. Als er hilflos zusehen mußte, wie seine drei Kinder an einer Epidemie starben, gab er den Glauben an die Schulmedizin auf und begann mit eigenen Experimenten. Der Durchbruch kam 1874, als er ein an Ruhr erkranktes Kind erfolgreich durch Spannungsreduktion in den zusammengezogenen Rückenmuskeln behandelte.

OSTEOTHERAPIE

Musiker beanspruchen beim Üben oft einzelne Knochen oder Gelenke besonders stark. Osteotherapeutische Behandlung kann hier sinnvoll sein.

Nach dem Gespräch kleiden Sie sich bis auf die Unterwäsche aus und werden untersucht. Der Therapeut achtet dabei genau auf Ihre Haltung sowie auf mögliche Gleichgewichtsstörungen, die beim Gehen oder Stehen erkannt werden können. Viele Menschen haben zum Beispiel die Angewohnheit, ihr ganzes Gewicht auf ein Bein zu verlagern, so daß sich die Muskeln dieses Beines mit der Zeit verkürzen können. Der Therapeut bittet Sie unter Umständen, sich in einer bestimmten Weise zu bewegen oder im Raum herumzugehen, während er Sie beobachtet.

Danach erfühlt er mit den Händen die Lage und den Zustand Ihrer Muskeln. Besonders wichtig bei jeder Untersuchung sind die Lage und der Zustand der Wirbelsäule. Jeder einzelne Wirbel wird in seiner Lage und Beweglichkeit überprüft.

Anschließend empfiehlt der Therapeut manchmal weitere Untersuchungen wie zum Beispiel Röntgen und Blut- oder Urintests, um die Diagnose zu vervollständigen.

Welche Krankheiten können behandelt werden?

Osteotherapie versteht sich als ganzheitliche Heilmethode, so daß die unterschiedlichsten Krankheiten und Beschwerden behandelt werden, auch wenn sie nicht direkt mit den Gelenken und der Wirbelsäule zu tun haben. Meistens kommen aber doch Menschen mit Rückenbeschwerden zum Osteotherapeuten und finden hier schnell Erleichterung. Andere Skelett- und Muskelverletzungen und -erkrankungen wie Zerrungen, ausgerenkte Gelenke, Arthritis, Nacken- und Schulstersteife, Tennisarm, Hexenschuß und Ischias werden hier ebenfalls behandelt.

Die osteotherapeutische Therorie besagt, daß ein gesunder Knochenbau auch auf die Funktion der Organe einwirken kann, so daß die Behandlung sonstige Krankheiten positiv beeinflußt. Manche Patienten stellen fest – nachdem ihr eigentliches Gelenkproblem erfolgreich behandelt ist –, daß die Therapie auch andere Beschwerden wie Migräne, Asthma, Verstopfung, Regelbeschwerden, Herzkrankheiten und Verdauungsstörungen lindert.

Osteotherapeuten behaupten nicht, alle Krankheiten in den Griff bekommen zu können. Die Wirbelsäule ist zwar nach Meinung der Osteotherapeuten das Fundament der Gesundheit, aber nicht jede Krankheit resultiert aus Problemen mit der Wirbelsäule. Deshalb überlassen Osteotherapeuten die Behandlung einiger Krankheiten, wie zum Beispiel Erbkrankheiten, Ernährungsstörungen, Krankheiten durch schädliche Umwelteinflüsse und psychische den dafür zuständigen anderen Experten.

Oft sind für ein Gelenkproblem nur ein oder zwei Behandlungen nötig. Bei chronischen Rückenschmerzen sind vielleicht regelmäßige Konsultationen angebracht. Osteotherapeuten empfehlen außerdem regelmäßige Checks, wenn Sie einen „Knochenjob" haben oder sehr viel Sport treiben. Auch, wenn Sie sich einfach aufmöbeln und eine insgesamt bessere Haltung erzielen möchten, sind Sie bei einem Osteotherapeuten an der richtigen Adresse. Je früher Sie seine Dienste

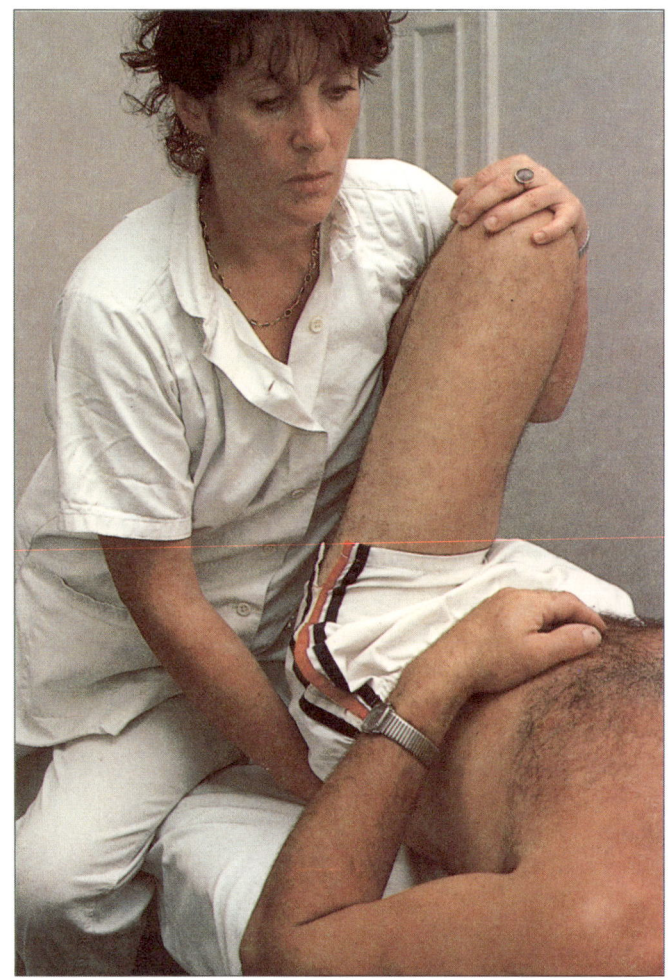

Zur Behandlung einer Rückenerkrankung prüft die Osteotherapeutin zunächst die Beweglichkeit der Hüfte.

OSTEOTHERAPIE

BEHANDLUNG IM HALS- UND NACKENBEREICH

Bei dieser Sonderform der Behandlung werden die Schädelknochen angeregt. Sie setzt sich immer weiter durch, da man mit ihr gute Erfolge erzielt.

Die Konzentration auf den Hals- und Nackenbereich und Einwirkung auf die Schädelknochen wurde von einem Studenten Dr. Stills, Dr. William Garner Sutherland, zu Beginn unseres Jahrhunderts entwickelt. Sutherland bemerkte, daß die Schädelknochen nicht vollkommen starr fixiert sind, sondern leicht bewegt werden können. Wenn die Bewegungen auch nur winzig sind, kann man doch lernen, Sie mit den Händen zu ertasten. Diese Spezialform der Therapie geht davon aus, daß man durch Richten solcher winziger Verschiebungen bereits bei der Geburt erfolgte oder von Verletzungen herrührende Schäden ausgleichen kann.

Die Behandlung unterscheidet sich erheblich von der normalen Osteotherapie. Der Therapeut hält nur den Kopf des Patienten in den Händen und soll aus der muskulären Kopf-Hals-Verbindung und der jeweiligen Schädelform Rückschlüsse auf den Gesundheitszustand oder sogar auf die inneren Organe ziehen können.

Er behandelt die unterschiedlichsten Krankheiten, ist aber doch eigentlich auf Kopfverletzungen spezialisiert. Häufig wird er zu Rate gezogen, wenn bei einer schwierigen Geburt das Kind mit Hilfe der Zange auf die Welt kam. Durch „Einrenken" eventuell verschobener Knochen des Schädels sollen viele Symptome ausgeglichen werden können. Am wirksamsten soll die Behandlung sein, wenn sie im Baby- oder Kindesalter angewendet wird.

Die Therapie wird bei vielen weiteren Krankheiten eingesetzt, besonders auch bei unklaren Krankheitsbildern mit vielen Symptomen, bei Beschwerden während der Menstruation und bei Verdauungsstörungen, die beispielsweise von der Galle herrühren.

Bei der Auswahl eines Therapeuten sollten Sie darauf achten, daß er die entsprechenden Qualifikationen vorweisen kann.

in Anspruch nehmen, desto gründlicher kann er ihre Muskeln und Gelenke in Ordnung bringen und dauerhafte Erfolge erzielen.

Wie findet man einen geeigneten Therapeuten?

Osteotherapeuten sind bei uns nicht unbedingt ein eigener Berufszweig, wie das im englischsprachigen Raum der Fall ist. Bei uns wird kaum zwischen Osteotherapie und Chiropraktik unterschieden (siehe Kapitel Chiropraktik). Die erste Behandlung dauert meistens länger und ist entsprechend teurer als die folgenden.

Manchmal bieten Kurse und Schulen für Osteotherapeuten besonders günstige Behandlungen an. Es gibt zwar allgemeine Richtlinien zur Handhabung bestimmter Krankheiten, dennoch entwickelt jeder Therapeut letztendlich seine eigenen Methoden. Manche Osteotherapeuten spezialisieren sich auf die Halswirbel (siehe vorherige Seite).

Wie schon mehrfach erwähnt, kombinieren viele Menschen in alternativen Heilberufen mehrere Techniken, um dem Patienten eine umfassende Behandlung anbieten zu können. Daher finden Sie gelegentlich Heilpraktiker oder Naturheilkundige, die sich mit Osteotherapie und Chiropraktik befassen, daneben auch ausgebildete Ärzte. Diese setzen sich meist auch eingehender mit den Ursachen der Krankheit auseinander und raten Ihnen beispielsweise zu einer Umstellung Ihrer Ernährungsgewohnheiten.

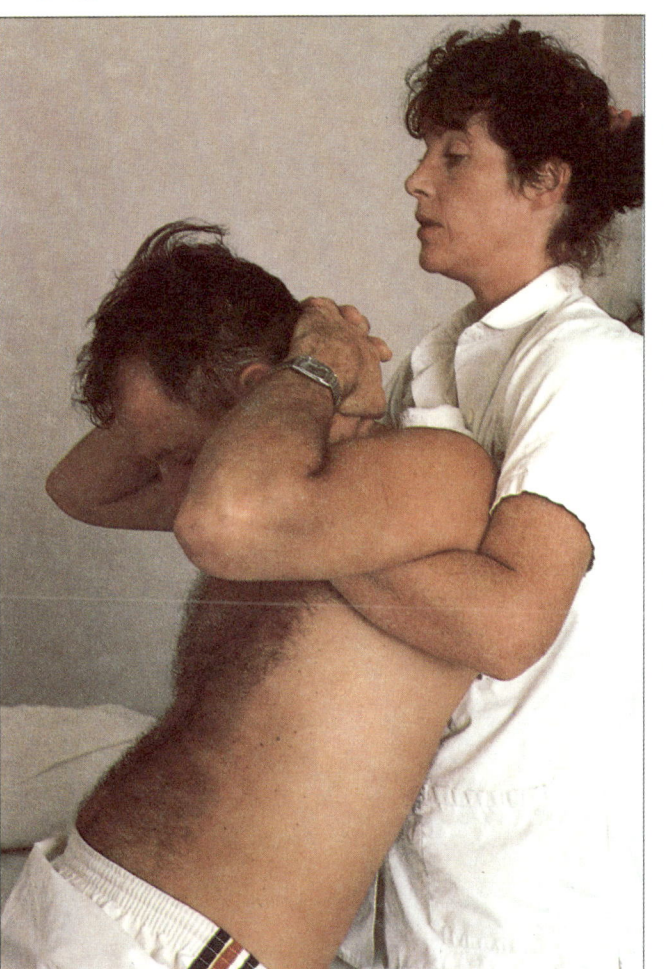

Diese Hebetechnik mobilisiert die obere Wirbelsäulenpartie bei Patienten mit Rückenschmerzen.

PFEFFERMINZE

Frische Brise

Pfefferminzöl ist wahrscheinlich das am stärksten duftende und bekannteste ätherische Öl überhaupt. Vermutlich wurde die Pflanze schon von den alten Ägyptern und Griechen für Sprays und Badezusätze verwendet. Die Römer brachten die Pfefferminze nach Mitteleuropa. Man schmückte Tische damit und würzte Saucen. In späteren Jahrhunderten fand sie aus den Klostergärten auch in die Bürger- und Bauernhäuser.

Die Pflanze *(Mentha piperita)* wächst überall in gemäßigtem Klima. Sie hat behaarte Blätter und Trauben von winzigen rosa Blüten. Man kann sie leicht an ihrem festen, bräunlichen Stiel er-

Wenn Ihnen das Wetter zu schaffen macht, Ihre Haut müde und schlaff ist, lassen Sie sich durch Pfefferminze neu beleben! Die erfrischende Kühle kommt immer gut an.

kennen. Sie wird etwa 80 cm hoch. Manchmal wächst sie wild in Wassernähe. Sie hat viele Verwandte (Verwechslungsgefahr!).

Ätherisches Öl

Besonders effektiv sind ihre Wirkstoffe als ätherisches Öl. Es wird aus den Blättern gewonnen und zahlreichen Kosmetika zugesetzt, beispielsweise Mundwasser, Parfüm, Seife und Zahnpasta.

Der Hauptbestandteil der Pfefferminze ist Menthol mit antiseptischer und anästhesierender Wirkung. Äußerlich wird die anästhesierende Wirkung des Menthols zur Stillung von Juckreiz und zu Einreibungen bei Neuralgien verwendet, während die antiseptische Wirkung in Erkältungsmitteln genutzt wird.

Pfefferminzöl ist besonders wirksam, wenn Sie einige Tropfen ins warme Bad geben. Nach einem harten Tag wirkt es wunderbar erfrischend und entspan-

PFEFFERMINZE

SCHÖNHEITSREZEPTE

HAARSPÜLUNG

4 Tl getrocknete Pfefferminze
gut 1 l Wasser
1 l Obstessig

Kochen Sie die Pfefferminze im Wasser. 10 Minuten im geschlossenen Topf köcheln lassen. Topf vom Herd nehmen und eine Stunde ziehen lassen. Sieben und den Essig zufügen. Die Mischung in Flaschen füllen und vor Verwendung zwei Tage stehen lassen. Nach der Haarwäsche 300 ml Wasser zu der Flüssigkeit geben und als Spülung verwenden. Diese Spülung entfernt Seifenpartikel aus dem Haar und macht es frisch und duftig. Bei regelmäßigem Gebrauch wirkt es gegen Schuppen.

KRÄUTERBAD

4 Tl getrocknete Pfefferminze
600 ml Wasser
600 ml Kräuteressig
2 Tl getrocknetes Basilikum

Mischen Sie Wasser und Essig in einem Topf und erhitzen Sie das Ganze bis kurz vor dem Kochen. Pfefferminze und Basilikum zugeben, Topf zudecken, 10 Minuten köcheln lassen und vom Herd nehmen. 8 Stunden ziehen lassen. Sieben, in Flaschen füllen und Etikett aufkleben. Pro Vollbad etwa 300 ml von der Flüssigkeit ins Wasser geben.

Sie sich nach einem anstrengenden Tag ein Fußbad mit Pfefferminze: Füllen Sie eine Schüssel mit heißem Wasser, geben Sie ein paar Tropfen Pfefferminzöl dazu. Dann lehnen Sie sich gemütlich zurück und genießen das Fußbad. Sofort spüren Sie die erfrischende Wirkung.

Inhalieren

Pfefferminze befreit sehr gut eine verstopfte Nase und ist daher in vielen Inhalationsmitteln zu finden. Ein paar Tropfen Öl, die man auf ein Taschentuch träufelt, wirken ebenso. Diese Form der Inhalation sollte allerdings nur von Erwachsenen und nur kurz angewendet werden. Da sich das Öl schnell verflüchtigt, läßt die Wirkung rasch nach.

Pfefferminze sollte nicht in der Nähe von Babys inhaliert werden; ebenso nicht von Personen, die an Asthma oder anderen Atembeschwerden leiden. Wenn die Luft in einem Raum abgestanden wirkt, sprühen Sie etwas Pfefferminze. Der Duft hält sich lange und frischt eine abgestandene oder rauchige Luft auf.

nend, teilweise auch schlaffördernd. Im Bad nehmen Sie gleichzeitig die angenehmen Düfte auf. Baden Sie deshalb bei geschlossenen Fenstern und Türen, damit die Düfte nicht entweichen.

Wegen der beruhigenden und kräftigenden Wirkung wird Pfefferminzöl auch gerne Massageölen zugesetzt und sanft in die Haut eingerieben. Es wirkt leicht adstringierend, regt also bei der Massage gleichzeitig die Durchblutung an und gibt ein gesundes, rosiges Aussehen.

Auch schmerzende, müde Füße sind dankbar für die Erfrischung. Verordnen

Auch die Kleider kann man mit Pfefferminze angenehm duften lassen, indem man getrocknete Blätter in ein Baumwollbeutelchen füllt, das man in den Kleiderschrank hängt.

Weitere Verwendungsmöglichkeiten

Pfefferminze wird den unterschiedlichsten Medikamenten zugesetzt, sei es gegen Kopfschmerzen, Quetschungen, Verstauchungen oder Hautprobleme wie Jucken oder Ermüdung. Wirksam ist sie auch bei Reisekrankheit, Zahnweh, Müdigkeit, Blähungen, Verdauungsstörungen, Übelkeit und leichten krampfartigen Beschwerden.

Sie kann anregend auf das Nervensystem wirken, Schmerzen lindern und Insekten vertreiben. Bei entzündeter oder sensibler Haut wird sie nur in sehr schwacher Konzentration angewendet, damit keine Unverträglichkeiten entstehen.

Pfefferminze erfrischt den Atem und ist daher in vielen Mundwässern zu finden. Wenn Sie gerade Knoblauch oder Zwiebeln gegessen oder Alkohol getrunken haben, zerkauen Sie ein paar Pfefferminzblättchen, um wieder einen frischen Atem zu bekommen, oder benutzen Sie eines der vielen käuflichen Mundwässer, um die Gerüche zu vertreiben. Auch Zahnpflegemitteln wird Pfefferminze zugefügt.

Pfefferminzblätter werden als Tee aufgebrüht. Sie erfrischen und beruhigen gleichzeitig. Der Aufguß kann heiß und kalt getrunken werden. Besonders wirksam ist der Tee nach einem opulenten Mahl. Er beruhigt den Magen und bringt die Verdauung in Ordnung.

ROLFING

Tiefenbehandlung

Rolfing ist eine kaum bekannte Behandlungsmethode für alle Gewebestrukturen. Es versucht, Körperpartien zu lockern, von denen wir oft nicht einmal wissen, daß wir sie haben. Eine bessere Haltung ist das Ziel.

Dieses spezielle Massagesystem wurde von Ida P. Rolf (1896-1979) entwickelt. Sie schuf damit eine Möglichkeit, den Körper tiefgehend zu beeinflussen, bestimmte Partien zu lockern und zu harmonisieren.

Der Patient wird dabei grundlegend umgekrempelt, indem Bänder und Bindegewebe, das alle größeren Muskelgruppen umgibt, gelöst werden. Denn dieses Gewebe ist oft verdickt und verkürzt – und zwar durch Verletzungen und schlechte Haltung.

Die Rolfing-Technik streckt den ganzen Körper und strebt ein Ideal an, bei dem die rechte und die linke Körperhälfte im Gleichgewicht sind. Das Becken soll sich in einer horizontalen Lage befinden, so daß das Gewicht des Rumpfes direkt auf dem Becken lastet, das von den Beinen unterstützt wird. Offenbar ist die Behandlung sehr erfolgreich.

Ida P. Rolf begann ihre Untersuchungen am menschlichen Körper auf der Grundlage von Biochemie und Physiologie. Sie entwickelte die nach ihr benannte Massage während ihrer Suche nach Lösungen für allgemeine Gesundheitsprobleme. Sie erkannte, daß die Struktur des Körpers seine Funktionen beeinflußt, und entwickelte in der Folge eine Technik, um strukturelle Defekte ausgleichen zu können.

Zunächst wollte sie nur Schmerzen lindern, doch bald erkannte sie, daß durch diese Therapie auch das seelische und das geistige Wohlbefinden beeinflußt werden konnten. Bei der Arbeit mit Menschen, die ihre Haltung verbessern wollten, entdeckte sie, daß wirkliche Verbesserungen nur erreicht werden, wenn das Körpergewebe mit einbezogen wird. Wenn man dagegen nur das Verhalten zu ändern versucht, kämpft die neuartige Muskelbewegung gegen den Widerstand des Bindegewebes an und macht eine dauerhafte Änderung unmöglich.

Wie wirkt die Therapie?

Während der etwa ein- bis anderthalbstündigen Sitzung bearbeitet der Therapeut sanft das Körpergewebe, besonders Bänder und Bindegewebe. Dieses Vorgehen unterstützt das Skelett, bringt die Knochen in die gewünschte Stellung, und zwar durch Zugbewegungen, und gibt dem Körper seine Form.

ROLFING

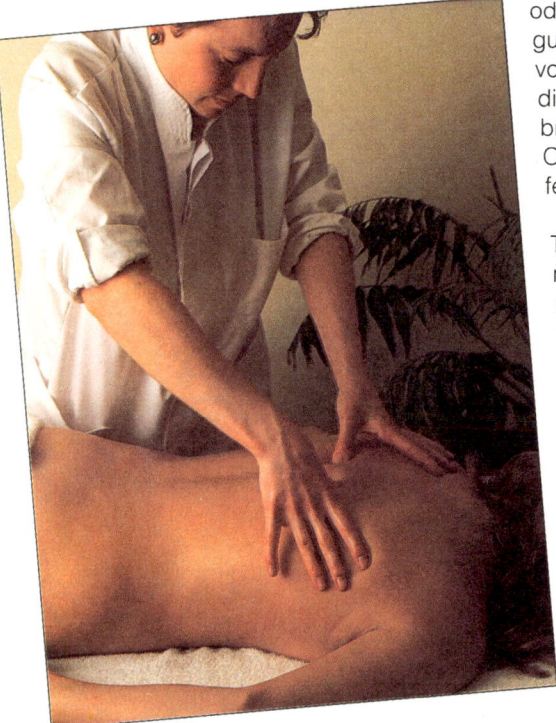

Die Therapeutin übt starken Druck aus, um auch die tiefliegenden Gewebepartien zu erreichen.

Dabei massiert der Therapeut den Körper ganz systematisch. Er beginnt an den Füßen und erkennt so nach und nach welche Gewebepartien verkürzt sind. Genau in diesen Verkürzungen sieht er die Ursache für viele tiefgehende Haltungsprobleme und -schäden. Da die Muskeln paarweise arbeiten, ist das Gegenstück eines geschädigten Muskels im Ausgleich dazu besonders kräftig. So entstehen Spannungen im Körper.

Das Ziel der Behandlung ist es, die verkürzten Gewebepartien zu lockern, so daß die Muskeln wieder in eine ausgeglichene Wechselbeziehung treten können. Dadurch können die angestauten Spannungen abgebaut werden.

Die Behandlung

Rolfer empfehlen zehn Behandlungen, die bei den meisten Schädigungen ausreichen. In der ersten Sitzung wird das Problem des Patienten eingegrenzt, er wird meist zum späteren Vergleich fotografiert.

Anschließend entkleidet der Patient sich und legt sich auf einen Tisch. Der Therapeut übt mit den Händen sanften Druck auf verschiedene Körperstellen aus, um die tiefsitzende Spannung zu lösen. Dabei muß der Patient entweder in die gerade behandelte Stelle blasen oder unterstützend bestimmte Bewegungen machen. Die Kombination von Druck und Gegendruck befreit die bearbeiteten Körperpartien und bringt das Gewebe in eine neue Ordnung, bis die Teile wieder perfekt zusammenpassen.

Rolfing ist eine Art Massage. Der Therapeut benutzt seine Hände, manchmal aber auch Ellbogen und Knie, um besonders fest drücken zu können. Die Behandlung kann als etwas schmerzhaft empfunden werden, ist aber insgesamt entspannend.

Die ersten sieben Sitzungen sollen die Spannungen in bestimmten Körperpartien wie Kreuz, Nacken, Knie und so weiter lösen. Die letzten drei Behandlungen bringen den gesamten Körper ins Gleichgewicht.

Wer die Folge einmal mitgemacht hat, fühlt sich meist energiegeladen, leichter und glücklicher mit seinem Körper. Die Bewegungen werden durch die gelockerten Verbindungsstellen freier.

Bleibende Wohltaten

Der Therapeut behandelt alle Menschen mit haltungsbedingten Problemen – und das sind sehr viele. Patienten mit Rückenschäden, die sich mit konventioneller Medizin nicht in den Griff bekommen lassen, sind beim Rolfer oft gut aufgehoben. Auch Tänzer und Sportler, die sich verkrampft fühlen, nehmen seine Dienste gern in Anspruch.

Bekannt wurde das Rolfing in den 60er Jahren durch Berichte, es sei eine sehr harte, schmerzhafte Behandlungsmethode. Mittlerweile arbeiten die Therapeuten sanfter und mehr im Einklang mit der emotionellen Seite ihrer Patienten.

Frau Rolf erkannte auch, in welcher Weise bestimmte Gefühle mit dem Körper verbunden sind. Ignorierte und aufgegebene Gefühle können mit Spannungen in der Brust zusammenhängen, starker Ärger kann den Rücken angreifen, während im Kiefer Traurigkeit angestaut wird, unterdrückte Sexualität in den Hüften, Verantwortung und schwere Lasten in den Schultern.

Es gibt nur wenige speziell ausgebildete Therapeuten für Rolfing. In Amerika besteht eine Ausbildungseinrichtung, das *Rolf Institute of Structural Integration*. Die Behandlungspreise variieren.

ÄHNLICHE THERAPIEN

Das Rolfing ist nicht sehr bekannt. Es hat manches mit ähnlichen Therapien gemeinsam:

Die **Alexander-Technik** (siehe eigenes Kapitel) geht ebenfalls davon aus, daß das Lösen verspannter Muskeln im ganzen Körper eine tiefgreifende persönliche Veränderung bringt. Während das Rolfing aber durch die körperlichen Änderungen zu veränderter geistiger Haltung anregen will, geht die Alexander-Technik zunächst gegen festgefahrene Verhaltensmuster vor, um auch die Körperhaltung zu verändern.

Auch die **Bioenergetik** ist eine Tiefenmassage mit Betonung der Bewegung. Sie geht ebenfalls davon aus, daß sich geistige Haltungen in der Körperhaltung niederschlagen. Allerdings betont diese Therapie noch mehr die emotionelle Befreiung.

Joseph **Heller,** ein erfahrener Rolfer, entwickelte das Rolfing weiter. Er hält den Dialog mit dem Patienten während der Behandlung für besonders wichtig, so daß er sich während der körperlichen Bearbeitung mit dem Patienten unterhält. Dabei erhält der Behandelte auch grundlegende Informationen zu Bewegungs- und Haltungsproblemen. Auch Joseph Hellers Methode gewinnt an Popularität, ist aber noch nicht sehr verbreitet.

GEGEN DEN SCHMERZ

Rolfing kann gelegentlich schmerzhaft sein. Frau Rolf empfahl aber, sich dadurch nicht von der Behandlung abhalten zu lassen, da der Schmerz überwunden werden kann. Um dies zu erreichen, müsse man sich auf den Schmerz einlassen und versuchen, ihn so stark wie möglich werden zu lassen, dann vergehe er von selbst.

ROSENWASSER

Sanfte Düfte

Haben Sie empfindliche Haut? Oder mögen Sie einfach gerne feine Düfte? Rosenwasser hat schon vor Jahrhunderten die Sinne betört und ist heute in vielen Kosmetikprodukten zu finden.

Rosenwasser ist eine leicht duftende, farblose Flüssigkeit und wird durch das Destillieren von Blütenblättern der Rose gewonnen. Wahrscheinlich stammt es aus dem alten Perserreich, wo die Herrscher die ihre Gärten umfließenden Bäche damit füllten.

Erst im 10. Jahrhundert gelangte die Destillierkunst auch zu uns. Schon bald produzierten besonders die Franzosen die beliebte Blütenessenz in großen Mengen.

Rosenwasser erhalten Sie heute in Apotheken, Drogerien und Naturkosmetik-Läden. Allerdings wird es oft synthetisch hergestellt. Wenn Sie sicher sein wollen, ein natürliches Wasser zu erwerben, schütteln Sie die Flasche. Dabei bildet sich Schaum. Wenn er sich länger als dreißig Sekunden hält, handelt es sich wahrscheinlich um synthetisches Rosenwasser.

Rosenwasser selbst herstellen

Sie können sogar Ihr eigenes Rosenwasser herstellen. Besorgen Sie sich 30 ml reines Rosenöl, das sie mit 4,5 l destilliertem Wasser vermischen und gut schütteln. Füllen Sie das Rosenwasser in Flaschen, die Sie an einer kühlen Stelle aufbewahren. Niemals dem direkten Sonnenlicht aussetzen!

Rosenwasser wurde schon vor über 2000 Jahren geschätzt und ist auch heute noch die Basis für Hautcremes, Lotions und Gesichtswässer. Beispielsweise wurde es auch in der ersten Hautcreme verwendet, die der griechische Arzt Galen 150 n. Chr. entwickelte. Außerdem enthielt die Creme Olivenöl, Wasser und Bienenwachs. Der Wasseranteil der Creme kühlte die Haut, so daß sie bald als „kalte" Creme bekannt wurde.

Wegen seiner wasserspeichernden Eigenschaften ist Rosenwasser meist einer der Hauptbestandteile für Feuchtigkeitscremes. Oft wird es auch zur

ROSENWASSER

SCHÖNHEITSREZEPTE

GESICHTSREINIGUNGSMITTEL

4 El Mandelöl
20 g Bienenwachs
3 El Rosenwasser

Schmelzen Sie Mandelöl und Bienenwachs in einer Schüssel über Wasserdampf und mischen Sie beides gut. Vom Topf nehmen, Rosenwasser tropfenweise unterrühren, bis die Mischung ganz kalt ist. In eine etikettierte Flasche füllen und kühl lagern. Verwenden Sie die Flüssigkeit zweimal täglich.

GESICHTSWASSER

17 El Rosenwasser
5 El reiner Alkohol
1 El Glyzerin
10 El Hamameliswasser

Alkohol und Glyzerin mischen, gut umrühren. Rosenwasser und Hamamelis zugeben. Rühren Sie alles gut zusammen, bis eine einheitliche Masse entstanden ist. Sie erhalten etwa einen halben Liter Gesichtswasser. Das milde Mittel eignet sich besonders für normale und trockene Haut.

LAVENDELWASSER

6 El Rosenwasser
1 Tl Lavendelöl
knapp 300 ml reiner Alkohol

Geben Sie Lavendelöl und Rosenwasser in den Alkohol. Schütteln Sie die Mischung gut durch und füllen Sie sie in eine Flasche. Lagern Sie das Ganze kühl und dunkel damit die Wirkung der Mischung nicht nachläßt.
Lassen Sie das Wasser mindestens einen Monat ziehen, bevor Sie es benutzen. Dabei jeden Tag schütteln. An warmen Sommertagen ist es besonders erfrischend auf der Haut.

ÄTHERISCHES ROSENÖL

Die Wirkstoffe des Rosenwassers stammen aus dem enthaltenen Rosenöl. Dieses Öl duftet sehr stark und kann für viele Zwecke verwendet werden.

Schon seit Jahrhunderten weiß man, wie wertvoll Rosenwasser ist. Entdeckt wurde es in Persien im frühen 16. Jahrhundert. Der Sage nach soll bei einer Hochzeit um den Garten ein Graben ausgehoben und mit Rosenwasser (aus Wasser und Rosenblättern hergestellt) gefüllt worden sein. Als die Frischverheirateten darauf ruderten, bemerkten Sie, daß durch die Sonnenhitze eine ölige Schicht auf der Wasseroberfläche entstanden war. Man schöpfte sie ab und stellte fest, daß sie stark duftete.
Rosenöl ist heute für die Herstellung von Kosmetika unentbehrlich. Es regt die Durchblutung an und beruhigt bei Streß, Kopfschmerzen und Verdauungsproblemen. Außerdem hat es adstringierende und antiseptische Wirkung.

Behandlung von rissiger Haut eingesetzt. Eine der beliebtesten Cremes für diesen Zweck besteht aus Rosenwasser und Glyzerin und ist sehr wirksam bei rauhen Händen.
Rosenwasser kann noch in vielen weiteren Bereichen sinnvoll eingesetzt werden. Es kann zum Beispiel als erfrischende Mundspülung oder als reinigende Haarspülung nach dem Haarewaschen verwendet werden. Auch müde und schmerzende Hände lassen sich in Rosenwasser waschen und erfrischen.
Daneben ist es in vielen Hautkosmetika zu finden, ebenso in sanften, feuchtigkeitsspendenden Seifen. Außerdem kennen wir es als Bestandteil von Duftwasser, Eau de Cologne, Gesichtsmasken, Shampoo und Badezusätzen.

Erfrischung

Rosenwasser wirkt belebend und erfrischend. Zusammen mit Lavendel- und Orangenwasser wurde es schon zu Großmutters Zeiten als Gesichtstonikum verwendet. Wahrscheinlich war es das erste Mittel, das zu diesem Zweck eingesetzt wurde.
Rosenwasser ist so mild, daß es pur oder mit Mineralwasser verwendet werden kann. Es eignet sich für alle Hauttypen. Am wirksamsten hat es sich aber auf trockener, empfindlicher Haut erwiesen, da es im Gegensatz zu anderen adstringierenden Mitteln keinen Alkohol enthält, der die Haut zusätzlich austrocknet. Mit Hamamelis kombiniert, ist es besonders wirksam bei normaler bis trockener Haut. Auch mit anderen Zusätzen läßt es sich vielseitig kosmetisch nutzen.
Am besten wird das Rosenwasser auf einen Wattebausch geträufelt und sanft in die Gesichtshaut einmassiert. Dabei lösen sich abgestorbene Hautzellen, die belebte Haut sieht frisch und gesund aus.

SALBEI

Bitter, aber gut!

Ziehen Ihre Zähne leicht? Haben Sie ein paar graue Haare? Salbei ist ein stark aromatisches, überall erhältliches Kraut mit vielen guten Eigenschaften.

Der Echte Salbei *(Salvia officinalis)* ist sehr vielseitig. Ursprünglich stammt er aus dem Mittelmeergebiet. Er schmeckt angenehm bitter, ist erfrischend und sehr aromatisch. Seit der Antike kennt man seinen medizinischen Nutzen.

Besonders die Chinesen liebten ihn: Im 17. Jahrhundert erhielt man für eine Kiste Salbeiblätter drei Kisten chinesischen Tee.

Die Römer schätzten den Salbei so sehr, daß sie ihn „sacra" (geheiligt) nannten. Sie waren davon überzeugt, daß er die Empfängnis fördere.

Salbei ist eine mehrjährige Staude mit gräulichen, ovalen Blättern. Die hübschen violetten Blüten erscheinen im Früh- bis Hochsommer. Samen und Pflanzen sind in Gartenzentren aber auch auf Märkten erhältlich. Sie können die Blätter frisch und getrocknet auch in Supermärkten und Kräuterläden kaufen.

Kosmetische Anwendungen

Neben dem medizinischen Nutzen wirkt Salbei adstringierend, ist aromatisch und sehr erfrischend. Unter anderem deshalb wird er gerne Kosmetika und Hautpflegeartikeln zugesetzt, ebenso Haarspülungen und Shampoos für braunes und graues Haar.

Bei ergrauendem Haar soll Salbei eine Dunkelung bewirken, so daß einzelne hellere Strähnen nicht so sehr auffallen und gleichzeitig gepflegt werden. Außerdem soll er den Blutkreislauf anregen, den Haarwuchs fördern und dem Haar allgemein ein gesundes Aussehen geben.

Salbei wird oft auch in Mundwasser und Gurgelmitteln verwendet, auch als Zahnreinigungsmittel ist er bekannt. Bevor die Zahnpasta erfunden war,

Salbei wird sowohl in der Küche als auch in der Naturmedizin häufig verwendet. Sie können ihn mühelos selbst ziehen.

SALBEI

rieben die Menschen ihre Zähne mit Salbeiblättern ab, um sie frei von Belägen zu halten. Das stärkte gleichzeitig das Mundgewebe. Auch heute noch wird Salbei manchmal Zahnpasta zugesetzt. Er hält die Zähne frei von Belägen, der Mund fühlt sich frisch und gesund an. Salbei wirkt antiseptisch und kann daher bei rauhem Hals und sonstigen Infektionen im Mundbereich gegurgelt werden.

Eine Wohltat für die Haut

Ätherisches Salbeiöl findet in Badezusätzen, Lotions, Seifen und Parfüms Verwendung. Salbei wirkt adstringierend und reinigt die Haut gründlich von abgestorbenen Zellen und sonstigen Partikeln.

Weiter hilft Salbei bei Erkältungen und Husten. Wenn Sie wetterfühlig sind, geben Sie einen Salbeizusatz in Ihr Badewasser und entspannen Sie sich darin. Es wirkt ausgezeichnet.

Da Salbei überall erhältlich ist, kann man damit einfach und billig selbst Kosmetika herstellen. Einen Aufguß erhalten Sie, indem Sie die Blätter mit kochendem Wasser überbrühen. In einer Schüssel aufgebrüht, ergibt das ein belebendes und hautreinigendes Gesichtsbad. Sie können den Aufguß in ihrem Schlafzimmer verdunsten lassen, um die Luft zu erfrischen.

Medizinische Anwendungen

Salbei ist bekannt als wohltuendes Mittel bei verschiedensten Beschwerden. Lange vor dem Aufkommen des schwarzen Tees tranken unsere Vorfahren Salbeitee zur Erfrischung.

Salbei hemmt sowohl die Schweißabsonderung als auch die Milchsekretion, wodurch das Abstillen erleichtert wird. Als gutes antiseptisches und adstringierendes Mittel eignet er sich zum Spülen und Gurgeln bei Entzündungen von Mund und Hals. Reines Salbeiöl hat baktericide Eigenschaften. Salbei kann mit Pfefferminze und Rosmarin kombiniert bei Kopfschmerzen angewendet werden.

Auch bei unregelmäßiger Menstruation und Beschwerden in den Wechseljahren soll er Linderung bringen. Über einen längeren Zeitraum und während der Schwangerschaft soll Salbei nicht innerlich angewendet werden!

In höheren Dosierungen ist er aufgrund des teilweise hohen Thujongehaltes giftig.

SCHÖNHEITSREZEPTE

ZAHNPULVER

2 El frische Salbeiblätter
2 El Meersalz

Zerstoßen Sie die Blätter zusammen mit dem Salz mit dem Mörser zu einem feinen Pulver. Stellen Sie dieses in den warmen Ofen und backen Sie es. Wenn es hart und „durch" ist, nehmen Sie es heraus und zerstoßen es wieder. Das Pulver sollte luftdicht aufbewahrt werden.

Verwenden Sie es zweimal täglich gegen Zahnbelag. Es macht die Zähne weiß und erfrischt den Atem.

SHAMPOO (für braunes Haar)

3 Tl getrockneten Salbei
1,7 l kochendes Wasser
6 El Olivenöl-Seife
2 Eier, Obstessig

Wasser kochen, Salbei zugeben. Den Topf zudecken und das Wasser etwa 20 Minuten leicht köcheln lassen. Flüssigkeit absehen, Blätter wegwerfen. Seife zu Flocken zerreiben und der Flüssigkeit zugeben. Gut rühren, bis die Seife vollständig aufgelöst ist. Topf vom Herd nehmen und abkühlen lassen. Wenn das Ganze erkaltet ist, die Eier nacheinander hineinschlagen. Weiterschlagen, bis eine einheitliche Mischung entstanden ist. In eine etikettierte Flasche füllen und 24 Stunden ruhen lassen. Vor dem Benutzen schütteln.

Nach dem Haarewaschen mit diesem Shampoo sollten Sie Ihr Haar jeweils mit einer Spülung aus acht Teilen weichem Wasser und einem Teil Obstessig spülen. Sonst wie üblich behandeln. Braunes Haar bekommt einen gesunden Glanz, das Shampoo betont die natürliche Farbe und dunkelt graue Strähnen leicht nach.

GURGELMITTEL

50 g frischer Salbei
500 ml kochendes Wasser

Salbei mit dem kochenden Wasser überbrühen und etwa eine Viertelstunde ziehen lassen. Blätter absehen, Flüssigkeit in eine Flasche füllen. Verwenden Sie das Gurgelmittel – je eine halbe Tasse – viermal am Tag. Es erfrischt und gibt reinen Atem.

SELBSTMASSAGE
Die Muskeln lockern

Der alltägliche Streß verursacht heute bei vielen Menschen Muskelverspannungen, Kopf- und Rückenschmerzen. Mit etwas Konsequenz können Sie sich hier selbst helfen.

Es gibt die verschiedensten Arten von Massage. Manche Techniken sind schon seit Jahrtausenden bekannt. Sie beeinflussen bestimmte Beschwerden, fördern aber auch das allgemeine Wohlbefinden.

Neben der Lockerung und Entspannung hilft die Massage auch, den Körper in Form zu halten, verbessert die Beweglichkeit der Gelenke und bringt ermüdete oder verletzte Muskelpartien wieder in Schwung. Gleichzeitig werden Kreislauf und Lymphsystem angeregt, so daß den Organen und dem Muskelgewebe reichlich Sauerstoff zugeführt und der Körper insgesamt von schädlichen Stoffen befreit wird.

Um zu wirken, muß die Massage allerdings regelmäßig – am besten als tägliche Routine – angewandt werden. Sinnvoll ist hier die Selbstmassage.

Sich selbst massieren

Im Vergleich mit anderen Massageformen ist die Selbstmassage wirklich sehr einfach. Im wörtlichsten Sinne ist sie jederzeit und überall „zur Hand".

Natürlich hat sie ihre Grenzen. Beispielsweise entspannen Sie sich nicht so vollständig, wie wenn jemand anderer Sie massiert, denn einige Ihrer Muskeln arbeiten ja ständig. Einige wichtige Körperteile wie etwa der Rücken sind schwer zu erreichen und können nicht ausreichend mit den richtigen Bewegungen und genügend Druck bearbeitet werden.

Dennoch wirkt die Selbstmassage lockernd bei Muskelverspannungen. Sie lernen durch die Anwendung auch viel über Massagetechniken. Sofort merken Sie den Effekt der einzelnen Bewegungen – was tut gut, was ist eher unangenehm? – für Ihr persönliches Wohlbefinden.

Die meisten Menschen „massieren" sich sowieso öfter unbewußt: Wenn ein Muskel schmerzt oder angespannt ist – beispielsweise im Nacken –, reiben wir ihn instinktiv. Doch nehmen Sie sich ruhig Zeit, die korrekten Massagebewegungen zu erlernen, wie sie auch in anerkannten Techniken – von Shiatsu bis zur Fußreflexzonenmassage (siehe entsprechende Kapitel) – vorkommen.

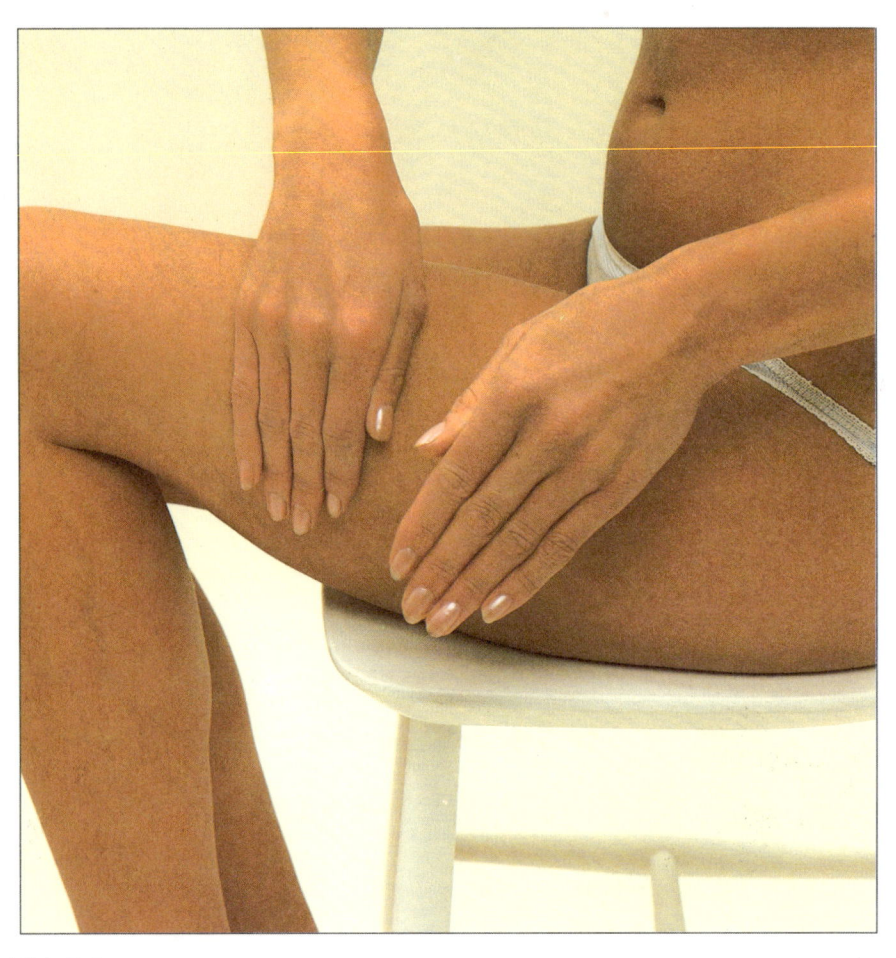

Tiefe Entspannung

Die beste Zeit für eine Massage ist direkt nach dem Duschen oder nach dem Baden. Die Haut fühlt sich warm und kribblig an, die Muskeln sind angenehm locker. Da man nach der Massage nicht direkt wieder in den Alltag starten sollte, ist die Zeit vor dem Zubettgehen besonder gut geeignet. Danach fühlen Sie sich so entspannt, daß Sie sicher wie ein Murmeltier schlafen!

Beginnen Sie nur mit der Massage, wenn Sie wirklich genügend Zeit dafür haben. Sie sollten sehr entspannt sein und das Ganze langsam angehen. Machen Sie keine Verrenkungen, um an unerreichbare Körperpartien zu gelangen!

Versuchen Sie im Gleichtakt mit Ihren Bewegungen tief zu atmen. Sie finden mit der Zeit einen natürlichen Rhythmus, der den Entspannungseffekt noch verstärkt und das Blut mit reichlich Sauerstoff versorgt.

Benutzen Sie ein leichtes Pflanzenöl, um die Haut geschmeidig zu machen. Es gibt zahlreiche Massageöl-Mischungen zu kaufen, doch auch einfaches Mandel- oder Avokadoöl oder ähnliches ist ideal.

Zusätzlich können Sie auch ein paar Tropfen ätherisches Öl – beispielsweise Eukalyptus- oder Mandarinenöl – verwenden. Stellen, an denen ein starker Druck ausgeübt werden soll, fetten Sie allerdings nicht ein, da die Hände sonst ständig abgleiten.

Einfache Techniken

Wenn Sie mit dem Massieren beginnen, sollten Sie die einzelnen Partien nicht länger als je zehn Minuten bearbeiten. Schütteln Sie die Hände zwischendurch immer wieder aus, damit sie nicht verspannen.

SELBSTMASSAGE

VERSPANNUNGEN LÖSEN

Ziehen in den Schultern und Streßkopfschmerzen rücken Sie mit diesen einfachen Übungen zuleibe:

1 Beginnen Sie über den Ohren: Führen Sie die Fingerkuppen in kleinen kreisenden Bewegungen über den ganzen Kopf, bis Sie das Schmerzzentrum (meist oben auf dem Schädel) erreicht haben.

2 Neigen Sie den Kopf nach vorne. Drücken Sie ihn mit den Fingern fest herunter. Drücken Sie mit beiden Daumen sanft an der Furche an der Basis des Schädels entlang, bis sich die Hände am Nacken treffen.

3 Drücken Sie die Nackenmuskeln zwischen Handfläche und Fingern wie auf dem Bild zusammen.

4 Drücken Sie mit der rechten Hand, die Sie über die linke Schulter führen, mitten auf das Schulterblatt. Zählen Sie bis drei, dann wiederholen Sie die Übung mit der anderen Seite.

5 Zwicken Sie den Muskel, der über Nacken und Schulter läuft, wie auf dem Bild – zuerst links, dann rechts.

Üben Sie jeden Griff, bis er Ihnen vertraut ist. Die Übungen, die Ihnen am angenehmsten sind, gehen bald automatisch. Hier finden Sie einige Anregungen:

Streichen: Damit wärmen Sie sich vor und nach jeder Massage auf. Sie arbeiten mit Armen, Fingern oder Unterarmen. Selbst mit den Fersen können Sie die unteren Beinbereiche bearbeiten. Folgen Sie dabei immer der Laufrichtung der Muskeln, und zwar zum Herzen hin, damit der Blut- und Lymphfluß angeregt wird.

Kneten: Hierbei drücken Sie das Gewebe zwischen Daumen und Fingern (oder – etwas sanfter – zwischen Handfläche und Fingern) und ziehen es dabei gleichzeitig vom Knochen weg. Dadurch wird die Blutzirkulation angeregt und der Muskel stimuliert. Drücken Sie nie zu fest!

Reiben (Friktion): Diese tiefgehende, kreisende Bewegung wird am besten mit Daumen und Handfläche oder den vier Fingern ausgeführt. Hierbei werden Sehnen und Bindegewebe gestreckt. Besonders angenehm ist es an Schultern, Fußsohlen und Gelenken.

Schlagen: Darunter fallen leichte Klapse mit der offenen Hand oder hackende Bewegungen mit der Handkante, auch leichtes Tippen mit den Fingerkuppen. Diese Übungen stimulieren besonders das Nervensystem und werden schnell und rhythmisch ausgeführt. Sie sind speziell für fleischige Stellen wie Schenkel und Po gedacht, nicht dagegen für Bauch und Unterleib! Schlagen Sie nie zu fest, damit Sie keine Blutgefäße verletzen.

Vibration: In Auf-ab- oder Hin-und-her-Bewegungen streifen Sie mit den Fingern oder der Handfläche schnell über die Haut, ohne den Kontakt aufzugeben. Das angenehme Gefühl wird besonders zum Dehnen des Gewebes an Narben, zum Lockern steifer Gelenke sowie zum Stimulieren der Nervenbahnen angewendet.

NICHT MASSIEREN

Es gibt Situationen, in denen Sie nicht massieren sollten:

- Direkt nach den Mahlzeiten (besonders keine Bauch-Massage)
- Bei Infektionen, Entzündungen und Gelenkentzündungen
- bei Rheuma, Arthritis, Thrombose, Ödemen und Bruch
- bei Herzbeschwerden
- bei noch nicht ausgeheilten Knochenbrüchen (nach Verheilung dagegen können Massagen sehr angenehm sein)
- an Hautstellen mit Muttermalen, Warzen, Krampfadern
- Schwangere sollten vor der Massage ihren Arzt konsultieren. Massagen an Füßen, Nacken und Kopf im Sitzen werden meist als sehr angenehm empfunden.

SHIATSU

Die Lebensgeister wecken

**Shiatsu ist eine Therapie, die den Körper entspannen und neu beleben soll.
Gleichzeitig hilft sie bei vielen alltäglichen Beschwerden.**

Auf der Grundlage der uralten chinesischen Techniken An-ma und Dō-in entwicklte sich Shiatsu zu Anfang unseres Jahrhunderts.

Shiatsu (auch als „Akupressur" bekannt) bedeutet wörtlich übersetzt „Fingerdruck". Dieser Fingerdruck wird auf bestimmte Punkte an Meridianen der Lebensenergie, den sogenannten „Tsubos", ausgeübt.

Diese Punkte stehen in einer funktionellen Beziehung zu bestimmten Organen. Durch den Druck, der auf die Tsubos ausgeübt wird, lösen sich Verspannungen auf, die zu Blockierungen geführt haben, so daß der erste Effekt der Behandlung in einer Verstärkung des Energieflusses liegt. Dabei wird der Behandelte gleichzeitig von der Erschöpfung befreit, die durch solche Blockierungen hervorgerufen wird, und es werden die Selbstheilungskräfte des Körpers angeregt.

Es besteht zwar die Möglichkeit, Shiatsu an sich selbst anzuwenden, aber eine weit größere Wirksamkeit entfaltet es in einer Geber-Empfänger-Beziehung.

Wie funktioniert Shiatsu?

Die zugrunde liegende Vorstellung ist ähnlich wie bei der Akupunktur und geht auf die alte chinesische Philosophie zurück. Diese besagt, daß eine universale Energie, das Ch'i (japanisch Ki) das ganze Universum durchströmt. In unserem Körper soll sie durch zwölf Hauptmeridiane fließen, die zu den fünf inneren Organen (in der chinesischen Medizin sind das Herz, Milz/Bauchspeicheldrüse, Lunge, Nieren und Leber) den sechs Verdauungsorganen (Dick- und Dünndarm, Blase, der „Dreifache Erwärmer" – nach chinesischer Theorie ein Hohlorgan im Magen, das Energie produziert –, Gallenblase, Magen) und dem peripheren Blutkreislauf gehören.

Jeder der Hauptmeridiane entwickelt ein Netz von Verzweigungen, die zum Teil die umliegenden Regionen des Körpers mit Energie versorgen und zum Teil bis zur Körperoberfläche vordringen.

Wenn aufgrund von seelischen Problemen, unausgeglichenem Lebensstil oder Krankheit dieser Energiefluß gestört ist, können wir körperliche Krankheiten und Schmerzen bekommen, aber auch Depressionen oder andere psychische Probleme.

„Angenehmer Schmerz"

Die Behandlung durch einen qualifizierten Therapeuten dauert meist etwa eine Stunde und sollte auf einer festen Unterlage in einem warmen, ruhigen Raum stattfinden.

Meist erfolgt die Behandlung in der Praxis des Therapeuten, manchmal werden die Patienten aber auch zu Hause besucht.

Bei der ersten Sitzung läßt sich der Therapeut ausführlich die Krankengeschichte seines Patienten erzählen. Er versucht durch Überprüfen zwölf besonderer Pulsstellen, die mit den Meridianen in Verbindung stehen, Problemstellen ausfindig zu machen. Eventuell ertastet er auch am Bauch die Beschaffenheit Ihrer Körperenergie und die „Balance" der inneren Organe.

Nach der Diagnose kann mit der Behandlung begonnen werden. Eine bestimmte Ordnung ist nicht vorgeschrieben, wird aber von manchen Therapeuten eingehalten. Teilweise liegt der Patient auf dem Bauch oder Rücken, teilweise sitzt er, so daß die Schulterpartie bearbeitet werden kann.

Der Druck wird mit den Fingern oder Daumen ausgeübt, gelegentlich auch mit Ellbogen, Knien und sogar Füßen. Oft fühlt der Patient dabei einen „angenehmen Schmerz", wenn der Energiefluß wieder frei strömen kann und der ursprüngliche Schmerz behoben wird. Bei sehr starken Schmerzen an bestimmten Stellen kann genau festgestellt werden, wo die Blockierungen sitzen. Nebenbei erhalten Sie bei der Behandlung auch Ratschläge über Diät, Übungen und Lebensstil.

Die Wirkung von Shiatsu

Shiatsu wirkt auf vielfache Weise angenehm. Meist werden damit eher all-

SHIATSU

DIE LAGE DER TSUBOS

Während Shiatsu bei uns meist von ausgebildeten Therapeuten durchgeführt wird, ist es in Japan eine Art Hausmittel, das man an sich selbst und anderen Familienmitgliedern anwendet.

Im folgenden finden Sie einige der Druckpunkte, die beim Shiatsu behandelt werden. Die richtige Stelle erkennen Sie am weichen Nachgeben, wenn Sie drücken.

Arme und Hände
- Starker Druck auf die Mitte der Handinnenfläche weckt die Energie.
- Pressen der fleischigen Stelle zwischen Daumen und Zeigefinger bringt allgemeines Wohlbefinden, erleichtert Zahn- und Kopfschmerzen, Verstopfung und Regelbeschwerden.
- Druck in der Ellbogen-Falte verbessert Kreislauf, Atmung und Verdauung und regt den Lymphfluß an, der den Körper von Abfallstoffen befreit.

Bauch
- Der Bauch ist besonders wichtig bei der Diagnose und Behandlung von allgemeinen Ungleichgewichten. Druck auf den Punkt direkt unterhalb des Nabels wirkt bei Magenbeschwerden.

Rücken, Nacken und Schultern
- Werden mehrere Druckpunkte oben auf den Schultern und an der Schädelbasis behandelt, können Streß und Anspannungen nachlassen sowie Kopfschmerzen und Erkältungssymptome gelindert werden.
- Druck auf die Stellen zwischen den Schulterblättern stimuliert den Kreislauf und lindert Symptome von Aufregung und Schlaflosigkeit.
- Druck mit dem Ellbogen tief in die Seiten neben der Wirbelsäule hilft bei Atmungs-, Kreislauf- und Verdauungsstörungen.
- Bearbeiten der Rückenmitte unterstützt die Verdauung.
- Der Kreuzbereich wird mit den Nieren in Verbindung gebracht.
- Die Punkte im Kreuz nahe an den hervorstehenden Seitenknochen sollen besonders bei Frauen beruhigend wirken und Regelbeschwerden lindern.

Beine und Füße
- Fester Druck seitlich am Po hilft bei Ischias und Kreuzbeschwerden.
- Druck hinten an der Achillesferse (rechts) ist gut gegen Kreuzschmerzen.
- Ein Punkt am Fußballen hilft bei Schwindelgefühl und Regelbeschwerden.
- Fester Druck auf die Fußsohlen stimuliert die Nieren. Er wird manchmal ausgeführt, indem der Patient auf dem Bauch liegt und der Therapeut auf die Füße des Patienten steigt.

Gesicht
- Druck an den Schläfen beruhigt.
- Druck unter den Augenbrauen macht wach.
- Der Druckpunkt mitten auf den Wangen hilft bei allen schmerzhaften Schwellungen.
- Druck auf die Kieferknochen wirkt auf das Verdauungssystem.
- Bearbeiten des Nasenbeins und des Punktes an den Nasenlöchern befreit die Nase.

tägliche Beschwerden als schwere chronische Krankheiten behandelt. Die Anwendungen sollen gleichzeitig beruhigen und anregen – besonders den Kreislauf, das Nerven- und Lymphsystem sowie die Hormonproduktion. Daneben werden Giftstoffe unschädlich gemacht und tiefsitzende Muskelverspannungen abgebaut. Man behandelt vor allem:
- Ischias
- Kopfschmerzen und Migräne
- Verdauungsbeschwerden wie Durchfall und Verstopfung
- Regelbeschwerden
- Rheuma und Arthritis
- Asthma, Bronchitis und sonstige Atembeschwerden
- Zahnschmerzen
- Rückenschmerzen
- Katarrh und Nebenhöhlenentzündung
- Schlaflosigkeit
- Ermüdungs- und Erschöpfungszustände.

Am Tag der Behandlung sollte man keinen Alkohol trinken, nicht zu reichhaltig essen und kein heißes Bad nehmen. Mindestens eine Stunde vor der Sitzung sollten Sie nichts mehr essen!

Tragen Sie bequeme, lockere Sportkleidung. Unterrichten Sie den Therapeuten von allen aktuellen Diagnosen und eingenommenen Medikamenten.

INFORMATIONEN

In Buchhandlungen und öffentlichen Büchereien finden Sie zahlreiche Bücher, die genauere Anleitungen zur Selbstbehandlung geben. Bevor Sie einige der genannten Druckstellen ausprobieren, sollten Sie sie mit Hilfe von Ratgebern genauer lokalisieren. In der weiterführenden Literatur finden Sie auch genauere Hinweise über Stärke und Dauer des ausgeübten Drucks.

T'AI CHI

Chinesisches Schattenboxen

Die alte chinesische Bewegungstechnik T'ai Chi mit ihren geschmeidigen, eleganten Bewegungsabläufen findet auch bei uns immer mehr Liebhaber. Was bewirkt sie?

T'ai Chi – genauer T'ai Chi Ch'uan – bedeutet wörtlich übersetzt etwas irreführend das „erhabene Letzte" oder „oberste Gesetz". T'ai Chi besteht aus einer Reihe von Bewegungen, die Körper und Geist vereinigen sollen. Es funktioniert aber nicht solange man versucht, sich selbst zu verbessern. Mit Gewalt erreicht man nichts, T'ai Chi wirkt durch Nicht-Bemühen, das heißt, um es zu erreichen muß man den Wunsch, es zu erreichen, aufgeben.

Die schön anzuschauenden, ritualisierten Bewegungen sollen Körper, Geist und Seele in harmonischen Einklang bringen.

In seiner Grundform ist T'ai Chi wahrscheinlich bei den frühen Taoisten entstanden. Die heute praktizierte Form hat sich jedoch erst später entwickelt. Nach einer chinesischen Legende hat der taoistische Mönch Chan San-feng im 13. Jahrhundert diese Bewegungen entwickelt, nachdem er eines Tages auf einem Feld einen Kranich mit einer Schlange kämpfen sah. Der Mönch erkannte wie wirkungsvoll gerade die weichen, nachgiebigen Bewegungen in diesem Kampf waren.

Er entwarf eine Folge von 13 Bewegungen, die bis ins 19. Jahrhundert ausgebaut wurde, so daß die Form entstand, die wir heute kennen. T'ai Chi wird mittlerweile von Millionen Menschen auf der ganzen Welt als Meditation, Gesundheitsübung und als Mittel der Selbstvereidigung praktiziert.

Wie funktioniert T'ai Chi?

Die Technik ist schwierig zu beschreiben. Stephen Annett formuliert es so: „Man kann nur eine wirkliche Vorstellung von T'ai Chi bekommen, wenn man jemandem dabei zuschaut. ... T'ai Chi ist sehr einfach, ohne Schnickschnack und Dekoration, ohne überflüssige Bewegungen. Man sucht dabei den Mittelpunkt der Balance. Der körperliche Mittelpunkt führt auch nach und nach zum geistigen. Es lehrt uns Selbstbeherrschung und zeigt uns, wie wir Energien im Körper aufbauen und bei der Bewegung gezielt wieder abgeben." Wir lernen eine vollkommene Ruhe und Gelassenheit kennen, die zwischen Körper und Geist hin und her fließt.

Alle ausgeführten Bewegungen sind kreisförmig und trainieren die Muskelkontrolle. Es gibt keine offensichtliche Anstrengung, keine heftigen Bewegungen und keine Erschöpfung. Es scheint kaum etwas zu passieren, aber durch die fließenden Bewegungen werden die Gelenke geöffnet, chronische Blockierungen aufgelöst, und dadurch kann die Ch'i-Energie wieder frei im Körper zirkulieren.

T'AI CHI

KRIECHENDE SCHLANGE

Alle Übungen fordern die Verlagerung des Gewichts von einem Fuß auf den anderen mit minimaler Anstrengung und großer Anmut. Wenn Sie das perfekte Gleichgewicht und die nötige Ruhe gefunden haben, stellt sich die Atmung auf die Bewegungen ein.

Die als Schlange oder Peitsche bekannte Übung besteht aus vier einfachen Positionen. Davor stehen einige Aufwärmübungen:
- Gerade stehen und den Kopf gerade halten. Stellen Sie sich die Wirbelsäule als Band vor, das sanft nach oben gezogen wird. Strecken Sie die Wirbelsäule sanft, ohne die Haltung des Kopfes zu verändern.
- Arme bis auf Schulterhöhe heben, sehr fließend von einer Seite zur anderen schwingen. Den Kopf jeweils mitnehmen. Locker am Ende jedes Schwunges die Arme gegen den Körper schlenkern lassen. Zehnmal auf jede Seite.

Die Bewegungen
Der gesamte Bewegungsablauf erfolgt während des Einatmens:
- Rechten Fuß leicht nach rechts außen drehen.
- Körper nach hinten lehnen und leicht ducken, während sich das Gewicht auf den rechten Fuß verlagert. Linker Fuß dreht sich leicht zum rechten hin.
- Linke Hand an die Brust bringen.
- Noch weiter auf dem rechten Fuß zurücklehnen, dabei die linke Hand ans linke Knie gleiten lassen.
- Dabei die linke Hacke nach links drehen.
- Rechte Hand in der Luft abknicken, um das Gleichgewicht zu halten.
- Gesamte Abfolge wiederholen, bis sie geschmeidig und ohne Unterbrechungen in einem Atemzug funktioniert.

PRAKTISCHE ÜBUNGEN

Anhänger der Esoterik haben Elemente aus fernöstlichen Praktiken wie T'ai Chi oder buddhistische Meditation übernommen und zu neuen Übungsfolgen kombiniert.

Eine dieser Übungen dient zur Beruhigung und soll neue Lebensperspektiven vermitteln:
- Suchen Sie sich einen ungestörten Platz im Freien.
- Wärmen Sie sich auf (siehe links).
- Fixieren Sie einen etwa zwanzig Schritt entfernten Punkt.
- Gehen Sie langsam mit leicht gespreizten Beinen (Schulterbreite) auf diesen Punkt zu.
- Machen Sie sehr kleine Schritte, halten Sie die Zehen leicht nach außen.
- Stellen Sie sich gleichzeitig vor, Sie stehen am anderen Ende des Gartens oder Parks und beobachten diese seltsame schlurfende Person.
- Stellen Sie sich dies so lebhaft wie möglich vor.
- Überlegen Sie dabei: „Wer ist das dort, und was macht er/sie?" Gehen Sie dabei aber gleichmäßig weiter.

Diese – zugegeben etwas seltsame Übung – soll eine tiefe innere Ruhe vermitteln.

Übungen
Es gibt zwei Folgen von Bewegungen. Eine dauert gut 20 Minuten und besteht aus über hundert Übungen. Die kürzere Version dagegen dauert nur zehn Minuten und umfaßt 37 Übungen. Das große Geheimnis ist die Geschmeidigkeit in der Ausführung.

Bedeutung für die Gesundheit
T'ai Chi eignet sich aufgrund seiner weichen Bewegungen auch für ältere Menschen. Es kräftigt ohne Anstrengungen durch den ständigen Wechsel von An- und Entspannung.

Durch das Öffnen der Gelenke – vor allem der Knie – kann T'ai Chi Rheumatismus und Arthritis lindern. Der untere Rücken wird gestärkt und die Wirbelsäule begradigt. Durch das weiche, langsame Beugen und Drehen werden die inneren Organe massiert, und das sanfte Anheben der Beine wirkt sich positiv auf die Verdauungsorgane aus.

Auch nervöse Beschwerden, wie zum Beispiel Magengeschwüre, können durch den allgemein beruhigenden Einfluß des T'ai Chi gebessert werden. Blut und Gehirn werden durch die vertiefte Atmung besser mit Sauerstoff versorgt, die Blutgefäße werden flexibler, wodurch das Herz leichter arbeitet.

Die regelmäßige Anwendung von T'ai Chi verbessert den Energiefluß im Körper und führt dadurch zu erhöhter Abwehrkraft gegen Krankheiten. Selbst chronische Störungen der Organe können positiv beeinflußt werden, wenn die Energie wieder frei fließt, nachdem die Blockierungen gelöst wurden.

ADRESSEN

Mittlerweile bieten zahlreiche Volkshochschulen, Gymnastikgruppen und Sportvereine T'ai-Chi-Kurse an.

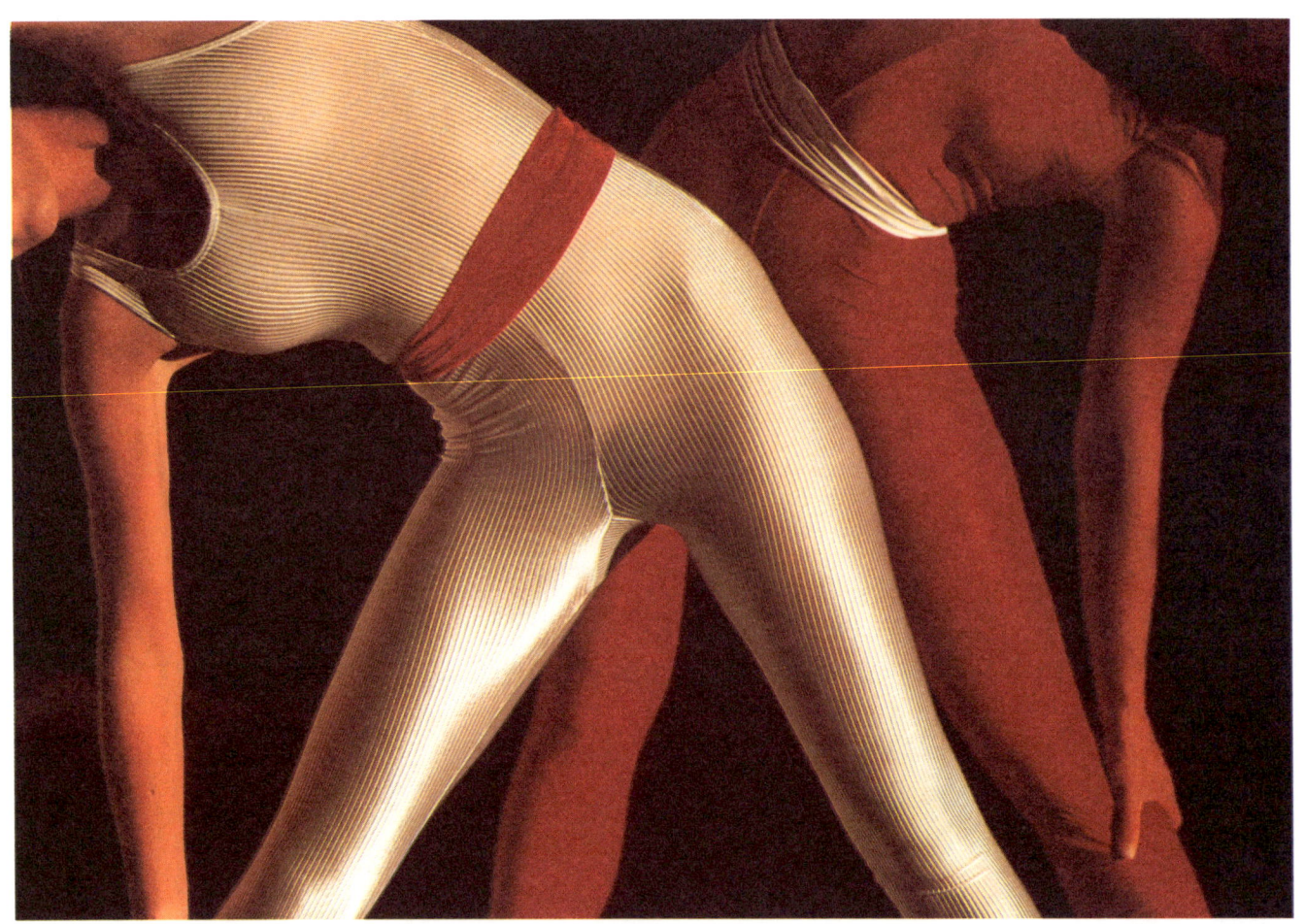

Tanztherapie

Tanzen ist eine der ältesten Selbstdarstellungsmöglichkeiten der Menschen. Man tanzte schon zu Urzeiten als Ausdruck der Freude, bei Geburts- und Hochzeitsfesten und sonstigen Anlässen. Die Grundelemente Bewegung, Gestik und Rhythmus – mit oder ohne Musikbegleitung – lassen uns Gefühle ausdrücken, die wir auf keine andere Art besser zeigen könnten.

Die westliche Erziehung schafft es meist nicht, ein Gefühl für die Einheit von Körper und Geist zu vermitteln. Sie ist eher kopflastig. Alternative Heilmethoden dagegen nutzen oft die Kräfte des Tanzes und der Bewegung. Yoga beispielsweise kennt auch einige Tanztechniken und fördert körperliche Anmut und Harmonie, vermittelt dem Körper Gleichgewicht und die Einheit von Körper und Denken.

Die unterschiedlichen Tanztherapien und Kurse bemühen sich darum, dieses Körpergefühl bewußt zu machen, Verspannungen, Streß und Aggressionen abzubauen und angenehme Gefühle

Tanzen ist die perfekte Therapie, wenn Sie einen Sinn für Grazie und harmonische Bewegung entwickeln wollen. Zusammen mit anderen macht es besonders viel Spaß

wie Harmonie und Lebensfreude zu vermitteln. Nebenbei macht uns die anstrengende Bewegung und das kontrollierte tiefe Atmen beim Tanzen körperlich fit.

Tanzelemente

Unter Tanzen versteht man die ununterbrochene Bewegung des Körpers nach festgesetzten Schrittfolgen und einem bestimmten Rhythmus. Die Grundelemente sind:
- Zentrieren (das Bewußtsein für den Körpermittelpunkt entwickeln, damit man bei der Bewegung nicht aus dem Gleichgewicht kommt), wie wir es auch bei Yoga erlernen.
- Schwerkraft
- Gleichgewicht
- Körperhaltung
- Gestik
- Rhythmus
- Bewegung im Raum (Orientierung bei schnellen Bewegungen)
- richtiges, gleichmäßiges Atmen (dadurch wird der Körper mit viel Sauerstoff versorgt, die Bewegungen werden flüssig und harmonisch)

Tanzen für Geist und Körper

Weil wir das Tanzen normalerweise mit Frohsinn und Ausgelassenheit verbinden, kann uns die Tanztherapie glücklich und locker machen.

Tanzen fördert eine einzigartige Form kreativer Selbstdarstellung, gleichzeitig fördert es die körperliche Fitneß. Wichtig sind seine rhythmischen Übungen. Diese verbessern die Herzfunktion, bringen den Kreislauf in Schwung und kräftigen sämtliche Muskeln unseres Körpers.

All das gibt uns ein Gefühl von Wohlbefinden und insgesamt mehr Ausdauer im Alltag. Außerdem verbessert Tanzen

TANZTHERAPIE

PLIÉ UND RELEVÉ

Versuchen Sie beim *Plié* während des Beugens einzuatmen und bei der Rückkehr in die Grundstellung auszuatmen. Dann atmen Sie wieder ein und strecken sich zum *Revelé*. Zählen Sie bei der Übung mit – jeweils bis drei oder bis vier.

Plié bedeutet „gefaltet", die Knie sind gebeugt. Es gibt mehrere Möglichkeiten. Anfangs lassen Sie die Fußflächen vollständig auf dem Boden stehen.

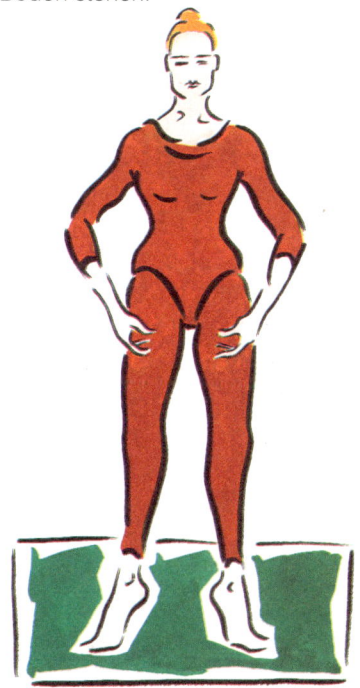

Relevé bedeutet „aufgerichtet". Sie stellen sich dabei auf die Zehenspitzen. Wenn Sie in der Grundposition sicher im Gleichgewicht stehen, ist diese Übung nicht schwierig.

WEM KANN DIE TANZTHERAPIE HELFEN?

Wenn Sie die meisten der folgenden Fragen mit ja beantworten, ist die Tanztherapie das richtige für Sie.

- Fühlen Sie sich oft leicht depressiv?
- Sind Sie ein schlechter Läufer, schmerzen die Schultern manchmal?
- Rempeln Sie manchmal versehentlich an etwas an oder stolpern?
- Schauen Sie sich nicht gern im Spiegel an?
- Sind Sie nach einem kleinen Sprint zum Bus außer Atem?
- Schlafen Sie schlecht ein und wachen Sie oft noch müde auf?
- Fühlen sich Ihre Gelenke – besonders in den Hüften – steif an?
- Werden Sie schnell müde, wenn Sie rasch gehen und gleichzeitig reden?

das Gleichgewicht und die Haltung. Menschen, die glücklich und ausgefüllt sind, haben meistens auch eine bessere Haltung, während andere, die mit Schwierigkeiten im Leben zu kämpfen haben, dies oft auch körperlich durch schlappe, gebückte Haltung ausdrücken. Die positiven Effekte einer Tanztherapie auf Geist und Gemüt sind wirklich tiefgreifend und nicht zu unterschätzen.

Die Tanztherapie hilft auch Verspannungen abzubauen sowie sich zu entspannen und fördert eine positive Lebenseinstellung. Besonders hilfreich ist sie bei Rückenproblemen, Kopfschmerzen, Migräne, Asthma, Heuschnupfen, Ekzemen, Schwindelgefühlen (die von Aufregung ausgelöst werden), Verstopfung und allen sonstigen unbestimmten Beschwerden, die nicht unbedingt schwerwiegende körperliche Ursache haben.

Interessanterweise wird die Tanztherapie auch zur Behandlung autistischer Kinder und geistig behinderter Menschen eingesetzt. Schon lange sind die Erfolge der körperlichen Bewegungen unter Ausschluß des Intellekts bekannt.

Wie es begann

Schon unsere frühesten Vorfahren erkannten die positive Wirkung des Tanzens auf ihr Gemüt. Sie glaubten, daß diese Wirkung durch Geister aus der unsichtbaren Welt hervorgerufen wurde, mit denen sie im Tanz Verbindung aufnahmen.

Man tanzte für neugeborene Kinder, um Kranke zu heilen, Tote zu betrauern, oder wenn man um gute Beute bei der Jagd, Regen oder Glück in der Schlacht bat.

GUT

+ Wärmen Sie sich langsam für die Übungen auf.
+ Massieren Sie ihre Füße.
+ Binden Sie langes Haar zurück.
+ Konzentrieren Sie sich auf den Rhythmus als Grundelement des Tanzes.
+ Merken Sie sich die Übungen gut, damit Sie sie zu Hause nachmachen können.
+ Bei Herz- und Lungenerkrankungen oder anderen chronischen Krankheiten sollten Sie vorher Ihren Arzt konsultieren.

SCHLECHT

− Tragen Sie keinen Schmuck (Verletzungsgefahr!).
− Üben Sie nicht während der Schwangerschaft oder bei starkem Übergewicht.
− Üben Sie auch nicht direkt nach dem Essen, oder wenn Sie sehr müde, krank oder erkältet sind.
− Hören Sie mit dem Üben auf, wenn Sie sehr müde oder außer Atem sind, wenn Sie irgendwo Schmerzen haben oder sich schwindlig fühlen.

INFORMATIONEN

- Auch zum Üben zu Hause stehen zahlreiche Bücher und Videos zur Verfügung, wenn Sie keinen Kurs besuchen wollen.
- Wenn Sie lieber in der Gruppe üben und die Therapie von Grund auf lernen wollen, bieten sich Kurse an. Fragen Sie bei Ihrer örtlichen Volkshochschule, Sportzentren, Fitneßstudios und ähnlichen Einrichtungen. Auch die Krankenkassen können manchmal weiterhelfen.

TANZTHERAPIE

Die positive Wirkung des Tanzes machten sich auch Heiler als Teil ihrer Behandlung zunutze. Schamanen früher Stämme behandelten sogar vorwiegend durch Tanz – und tun es teilweise heute noch.

Auch in Europa ist die heilende Wirkung des Tanzens seit langem bekannt. Rudolf Laban (1879-1959) propagierte in England beispielsweise den therapeutischen Wert des Tanzens zusammen mit einer Psychotherapie als Mittel zur Verbesserung der geistigen Gesundheit. In Amerika führte nach dem Zweiten Weltkrieg Marion Chace eine andere Form der Tanztherapie ein. Innerhalb nur eines Jahrzehnts hatte sich die Tanztherapie sowohl in Europa wie auch in Amerika mit Kursen in allen größeren Städten etabliert.

Formen der Tanztherapie

Die Formen sind von Kurs zu Kurs sehr unterschiedlich. Wenn Ihnen ein Kurs also nicht gefällt, probieren Sie einen anderen. Jeder Lehrer hat seine eigene Methode. Wichtig ist die Folge der Schritte und Bewegungen. Manche Lehrer orientieren sich am klassischen Ballett, manche am modernen Ballett, andere wiederum an den Standardtänzen, am Jazz oder Bauchtanz. Oft werden auch Elemente unterschiedlichster Herkunft verbunden.

Der Einstieg

Jede Stunde, wie weit Sie auch fortgeschritten sein mögen, sollte mit einigen Aufwärmübungen beginnen. Danach gibt es drei grundsätzliche Übungsmöglichkeiten: Bewegungen auf dem Boden, Zentrieren und Bewegung im Raum (einige Übungen auf der vorangegangenen Doppelseite).

Die einzelnen Übungen sollten aus einer logischen Aufeinanderfolge von Tanzbewegungen bestehen. Sinnvoll sind interessante und einfallsreiche Ideen für körperliche Bewegung, die eine angenehme Atmosphäre schaffen und das Streben nach körperlicher und geistiger Harmonie unterstützen.

Wählen Sie eine Hintergrundmusik, die Sie auch wirklich gern hören. Lust ist ein Teil der Therapie. Zählen Sie anfangs den Takt mit. Viele Übungen bestehen aus Achter-Folgen, manche auch aus Dreierschritten (EINS zwei drei, EINS zwei drei). Achten Sie auch auf die Geschwindigkeit. Zunächst sollte eine langsame oder mittelschnelle Melodie gespielt werden, erst bei einiger Übung eine schnelle.

BODENÜBUNGEN

Diese Übungen werden auf einer Bodenmatte in sitzender, kniender oder liegender Haltung ausgeführt. Sie dienen dazu, einzelne Muskelgruppen bei möglichst geringer Belastung isoliert zu trainieren. Zunächst erlernen Sie einfache Streck- und Dehn-Übungen, später kommen Strecken mit den Hacken in der Hand, Wirbelsäulenübungen und seitliche Fallübungen hinzu. Ein bekannter Lehrer erklärt: „Denken Sie daran, daß Sie zum Arbeiten, nicht zum Ausruhen auf dem Boden sind. Benutzen Sie ihn zum Daraufsitzen, aber auch zum Abdrücken. Sie sollten den Körper immer so halten, daß, Sie wenn Sie hochgehoben würden, eine einheitliche Figur ohne schlenkernde Beine bilden würden."

Strecken der Wirbelsäule
Tempo: mittelschnell

1 Setzen Sie sich mit geradem Rücken im Schneidersitz auf den Boden. Die Fußsohlen werden jetzt aneinandergelegt, die Hände ruhen auf den Fußgelenken. Atmen Sie tief ein.
2 Während Sie zweimal bis acht zählen und ausatmen, beugen Sie sich nach vorne, bis der Kopf so weit wie möglich an den Füßen liegt.
3 Strecken Sie sich langsam wieder. Zählen Sie zweimal bis acht und atmen Sie dabei ein. Wiederholen Sie die Übung mehrmals.

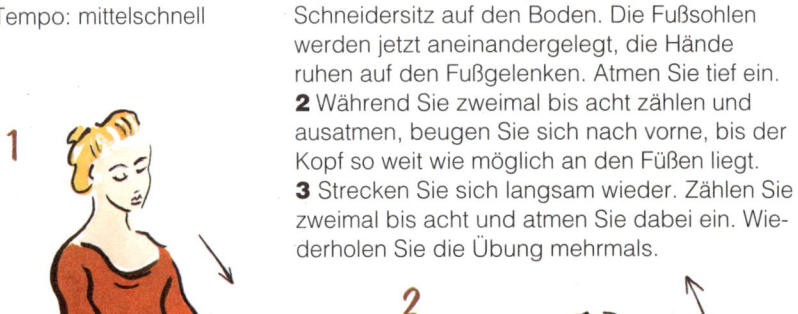

Beugen der Wirbelsäule
Tempo: langsamer Walzer

1 Setzen Sie sich im Schneidersitz mit ausgestreckten Armen und geradem Rücken hin. Die Hände sind gefaltet.
2 Zählen Sie bis drei, ziehen Sie die Po-Muskeln zusammen, schieben Sie das Becken vor und machen Sie mit dem Rücken einen Katzenbuckel. Die Wirbelsäule streckt sich dabei. Lassen Sie die Arme vorgestreckt. Der Kopf bleibt immer in gleicher Position.
3 Kommen Sie zur Ausgangsposition zurück. Zählen Sie wieder bis drei. Wiederholen Sie die Übung dreimal.

TANZTHERAPIE

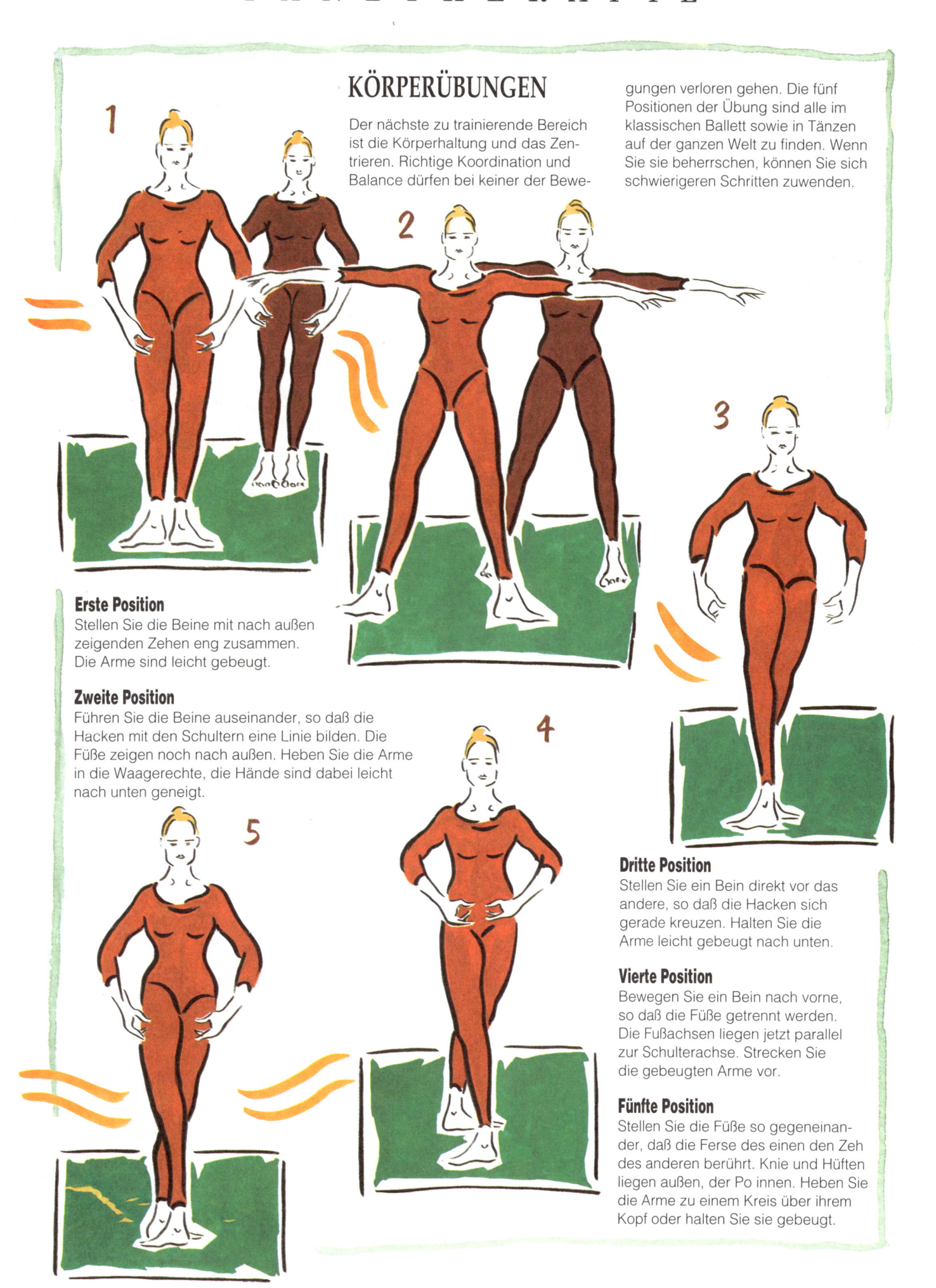

KÖRPERÜBUNGEN

Der nächste zu trainierende Bereich ist die Körperhaltung und das Zentrieren. Richtige Koordination und Balance dürfen bei keiner der Bewegungen verloren gehen. Die fünf Positionen der Übung sind alle im klassischen Ballett sowie in Tänzen auf der ganzen Welt zu finden. Wenn Sie sie beherrschen, können Sie sich schwierigeren Schritten zuwenden.

Erste Position
Stellen Sie die Beine mit nach außen zeigenden Zehen eng zusammen. Die Arme sind leicht gebeugt.

Zweite Position
Führen Sie die Beine auseinander, so daß die Hacken mit den Schultern eine Linie bilden. Die Füße zeigen noch nach außen. Heben Sie die Arme in die Waagerechte, die Hände sind dabei leicht nach unten geneigt.

Dritte Position
Stellen Sie ein Bein direkt vor das andere, so daß die Hacken sich gerade kreuzen. Halten Sie die Arme leicht gebeugt nach unten.

Vierte Position
Bewegen Sie ein Bein nach vorne, so daß die Füße getrennt werden. Die Fußachsen liegen jetzt parallel zur Schulterachse. Strecken Sie die gebeugten Arme vor.

Fünfte Position
Stellen Sie die Füße so gegeneinander, daß die Ferse des einen den Zeh des anderen berührt. Knie und Hüften liegen außen, der Po innen. Heben Sie die Arme zu einem Kreis über ihrem Kopf oder halten Sie sie gebeugt.

THALASSOTHERAPIE

Meereskraft

Die meisten Menschen lieben das Meer. Wußten Sie aber, daß es sogar Heilkräfte besitzt? Die Thalassotherapie benutzt Meerwasser und andere Meeresprodukte als Heilmittel.

Der Name ist vom griechischen Wort „Thalassa" (Meer) abgeleitet. Die Therapie nutzt die Kräfte des Meeres, um die Selbstheilungskräfte in unserem Körper zu wecken. Sie hängt eng mit der Wassergymnastik (siehe entsprechendes Kapitel) zusammen.

Warme und kalte Seewasser-Bäder waren in Ferienorten schon im letzten Jahrhundert beliebt. Die natürliche Heilkraft des Wassers kannte man schon vor Jahrtausenden. Ganz unbewußt nutzte man sie für Verjüngungskuren und zur Erholung.

Viele Menschen fühlen sich am Meer – durch das mit den aufschlagenden Wellen freigesetzte Ozon – gleich viel wohler.

In Europa wird die heilsame Kraft des Meeres in manchen Kurorten, die am Meer liegen, genauer untersucht. Manche Therapeuten sind davon überzeugt, daß das Meerwasser so erfolgreich eingesetzt werden kann, weil sein Mineraliengehalt dem unseres Blutplasmas weitgehend entspricht. Das Blutplasma ernährt und kräftigt die Zellen, so daß der Körper gesund bleibt.

Die Anwender glauben, daß auf Körpertemperatur erwärmtes Meerwasser seine Mineralstoffe direkt durch die Haut in unseren Blutkreislauf abgeben kann. Durch die reiche Versorgung damit fühlen wir uns dann ausgeglichen und gesund.

Doch Allgemeinmediziner und Hautärzte bezweifeln diese Theorie – was aber die Anhänger nicht von ihren Seebädern abhält.

Wie sieht eine Kur aus?

Die Behandlung in einem modernen Zentrum für Thalassotherapie findet meist in der angenehmen Atmosphäre einer Kurklinik statt. Schon die gesunde Seeluft und das Baden im Meer wirken sich positiv auf Konstitution und Gesundheit aus. In den ausgewiesenen Zentren werden täglich Schönheitsbehandlungen mit Meerwasser und Algen durchgeführt. Meist wird ein individueller Behandlungsplan zusammengestellt.

Die anstrengendste Behandlung umfaßt kräftige Duschen mit einem unter hohem Druck stehenden Wasserstrahl, der nur auf Hüften, Oberschenkel und Po gerichtet wird, um den Kreislauf anzuregen und Zellulitis zu behandeln. Das Wasser kann dabei heiß oder warm sein.

Das „bain bouillonnant" ist eine Art Unterwassermassage, bei der man in einem Becken sitzt, in dem das Wasser sprudelt. Dabei bearbeiten feine Düsen rundum den ganzen Körper, um Verspannungen abzubauen. Daneben gibt es auch Massagen in einer seichten Badewanne mit warmem Meerwasser. Gleichzeitig wird oft Wassergymnastik angeboten, um den Körper in Form zu bringen.

Sehr angenehm sind auch Ganzkörperpackungen in einer warmen Algenpaste. Dabei wird man in Plastikplanen gewickelt. Diese Anwendung ist herrlich entspannend, und sowohl für die Haut als auch die Durchblutung gut. Andere

THALASSOTHERAPIE

ANWENDUNGEN ZU HAUSE

Sie brauchen nicht gleich ein Vermögen auszugeben. Manche Anwendungen können Sie auch zu Hause durchführen.

Kaufen Sie Algenprodukte und Meersalz, die Sie im häuslichen Badezimmer anwenden können. Viele Kosmetikhersteller bieten Rubbelcreme, Gel, Seifen, Vollbäder und Schlammpackungen auf der Grundlage von Meeresprodukten an.
- Nehmen Sie zur Entspannung ein Bad in warmem Wasser mit Meersalz. Anschließend duschen Sie das Salz ab – am besten abwechselnd heiß und kalt, um den Kreislauf anzuregen.
- Wenn Sie es etwas luxuriöser möchten, verwenden Sie ein Rubbelmittel. Dazu wird die Haut eingefeuchtet, die Paste aufgetragen und in sanften kreisenden Bewegungen einmassiert – besonders an Problemstellen. Danach gönnen Sie sich ein entspannendes Bad.
- Produkte aus dem Toten Meer wirken ausgezeichnet belebend und erfrischend. Da es sich nicht jeder leisten kann, ans Tote Meer zu fahren (was angeblich schon Kleopatra tat), kann man auch Präparate kaufen, die man zu Hause verwenden kann. Sie können zum Beispiel ein zwanzigminütiges Bad in gelöstem Schlamm nehmen. Anschließend spülen Sie diesen in einem Mineralbad, ebenfalls vom Toten Meer, wieder ab.
- Auch dem Haar tun die Wirkstoffe des Meeres gut. Beispielsweise werden Massagecremes für die Kopfhaut auf der Basis von Meersalz angeboten.
- Sogar innerlich lassen sich manche Produkte anwenden. Algen gibt es gereinigt und fertig vorbereitet zu kaufen. Sammeln Sie nie an verschmutzten Stränden selbst Algen zum Essen!
- Wenn Sie am Meer sind, waten Sie möglichst bis zum Oberschenkel im Meerwasser. Das regt die Blutzirkulation in Hüften und Oberschenkeln an.

Beachten Sie bitte, daß heutzutage viele Strände verschmutzt sind. Auch den Empfehlungen mancher Seebäder, Meerwasser zu trinken, sollten Sie aus diesem Grund nicht folgen. Fragen Sie möglichst vor dem Baden Einheimische, an welchen Stellen Strand und Wasser am saubersten sind.

Zentren wiederum besitzen seichte Becken mit Meerwasser, in denen man sich einfach treiben lassen kann.

Wem hilft die Therapie?

Eine Behandlung mit Meerwasser lindert vor allem Beschwerden wie Arthritis, Rheuma, Hexenschuß, Ischias, Kreislaufstörungen und Hauterkrankungen wie beispielsweise Ekzeme. In Frankreich findet man die Zentren der Thalassotherapie. Sie liegen an der bretonischen Küste. Hier leiten qualifizierte Ärzte die Patienten an.

Geeignete Kurorte

Die Therapie ist relativ kostspielig, da man zunächst ans Meer reisen muß, um in ihren Genuß zu kommen. Wenn Sie sich aber zu einer derartigen Therapie entschlossen haben, ist Thalgo la Baule an der bretonischen Küste sehr zu empfehlen.

Etwas günstiger, aber immer noch teuer genug sind die italienischen Badeorte Abano und Montegrotto, die statt der Algen eine Behandlung mit Thermalquellen und Fangopackungen anbieten.

Aber auch abseits vom Meer bieten viele Hallenbäder und ähnliche Einrichtungen Packungen und Bäder mit speziell aufbereiteten Meeresprodukten an.

Erfrischend und belebend wirkt auch ein Kurzaufenthalt am Meer mit Schwimmen, frischer Seeluft und viel Ruhe oder eine Behandlung zu Hause.

Das Tote Meer in Israel ist ein beliebtes Zentrum für die Thalassotherapie. Der Schlamm des Toten Meeres soll besonders gut für die Haut und die allgemeine Gesundheit sein.

„Es ist ein herrlicher Anblick, an einem schönen Sommertag die Menschen zu beobachten, wie sie die heilenden Kräfte des Meeres genießen und die ozonreiche Luft einatmen ... Wir werden gesünder, wenn wir im Meer schwimmen, wir profitieren von den darin enthaltenen Mineralien, wir fühlen uns durch und durch gereinigt."

Sam Miller

TRENNKOST

Gleichgewicht der Nährstoffe

Vor über hundert Jahren entwickelte ein amerikanischer Arzt eine Ernährungstheorie, die Gesundheit und Wohlbefinden versprach. Inwieweit traf dieser Anspruch zu? Sind seine Erkenntnisse auch heute noch zu gebrauchen?

Der 1866 in Pennsylvania geborene Arzt Dr. William Hay erkannte als einer der ersten den Zusammenhang zwischen Ernährung und Gesundheit. Als er selbst ernsthaft erkrankte und eine Heilung aussichtslos schien, untersuchte Dr. Hay die chemische Zusammensetzung des menschlichen Körpers und stellte fest, daß er zu achzig Prozent aus basischen und zu zwanzig Prozent aus sauren Elementen besteht.

Darauf aufbauend stellte er seine Ernährung um. Er reduzierte den Verzehr von Eiweiß und Kohlenhydraten. Außerdem trennte Dr. Hay innerhalb einer Mahlzeit die Lebensmittel mit hohem Kohlenhydratgehalt von den eiweißreichen Lebensmitteln. Die Zufuhr von Obst, Gemüse und Salat erhöhte er und nahm diese zur Hälfte in roher Form zu sich. Mit dieser Ernährungsumstellung bekam er seine Krankheit in Griff.

Wie sieht die Trennkost in der Praxis aus?

Viele Nahrungsmittel lassen sich problemlos in die Eiweiß- und Kohlenhydratgruppe einordnen. Nach Dr. Hay gibt es aber auch Lebensmittel, die sich beim Stoffwechsel neutral verhalten bzw. den Abbau von eiweiß- und kohlenhydratreichen Lebensmitteln nicht beeinflussen. Diese dürfen mit den eiweiß- und kohlenhydratreichen Nahrungsmitteln kombiniert werden.

Durch den getrennten Verzehr von konzentrierten Kohlenhydraten und konzentriertem Eiweiß wird eine bessere Verdauung der Nährstoffe erreicht. Die Verdauungsorgane werden weniger belastet, man fühlt sich leistungsfähiger.

Sechs kleine Mahlzeiten sind besser als drei große

Nach der Lehre von Dr. Hay soll nicht gehungert werden, das heißt, der Körper soll den ganzen Tag „arbeiten", also mit Energie versorgt werden. Alle drei Stunden (zum Beispiel von 7 bis 22 Uhr) sollte der Körper etwas zu tun bekommen. Wer allerdings aus beruflichen Gründen nur drei Mahlzeiten zu sich nehmen kann, sollte auch dabei bleiben: Frühstück, Mittag- und Abendessen. Dabei sollten Sie abends am besten statt zwei Scheiben „normalem" Brot nur eine belegte Scheibe Vollkornbrot essen. Sollten Sie zwischendurch Hunger haben, dürfen Sie – mit drei Stunden Abstand zu anderen Mahlzeiten – frisches, rohes Gemüse essen.

Portionsgrößen

Essen Sie mäßig! Die benötigten Mengen sind zwar relativ – je nach Körpergewicht, persönlicher Konstitution und körperlicher

TRENNKOST

WAS KANN MAN ESSEN?

Die Theorie Dr. Hays besagt, daß wir im Idealfall 80 % alkalisch wirkende und 20 % „saure" Lebensmittel aufnehmen sollten.

Beginnen Sie den Tag mit Obst, um eine alkalische Basis zu schaffen. Essen Sie die Früchte pur oder als Teil einer Eiweißmahlzeit. „Süßes" Obst können Sie auch mit stärkehaltigen Nahrungsmitteln kombinieren. Manche Nahrungsmittel sind neutral und können sowohl mit Eiweiß wie auch mit Stärke verbunden werden.

Eiweißgruppe	Neutrale Gruppe	Kohlenhydratgrppe
Eiweiß Fleisch, Geflügel, Wild, Muscheln, Eier, Käse, Milch, Joghurt *Obst* Äpfel (außer mürbe, süße Äpfel; Kohlenhydratgruppe), Aprikosen, Schwarze und Rote Johannisbeeren, Kirschen, Stachelbeeren (reif), Grapefruit, Trauben, Guave, Kiwi, Zitrone, Limone, Litschi, Mango, Melone (am besten allein essen), Nektarinen, Orangen, Passionsfrüchte, Birnen, Ananas, Brombeeren, Erdbeeren, Clementinen. (Pflaumen und Rhabarber werden nicht empfohlen, da sie sehr viel Säure enthalten.) *Salatsauce* Öl, Zitronensaft, Weinessig, hausgemachte Mayonnaise *Soja und Hülsenfrüchte* Bohnenkerne, Erbsen, Linsen, Kichererbsen, Sojabohnen, Tofu *Alkohol* trockener Rot- und Weißwein, trockener Apfelwein	*Nüsse* alle außer Erdnüssen *Fett* (sparsam gebrauchen) Butter, Sahne, Eigelb, Olivenöl, Sonnenblumenöl, Sesamöl (alle kalt gepreßt) *Gemüse* alle außer Erdartischocken, Kürbis und Kartoffeln *Salate* alle Blattsalate, Kräuter, Samen und Sprossen, Avocado, Chicoree, Gurke, Fenchel, Knoblauch, Paprikaschoten, Rettich, Frühlingszwiebeln, Tomaten (roh) *Pilze* Austernpilze, Butterpilze, Champignons, Pfifferlinge, Steinpilze, Maronen, Trüffel *Alkohol* Klare, hochprozentige Spirituosen	*Getreide* Gerste, Weizen, Roggen, Hafer, Grünkern, Dinkel, Hirse, Mais, Naturreis, Buchweizen *Süße Früchte* Bananen, Trockenobst (außer Korinthen und Rosinen; neutrale Gruppe), frische Datteln und Feigen *Gemüse* Erdartischocken, Kartoffeln, Kürbis, Süßkartoffeln *Vollkornerzeugnisse* Vollkornbrot, -brötchen, -kuchen, -nudeln ohne Ei, Vollkorngrieß *Süßungsmittel* Honig, Ahornsirup, Birnen- und Apfeldicksaft *Alkohol* Bier

ZU VERMEIDEN

Nicht essen sollten Sie alle raffinierten Kohlenhydrate (weißen Zucker, weißes Mehl, weißen Reis und Produkte daraus), kohlensäurehaltige Getränke, Müsli mit Zucker, alle Zusatzstoffe, Konserven, Hühner und Eier aus Massentierhaltung, Rhabarber und Pflaumen, Instant-Kaffee, Gebratenes, künstliche Süßstoffe.

Belastung –, doch hier finden Sie einige allgemeine Richtlinien:
- Salat: Suppentellergröße
- Fisch: 150 g
- Fleisch: 100 g
- Kartoffeln: 100 g
- Nudeln: 50 g (Rohgewicht)
- Reis: 50 g (Rohgewicht)
- Getreide: 50 g (Rohgewicht)
- Gemüse: 250 bis 350 g.

Vollwertige Ernährung

Eine hundertprozentige Trennung von Eiweiß und Kohlenhydraten ist nicht möglich und wird auch von den Vertretern dieser Kostform nicht angestrebt. Richtige und harmonische Zusammenstellung der Nahrungsmittel und die sich daraus ergebende gute Verdauung stehen bei dieser Lebensweise im Vordergrund.

Daneben ist Trennkost auch eine vollwertige Ernährung, bei der Lebensmittel bevorzugt werden, die naturbelassen sind, und die roh gegessen oder sehr schonend zubereitet werden.

Der größte Teil der Nahrung sollte aus pflanzlichen Lebensmitteln – Salaten, Gemüse, Kartoffeln, Obst, Vollkornprodukten, Naturreis und kaltgepreßten Ölen bestehen. Mit einer Kost, die Milchprodukte enthält, wobei Fleisch und Fisch nur Beilage sind, wird der Körper ausreichend mit lebenswichtigen Vitaminen und Mineralstoffen, Enzymen und Ballaststoffen versorgt. Sie liefern dem Körper alles, was er zum Leben braucht und selbst nicht herstellen kann.

URSCHREITHERAPIE
Hilferuf aus dem Inneren

Oft wird angenommen, daß frühe traumatische Erlebnisse und die Unterdrückung negativer Emotionen Krankheiten und Probleme hervorrufen können. Diese sollen durch die Urschreitherapie ans Tageslicht gebracht und geheilt werden. Wie sieht die Therapie aus, und wem hilft sie?

Niemand lebt ein seelisch völlig schmerzfreies Leben. Jeder leidet in irgendeiner Form irgendwann an einem Verlust, an Ablehnung oder mangelnder Zuwendung, und nur die wenigsten können wirklich mit solchen Erfahrungen fertig werden. Sehr oft wird der Schmerz ins Unterbewußtsein abgedrängt, dort nistet er sich ein und macht den Betroffenen manchmal krank.

In den 70er Jahren entwickelte der amerikanische Psychologe Dr. Arthur Janov seine Urschreitherapie. Er hatte bei einem Patienten seltsame Erfahrungen gemacht: „Ich hörte etwas, das meine ganze berufliche Entwicklung und das Leben meiner Patienten ändern sollte. Was ich während einer Behandlung hörte, war ein sonderbarer Schrei, der aus den innersten Tiefen eines jungen Mannes kam, der in meiner Praxis auf dem Boden lag. So was ähnliches kann man sich nur von jemandem vorstellen, der gleich ermordet werden soll."

Janov entdeckte, daß dieser Schrei das „Produkt einer unbewußten, universalen, unberührbaren Wunde" war und daß die meisten von uns solche Wunden mit sich herumtragen, die nie geheilt werden. Er untersuchte die Ursachen der inneren Starre in den Tiefen des Unbewußten.

Früher Schmerz

Seit Janovs ersten Erkenntnissen haben sich Tausende von Patienten durch die Urschreitherapie von solchen durch mangelnde Zuwendung, Mißbrauch oder Liebesentzug entstandenen Urängsten befreit. Es wurde auch festgestellt, daß fast alle Menschen an solchen im Inneren eingeschlossenen Ängsten leiden.

Bei der Erforschung des Phänomens bemerkte Janov auch – Jahre, bevor es wirklich bewiesen wurde –, daß unterdrückte Gefühle wie Ärger, unerfüllte Liebe und Verzweiflung Krankheiten hervorrufen können. Heute weiß man, daß beispielsweise unterdrückte Trauer das Immunsystem zerstören und sogar zu Krebs führen kann.

Es ist nicht nur das Gefühl selbst, das körperliche und geistige Krankheiten auslöst. In unserer Gesellschaft werden Gefühlsausbrüche jeder Art als unpassende Belästigung, als „unzivilisiert" verdrängt.

Vergleichen Sie nur einmal ein durchschnittliches ruhiges Begräbnis in unseren Breiten mit den herausgeschrienen Klagen in einer arabischen Gesellschaft. Sobald jemand bei uns von seiner Trauer überwältigt wird, wird er dezent weggeführt – nicht, um sein

URSCHREITHERAPIE

EIN KLOSS IM HALS?

Dr. Janov glaubt, daß fast alle Krankheiten eine Art Hilferuf des Körpers sind.

Heute bestätigen die meisten Ärzte, daß der Geist den Körper und seine Widerstandskraft beeinflussen kann. Vertreter der Urschreitherapie gehen noch einen Schritt weiter. Sie glauben, daß durch Unterdrückung starker Gefühle der Körper Krankheiten regelrecht entwickeln kann, daß er vergrabene Gefühle in körperliche Symptome umwandelt.

• **Manchmal fühlen wir uns unfähig zu gehen, seltsame Schmerzen in Füßen und Zehen.**
Eine Frau wachte mitten in der Nacht mit so starken Schmerzen in ihrem großen Zeh auf, daß sie schreien mußte. Untersuchungen ergaben weder Anzeichen für Gicht noch für Arthritis. Sie mußte zwei Wochen das Bett hüten und erst als sie jemandem von einer Situation an ihrem Arbeitsplatz erzählte, in der sie das Gefühl hatte, keinen Fuß auf den Boden bringen zu können, erkannte sie, daß eine Verbindung zwischen dieser Vorstellung und ihrer Zehe bestehen müssen, und daraufhin verschwand der Schmerz.

• Wenn Sie dagegen an den bekannten **„Kloß" oder „Frosch" im Hals** denken, wurde vielleicht eine verdrängte oder versteckte Trauer sozusagen heruntergeschluckt und kommt später in Form einer unangenehmen Halsentzündung wieder zum Vorschein.

• **„Es dreht mir den Magen um",** hören wir oft, wenn wir Angst, Schrecken oder Ekel empfinden. Derartige Gefühle können wirklich zu körperlichen Phänomenen und Verdauungsstörungen führen.

• **Unterdrückter Ärger** kann zu körperlichen Reaktionen führen, wenn uns das Blut ins Gesicht steigt. Viele Therapeuten gehen davon aus, daß sich manche Krankheiten aus unterdrücktem, aufgestauten Ärger bilden, darunter auch Allergien und Arthritis.

Gesicht zu wahren, sondern um den anderen Anwesenden die Peinlichkeit zu ersparen.

Dr. Janov sagt, daß „das sich Zusammennehmen" und „das Gesicht wahren" oft verheerende Folgen haben. Trauer, Wut und Verzweiflung finden kein Ventil, so bilden sie einen festen Knoten im Inneren, aus dem sogar ein Tumor werden kann.

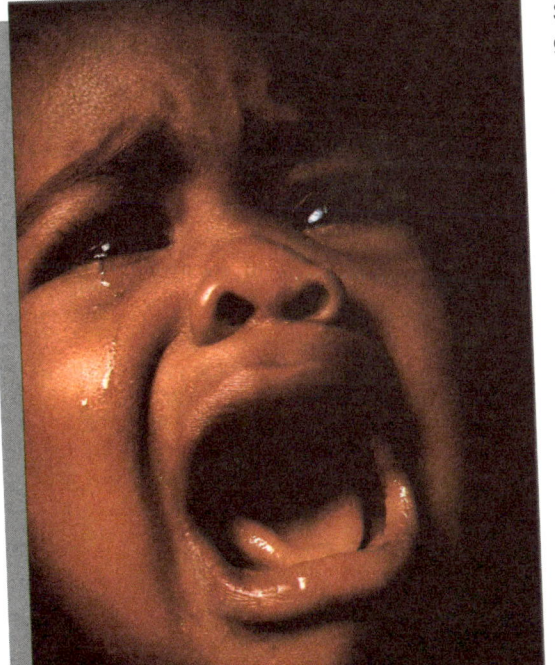

Alles herauslassen

Bei der Urschreitherapie werden die Patienten ermutigt, ihr Trauma zu entfesseln, soweit wie möglich in ihre Kindheit zurückzugehen und lange unterdrückte Emotionen wieder hervorzukehren und zu zeigen. Sie sitzen auf großen weichen Kissen in einem dämmerigen Raum und erzählen von ihrer Kindheit, ohne etwas auszulassen.

Die meisten Patienten schreien während dieser Therapie. Oft ist der Schmerz, der tief im Inneren sitzt, so groß, daß sie Monate brauchen, bis er zum Ausbruch kommt.

Viele Kinder werden dazu erzogen, nicht zu schreien, keine „Heulsusen" zu sein – besonders Jungen. Gerade für solche Menschen bedeutet das Schreien den Wendepunkt in der Therapie. Dr. Janov sagt: „Tränen sind Ausdruck von einem Defizit". Indem wir zugeben, ein solches Defizit zu haben, beginnen wir auch um Hilfe zu bitten, und schon das ist Teil des Heilprozesses. Sie müssen während der Therapie nicht unbedingt schreien, doch wenn der Schrei kommt, sollen Sie ihn nicht unterdrücken.

Vielen Patienten genügt ein einziger Schrei nicht für die angestauten Emotionen vieler Jahre. Sie seufzen und schreien immer wieder, bis sie ganz offen sind. Darin ist ein notwendiger Schritt zur Heilung zu sehen. Dr. Janov sagt, daß mit dem Schrei gleichzeitig der Heilprozeß beginnt, so daß der Schrei der Anfang des Endes der Schmerzen ist.

Jede Therapie kann zur Gewohnheit werden und als Lebensstütze dienen. Die Behandelnden versuchen gerade beim Urschrei, die Therapie nicht länger als nötig auszudehnen. Sie sehen klar Anfang, Mitte und Ende. Der Schrei, wenn er überhaupt herauskommt, ist eine Art Katalysator im Heilprozeß.

Zusammenfassend erklärt Dr. Janov: „Statt zu unterdrücken befreien wir. Statt zu symbolisieren führen wir Symbole auf ihren Platz zurück, statt eine Verteidigung zu konstruieren, decken wir sie auf. Statt eines Systems, das noch nicht ganz verarbeitete Kapitel schließt, regen wir zu einer Öffnung an. Wir finden zurück zur Wärme, mit der wir alle geboren werden. Wir können alle wieder offen, neugierig, aufgeweckt, vertrauensvoll, interessiert und lebhaft wie Kinder werden. Es handelt sich also um allgemein menschliche Qualitäten, die wir wiederfinden sollten."

INFORMATIONEN

Dr. Arthur Janov beschreibt die Therapie in seinem Buch „Der neue Urschrei" (Frankfurt/Main, 1993) ausführlich.

VITAMINE
Zuviel des Guten?

Die sogenannte Megavitamintherapie verspricht bei Einnahme von großen Überdosen bestimmter Vitamine Widerstandskraft gegen Krankheiten und Verlangsamung des Alterungsprozesses.

Unser Körper braucht eine ausgewogene Zufuhr von Vitaminen und Mineralstoffen, um richtig funktionieren zu können. Darauf basierend entstand die Theorie, daß ein Ungleichgewicht das Leben verkürze und alle möglichen Krankheiten von Erkältung bis Krebs auslöse.

Manche Wissenschaftler schlugen vor, dem Körper sehr hohe Dosen von Vitaminen zuzuführen, so daß das Gleichgewicht wiederhergestellt und jede Krankheit beseitigt werde. Gleichzeitig sollte damit Krankheiten vorgebeugt und der Alterungsprozeß verlangsamt werden.

Diese Idee hat natürlich ihre Reize – zumal man allgemein an die positive Wirkung der Vitamine ohne die häßlichen Nebenwirkungen von Drogen glaubt. Außerdem sind sie ohne Rezept frei erhältlich. Kann man sich also einfach selbst aufmöbeln, ohne zum Arzt zu müssen, und aus einem neutralen Zustand heraus „supergesund" werden? Das klingt alles gut, doch unter Medizinern hat dieser Trend zur Überdosierung von Vitaminen Alarm ausgelöst, denn nicht selten kommt es zu Vergiftungserscheinungen.

Verblüffende Resultate

Die Vitamintherapie wurde in den 50er Jahren in den USA entwickelt, als man entdeckte, daß manche Symptome der Schizophrenie denen der Pellagra ähneln (einer Krankheit, die durch starken Mangel an Nikotinamid, einem Bestandteil von Vitamin B_2, ausgelöst wird). Die Behandlung einer Versuchsgruppe an Schizophrenie leidender Menschen mit hohen Dosen dieses Vitamins brachte ungeahnte Verbesserungen. Leider konnten die Versuchsergebnisse später nie bestätigt werden. Dennoch behaupten immer noch viele Anhänger, daß die Vitamintherapie viele psychische Krankheiten heilen kann, und wenden sie auch immer noch an.

Ein begeisterter Anhänger ist auch Dr. Linus Pauling, ein weltbekannter Wissenschaftler und Nobelpreisträger. Er nannte die Behandlung „orthomolekular" von „ortho" (das Beste, das Optimum). Dr. Pauling behauptete auch, daß hohe Dosen von Vitamin C vor der alljährlich im Winter grassie-

VITAMINE

renden Erkältung schützen können. Obwohl die Forschung das nicht wirklich bestätigte, werden nach wie vor Massen des Vitamins zur Vorbeugung verkauft.

Zwar nahm die Amerikanische Psychiatrische Gesellschaft viele ihrer früheren Behauptungen wieder zurück, doch lange wurden Überdosen von Vitaminen als Allheilmittel für viele Probleme gesehen – unter anderem für Alkoholismus, Hyperaktivität bei Kindern und Depressionen. In den 70er und 80er Jahren verstärkte sich der Trend, unterstützt durch die Medien und diverse Fitneßprogramme.

Eine attraktive Idee

Die Vorstellung, sich auf einfache Art von unangenehmen Krankheiten zu befreien, ist natürlich sehr verlockend – vor allem, wenn sie auch noch verspricht, den Alterungsprozeß zu verlangsamen und Energie, Libido sowie allgemeines Wohlbefinden zu steigern. Auch die Idee der Selbsthilfe statt ewiger Wartezeiten beim Arzt für jede Kleinigkeit spricht uns an.

Wie funktioniert die Therapie?

Zunächst darf die normale Vitaminzufuhr nicht mit einer richtigen Therapie verwechselt werden. Die Megavitamintherapie schreibt starke Überdosen vor. Dr. Pauling empfahl beispielsweise als tägliche Vitamin-C-Zufuhr zur Erhaltung der Gesundheit etwa 3 g – etwa fünfzigmal soviel wie als normaler Tagesbedarf geschätzt wird.

Anhänger der Therapiemethode empfehlen auch starke Überdosen von anderen Vitaminen: beispielsweise 50 000 Mikrogramm Vitamin A (das entspricht dem 20- bis 30fachen der sonst empfohlenen Tagesmenge). Dieses Vitamin soll als Radikalenfänger (Entgifter aggressiver Stoffwechselprodukte), zum Beispiel bei Erkältung oder Stoffwechselkrankheiten wie Diabetes, wirken. Überdosen zwischen 50 mg und 7 g pro Tag an Vitamin B_6 wurden gegen das Prämenstruelle Syndrom und unerwünschte Nebenwirkungen der Pille verordnet.

Doch eigentlich sind so starke Dosierungen von Vitaminen nur in sehr speziellen Situationen erforderlich, beispielsweise, wenn der Körper nicht genügend Vitamine absorbieren kann, oder bei Krankheiten, die verhindern, daß Vitamine im Körper so wirken, wie sie sollen. In solchen Fällen wird der Vitaminspiegel genau beobachtet. Alle benötigten Vitamine sollten nur vom Arzt verschrieben werden.

Vitaminpillen und -präparate scheinen auch in Überdosen harmlos, können aber ohne medizinische Anleitung und abgestimmte Ernährung Probleme hervorrufen. Manche Nahrungsbestandteile sind in sehr großen Mengen giftig. Vitamine und Mineralstoffe wirken oft zusammen, deshalb kann eine einseitige Überdosis das Gleichgewicht stören. Wenn man beispielsweise zuviel Vitamin B_6 aufnimmt, kann der ganze B-Komplex in ein Ungleichgewicht gebracht werden.

Entzugserscheinungen

Ein weiteres Problem bei Überdosierung von Vitaminen liegt darin, daß der Körper den Überschuß zerstört und abbaut. Hat er sich einmal darauf eingestellt, macht er auch noch weiter, wenn wieder normale Mengen zugeführt werden. Dadurch kommt es dann zu Mangelerscheinungen. So traten nach Vitamin-C-Kuren beispielsweise Fälle von Skorbut auf. In einem anderen Fall bekamen Babys aus Mangel an Vitamin B_6 Anfälle – ihre Mütter hatten während der Schwangerschaft sehr starke Überdosen davon aufgenommen.

Wahrscheinlich profitieren wir alle in besonderen Situationen von Kurzkuren mit leicht erhöhter Vitaminmenge (aber nicht von solchen Mega-Therapien!). Besonders bei Kindern, alten Menschen, schwangeren und stillenden Frauen kann eine zusätzliche Vitamingabe angebracht sein, ebenso bei Alkoholismus und chronischen Erkrankungen. Auch bei Diätkuren und bei nicht ausgewogener vegetarischer Ernährung können die Vitamine in der Nahrung manchmal nicht ausreichen und müssen künstlich ergänzt werden. Generell gilt, daß eine ausgewogene Ernährung dem Körper alle benötigten Vitamine liefert.

GEFAHREN BEI ÜBERDOSIS

Bei jedem Vitamin ist eine andere Überdosis nötig, um sich regelrecht zu vergiften oder in Gefahr zu bringen. In Klammer sind jeweils die empfohlenen täglichen Durchschnittsmengen für einen Erwachsenen angegeben (Gesamtmenge!). Für Kinder liegt die Menge bei etwa 40-60 %.

Vitamin A (1,7-2,7 mg = 5000-8000 I. E.) Fettlösliches Vitamin, das hochgiftig wird, sobald die von der Leber verkraftete Höchstmenge angelagert ist und überschritten wird. Vergiftungen äußern sich durch Müdigkeit, Verwirrung, Appetitlosigkeit, Gewichtsverlust, gesprungene Lippen, trockene Haut. Schwere Vergiftungserscheinungen sind geschwollene Leber und Gelenkschmerzen. Überdosen in der Schwangerschaft können das Kind schädigen.

Thiamin (Vitamin B_1; 1,5 mg) Dauerhafte Überdosen von mehr als 3 g pro Tag verursachen Kopfschmerzen, Verwirrung, Schlaflosigkeit, erhöhten Puls, Schwäche und Hauterkrankungen.

Riboflavin (Vitamin B_2; 1,6, mg) Dieses Vitamin löst sich nur sehr schwer, so daß es kaum so stark absorbiert werden kann, daß es Vergiftungserscheinungen hervorruft.

Niacin (Vitamin B_2; 13 mg) 3-6 g täglich können die Leberfunktion beeinträchtigen und durch Stoffwechselstörungen den Körper vergiften. Über 200 mg täglich können Hitze, Blutdrucksenkung und Gefäßerweiterungen auslösen.

Vitamin B_6 (2-2,5 mg) Dosierungen von 2-7 g pro Tag können Störungen in den Sensornerven der Fingerspitzen hervorrufen.

Vitamin B_{12} (5-8 µg) Das harmlose Vitamin ruft auch bei starker Überdosierung keine Vergiftungserscheinungen hervor.

Vitamin C (40-60 mg) Bei stark überhöhter Zufuhr über einen längeren Zeitraum kommt es zu Durchfall; Gefahr von Nierensteinen.

Vitamin D (keine Empfehlung für Erwachsene, da wir mit dem Sonnenlicht genügend aufnehmen) Große Überdosen sind giftig. Der Unterschied zwischen einer therapeutischen (10 µg pro Tag) und einer Überdosis (50 mg pro Tag) ist gering, halten Sie sich also immer genau an die Verschreibungen – besonders bei Kindern!

Vitamin E (30 mg) Vitamin E ist weniger riskant als andere fettlösliche Vitamine, doch Überdosen können zu Gallenproblemen führen. Bei gleichzeitiger Einnahme von blutverdünnenden Tabletten kann es zu starken Blutungen kommen.

WASSERGYMNASTIK

Fit im Wasser

Beim Schwimmen kann man sich gut entspannen, trifft Freunde und bringt gleichzeitig in idealer Umgebung die Muskeln in Form.

Ideal sind die Übungen der Wassergymnastik (Aquafit), bei denen jeder mitmachen kann. Viele Schwimmbäder haben seichtere Bassins für die speziellen Übungen oder abgetrennte Bereiche, in denen man vor anderen Schwimmern „sicher" ist.

Am besten üben Sie zweimal pro Woche für eine halbe Stunde. Nach etwa drei Wochen werden Sie sich bereits besser fühlen. Auch einige Pfunde können dabei auf der Strecke bleiben. Die Übungen sind im Wasser nicht so anstrengend wie auf dem Trockenen. Besonders angebracht ist das Wassertraining bei Übergewicht sowie für untrainierte und ältere Menschen.

Fangen Sie ganz locker an und steigern Sie Geschwindigkeit und Krafteinsatz erst allmählich. Sie können die Grundübungen dann etwas schneller oder öfter ausführen oder auch schwieriger gestalten.

Die Übungen sind so angenehm, weil das Gewicht des Körpers im Wasser geringer ist. Deshalb ist diese Form der Gymnastik auch bei schmerzhaften Gelenkerkrankungen zu empfehlen. Die

ÜBUNGEN IM WASSER

Hier sehen Sie einige Übungen zur Stärkung der Muskeln. Versuchen Sie sie zweimal wöchentlich für je eine halbe Stunde durchzuhalten. Sie werden sich bald besser fühlen.

Übung 1: Arme, Bauch und Po
1 Halten Sie sich am Geländer fest. Die Füße dürfen nicht bis zum Boden reichen. Ziehen Sie die Knie möglichst bis zum Kinn hoch.

2 Strecken Sie die Beine wieder nach unten und biegen Sie dabei die Wirbelsäule langsam zum Hohlkreuz. Lassen Sie den Kopf angezogen.

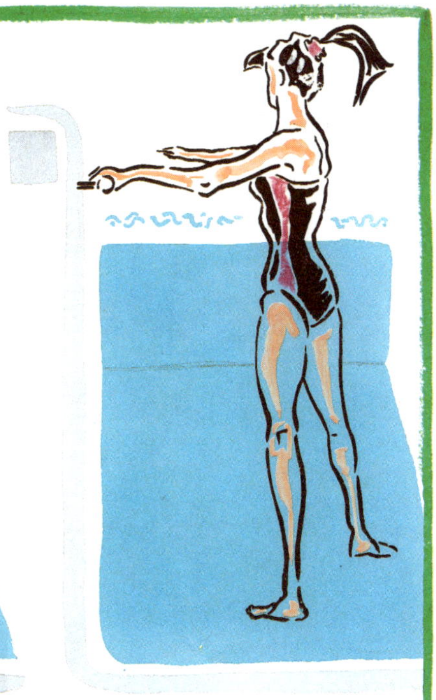

WASSERGYMNASTIK

Übung 2: Arme
1 Stellen Sie sich mit dem Gesicht zum Beckenrand im brusttiefen Wasser auf. Halten Sie sich am Geländer fest.

2 Lösen Sie die linke Hand und drehen Sie den Arm entgegen dem Uhrzeigersinn. Drehen Sie sich so weit, bis die linke Hand hinten das Geländer wieder erreicht hat. Strecken Sie sie möglichst weit von der rechten Hand weg.

3 Lassen Sie mit der rechten Hand los und drehen Sie sich weiter, bis sie wieder auf den Beckenrand schauen. Gehen Sie in Drehbewegungen weiter, bis das Wasser zu tief wird. Jetzt gehen Sie im Uhrzeigersinn zurück.

Übung 3: Schultern
1 Legen Sie sich mit dem Rücken aufs Wasser, die Hände sind am Geländer.

2 Ziehen Sie die Knie langsam bis zum Kinn. Lassen Sie sie dicht geschlossen. Strecken Sie Beine und Körper soweit wie möglich aus, ohne das Geländer loszulassen.

Übung 4: Beine
1 Lassen Sie sich auf dem Rücken treiben, halten Sie sich mit beiden Händen am Geländer fest. Die Knie berühren sich während der ganzen Übung und liegen direkt unter der Wasseroberfläche.

2 Schlagen Sie die Unterschenkel nach hinten, als ob sie ihren Po berühren wollten. Biegen Sie immer abwechselnd ein Bein nach hinten, während das andere gestreckt bleibt. Die Oberschenkel bleiben ganz ruhig. In den Oberschenkeln spüren Sie Ihre Muskeln.

WASSERGYMNASTIK

GUT

+ Entspannen Sie sich! Nervöse Nichtschwimmer, die kein Wasser in den Augen vertragen oder sich um ihre neue Frisur sorgen, können die Übungen nicht richtig genießen.

+ Gehen Sie möglichst in ein Schwimmbad mit Musik. Dort machen die Übungen noch mehr Spaß.

+ Ruhen Sie sich nach der Gymnastik eine halbe Stunde aus, so daß Sie wieder zu Atem kommen.

SCHLECHT

− Üben Sie nicht unter Schmerzen bis zur Zerreißprobe. Sie sollten nichts übertreiben.

− Das Wasser sollte nicht zu kalt sein, sonst haben die Übungen keinen Sinn.

− Bei Krankheiten oder Verletzungen sollten Sie ebenfalls nicht trainieren.

Gelenke werden etwas auseinandergezogen und dabei entlastet. Normalerweise schmerzhafte Übungen sind ohne weiteres auszuführen.

Fitneß und Gleichgewicht
Daneben macht das Wasser die Übungen auch effektiver. Da Wasser tausendmal dichter als Luft ist, erfordert auch die einfachste Bewegung wie das Gehen eine Kraftanstrengung, die Muskeln arbeiten viel härter als an Land.

Auch das Gleichgewicht wird durch die Wasserübungen verbessert. Alle Bewegungen verlaufen langsamer als an Land, so daß Sie mehr Zeit haben, im Gleichgewicht zu bleiben. Tun Sie so, als ob das Wasser nicht da wäre. Trainieren Sie langsam und in anmutigen Bewegungen, nicht abgehackt und aus dem Gleichgewicht.

Wir werden immer gesundheitsbewußter und treiben Ausgleichssport. Schwimmen ist eine der sinnvollsten Sportarten überhaupt. Es kräftigt die Muskulatur des gesamten Körpers, insbesondere aber der Arme, Schultern und Beine.

• Die meisten Übungen sind für seichtes Wasser geeignet, so daß sie auch von Nichtschwimmern durchgeführt werden können.
• Übernehmen Sie sich nicht mit den Übungen. Durch die „Schwerelosigkeit" im Wasser merken Sie nicht gleich, wenn ein Muskel überbeansprucht wird.
• Kombinieren Sie die Wassergymnastik mit Schwimmen, so halten Sie sich rundum fit.

Durch gleichmäßige Schwimmbewegungen verbrennt der Körper zwischen fünf und fünfzehn Kalorien in der Minute.

Schwimmen Sie mindestens zweimal in der Woche jeweils eine halbe Stunde. Fangen Sie langsam mit der Wassergymnastik an und steigern Sie den Schwierigkeitsgrad und die Dauer der einzelnen Übungen erst allmählich.

Schwimmen ist eine der gesündesten Bewegungsarten überhaupt.
Es verbessert die Balance und Koordination und kräftigt den Körper.
(Telegraph Colour Library/Action Images)

YOGA

Perfekte Harmonie

**Das Wort „Yoga" kommt aus dem altindischen Sanskrit und bedeutet „Einheit".
Wie stellt sich die Einheit dar? Welchen gesundheitlichen Nutzen hat Yoga?**

Yoga ist eine Kunst oder Disziplin, die im Osten eine mindestens 5000jährige Tradition hat. Die Übungen sollen die Gesundheit und die geistige Entwicklung fördern, indem Körper und Geist in perfekten Einklang gebracht werden.

Wenn wir auch den Ursprung des Yoga nicht genau bestimmen können, so ist uns doch bekannt, daß der indische Guru Patanjali es um 200 v. Chr. in Regeln faßte.

In Asien kennt man viele verschiedene Formen von Yoga – darunter Raja-Yoga, das negative Emotionen zu überwinden versucht, und Mantra-Yoga, das durch Singen im Klang eine Einheit mit der Welt anstrebt. Alle Unterarten kombinieren Übungen zu einer kompletten Systematik.

Die bei uns beliebteste und verbreitetste Art ist Hatha-Yoga. Hier wird versucht, durch bestimmte Körperhaltungen, Übungen, Atem- und Entspannungstechniken Harmonie zu schaffen.

Wie wird man perfekt?

Obwohl Yoga ursprünglich als geistige Tätigkeit verstanden wurde – als „Weg zur Erkenntnis"–, sehen viele Europäer darin eher eine effektive Art, den Körper zu trainieren. Sie erlangen Fitneß und Kraft, nehmen ab und werden gelenkiger. Gleichzeitig fördert das Üben Selbstdisziplin, Selbstkontrolle und

YOGA

DER LOTOSSITZ

Die ideale Grundhaltung für Atmung und Meditation ist der bekannte Lotossitz (Padmasana). Die Wirbelsäule ist gestreckt, der Körper kann sich gründlich entspannen.

Der Lotossitz wirkt positiv auf die Durchblutung im Bauch- und Beckenbereich sowie auf Wirbelsäule und innere Organe.

Sitzen Sie zunächst mit den Füßen vor sich auf dem Boden. Knicken Sie das rechte Bein ab. Legen Sie den rechten Fuß mit den Händen mit der Fußsohle nach oben auf den linken Oberschenkel. Dann nehmen Sie den linken Fuß, knicken das Bein ab und legen ihn unter das rechte Bein zum halben Lotossitz.

Sobald Ihnen diese Position angenehm ist, können Sie den richtigen Lotossitz probieren, zu dem der zweite Fuß ebenfalls auf den entgegengesetzten Oberschenkel gelegt wird. Halten Sie die Position, solange Sie Ihnen bequem ist.

Am Anfang legen Sie einfach die Hände auf die Knie. Ein erfahrener Lehrer zeigt ihnen Streckübungen (links). Lösen Sie sich wieder, schütteln Sie Arme und Beine sanft. Wiederholen Sie die Übung mit umgekehrt verschränkten Beinen.

Der Lotossitz erfordert schon einige Übung. Wenn Sie ihn zu schwierig finden, setzen Sie sich zum Entspannen einfach im Schneidersitz aufrecht in einen Sessel.

Selbstbewußtsein. Da alle Körperteile lernen, in Harmonie miteinander zu arbeiten, vermitteln die Übungen ein ausgezeichnetes Gleichgewichtsgefühl. Sie können sich entspannen und schmerzende sowie müde Körperteile werden entlastet.

Viele glauben auch, daß regelmäßige Yoga-Übungen Krankheiten vorbeugen. Nur zehn Minuten täglich sollen das Leben verlängern und Energie in alle Körperteile transferieren sowie dem „Einrosten" des Körpers vorbeugen. Neben der allgemeinen Entspannung wird Yoga vorbeugend angewendet gegen:
- Asthma und Bronchitis
- Arthritis
- Krankheiten und Störungen im Verdauungssystem
- schmerzhafte Monatsblutung
- erhöhten Blutdruck
- Migräne
- Kopfschmerzen
- Rückenschmerzen
- Erkrankungen des zentralen Nervensystems wie zum Beispiel Multiple Sklerose.

Die Hatha-Yoga-Übungen enthalten drei Hauptelemente: Atemübungen, Haltungsübungen und Entspannungsübungen.

Pranayama (Atmen)

Die meisten Menschen atmen nur mit einem kleinen Teil der Lungenkapazität, wobei sich der Brustkorb kaum ausdehnt. Doch gerade das tiefe Atmen ist lebenswichtig. Wenn der Atem effektiv kontrolliert und eingesetzt wird, hat seine Energie positiven Einfluß auf Körper und Geist.

Das Yoga kennt Atemtechniken für bestimmte Effekte wie Entspannung, Konzentration oder zum Anregen einzelner Organe. Viele dieser Techniken werden nur bei Fortgeschrittenen unterrichtet, da sie eine sehr gute Kontrolle über den Körper erfordern, weil sie sehr schnelle Änderungen bringen.

Die ersten Vorübungen zur Atemkontrolle kann aber jeder durchführen. Diese werden Ujjayi genannt. Sie atmen dabei tief und langsam mit der gesamten Lunge. Legen Sie sich flach auf den Rücken, die Hände befinden sich auf dem Brustkorb. So können Sie das An- und Abschwellen der Lunge erfühlen. Atmen Sie gleichmäßig tief, nicht schnaufend, durch die Nase ein und aus. Konzentrieren Sie sich auf die Übungen, und achten Sie beim Sitzen vor allem darauf, daß Sie eine korrekte Haltung einnehmen.

„Die Asanas oder Haltungen im Yoga machen den Körper gelenkig. Sie erhalten Muskeln und Gelenke geschmeidig, regen die inneren Organe und den Kreislauf an, ohne zu ermüden. Der Körper wird durch die tiefgehende Entspannung gekühlt. Die Atemübungen verbessern Prana, den elektrischen Strom. Brennstoffe liefern Nahrung, Wasser und die Luft, die wir atmen. Die Meditation beruhigt den Geist, den Motor des Körpers."

Vishnu Devananda

YOGA

SONNENGEBET

Diese Übungsfolge – das sogenannte Sonnengebet oder der Sonnengruß – ist leicht zu erlernen und zeigt, wie Yoga entspannen und kräftigen kann.

Die hier gezeigte Bewegungsabfolge machen Sie zur Auflockerung direkt nach dem Aufstehen oder zur Erfrischung nach einem anstrengenden Arbeitstag. Sie können sich auch andere Abfolgen ausdenken. Beachten Sie aber, daß auf eine Bewegung immer eine Gegenbewegung folgen soll (beispielsweise biegen Sie den Rücken erst nach vorne, dann nach hinten).

Das Sonnengebet ist eine der ältesten Übungen. In Indien führte man es traditionellerweise im Morgengrauen aus. Vor dem Frühstück wirkt es sehr belebend. Wenn Sie nicht im Freien üben können, sollten Sie zumindest das Fenster öffnen.

Die Abfolge sollte geschmeidig fließend ohne Unterbrechungen ausgeführt werden, auch wenn Sie sich am Anfang sehr konzentrieren müssen. Versuchen Sie dabei so gleichmäßig wie möglich zu atmen. Ein- und Ausatmen sollen gleich lang dauern.

1 Stehen Sie aufrecht mit geschlossenen Füßen, die Hände vor der Brust gefaltet. Die Schultern sind locker. Entspannen Sie sich und beginnen Sie einzuatmen.

2 Atmen Sie tief ein, während Sie die Arme über den Kopf nach hinten heben und dabei ein leichtes Hohlkreuz machen. Halten Sie, während Sie bis drei zählen, das Gleichgewicht.

3 Atmen Sie aus, schwenken Sie die Arme nach unten, und zwar soweit, daß die Hände den Boden vor Ihren Füßen berühren. Die Knie sollen dabei gestreckt bleiben, der Kopf hängt locker.

4 Atmen Sie ein, gehen Sie in die Hocke und stützen Sie die Hände neben den Füßen auf dem Boden auf. Aus dieser Hockstellung drücken Sie das rechte Bein nach hinten, wobei das Knie den Boden berührt. Die Hände bleiben am Boden, das linke Knie beugt sich mit der Bewegung. Beugen Sie den Kopf zurück, schauen Sie zwischen Ihren Augenbrauen nach oben und zählen Sie bis drei.

Nach den Atemübungen vor den Haltungsübungen führen Sie ein paar Streck- und Lockerungsbewegungen durch, um die Muskeln aufzuwärmen und Gelenke zu lockern. Das verhindert Zerrungen und Steifheit. Wählen Sie möglichst spezielle Übungen für die einzelnen Körperteile wie Armschwünge, Gelenk- und Dehnübungen.

Asanas (Haltungsübungen)

Viele dieser Übungen sind nach Tieren benannt. Sie lösen Spannungen und machen den Körper beweglich und kräftig. Sie bringen das gesamte Muskelsystem auf Vordermann, helfen entspannen und sogar abnehmen. Bestimmte Haltungen massieren unterschiedliche Körperregionen und können auch die inneren Organe beeinflussen.

Asanas sollten Sie langsam lernen, eine Haltung muß perfekt sitzen, bevor Sie zur nächsten übergehen. Führen Sie sie ruhig und geschmeidig aus. Bleiben Sie in einer Haltung so lange, wie es angenehm ist. Lösen Sie sich langsam wieder, so daß Sie immer Kontrolle über Ihren Körper behalten. Wenn die Position sitzt, achten Sie auch auf die Atmung.

Als generelle Regel atmen Sie ein, wenn Sie eine Haltung einnehmen, und aus, wenn Sie sich wieder lösen. Verlieren Sie sich nicht in Verknotungen. Wenn Sie Schmerz empfinden, machen Sie etwas falsch, oder Sie sind zu schnell vorgegangen. Wenn Sie einzelne Haltungen schwierig finden, versuchen Sie sich noch mehr zu lockern.

Üben Sie auf keinen Fall mit angespannten Muskeln. Falls Sie Schmerzen oder eine zu starke Anspannung fühlen, lösen Sie sich wieder aus der Haltung. Legen Sie sich rücklings auf den Boden und versuchen Sie sich zu entspannen.

Nach jedem Asana folgt eine kleine Ruhepause. Anstrengende Übungen werden mit leichten abgewechselt. Am Anfang können die Gelenke und Glieder schon etwas schmerzen – das ist normal. Lockern und strecken Sie sie dann besonders gut vor der nächsten Übung.

Entspannungsübungen

Im Idealfall endet jede Sitzung mit zehn bis fünfzehn Minuten Entspannung. Zwischen den Positionen liegen ebenfalls jeweils fünf Minuten Ruhe. Dadurch werden Körper und Geist erfrischt, Verspannungen bauen sich wie von selbst ab.

Sie sollten wenigstens zehn Minuten ungestört bleiben können. Legen Sie sich mit dem Kopf auf einem Kissen hin. Wenn Sie an Rückenschmerzen leiden, ziehen Sie die Knie hoch, so daß der Rücken flach auf dem Boden aufliegt. Sie können auch die Unterschenkel auf ein Sofa oder einen Stuhl hochlegen.

Wickeln Sie sich warm ein, damit Sie beim Liegen nicht auskühlen und die Muskeln sich wieder anspannen oder Sie sich erkälten.

YOGA

5 Atmen Sie aus. Ziehen Sie jetzt das linke Bein zurück. Halten Sie die Wirbelsäule gerade. Stützen Sie sich mit den Händen ab. Drei Sekunden halten.

6 Atmen Sie ein und wieder aus, während Kinn, Brust und Knie auf den Boden gelegt werden. Der Po bleibt in der Luft. Wieder drei Sekunden halten.

7 Beim Einatmen legen Sie sich auf den Boden, drücken sich mit den Händen ab und halten den Kopf hoch. Die Schultern bleiben entspannt. Bis drei zählen.

8 Atmen Sie aus, während Sie den Körper zu einem Bogen aufstellen. Ziehen Sie den Bauch ein. Die Fußsohlen bleiben auf dem Boden. Bis drei zählen.

9 Atmen Sie ein und stellen Sie den rechten Fuß vor. Strecken Sie das linke Bein nach hinten, beugen Sie den Kopf zurück (wie in Stellung 4). Zählen Sie bis drei.

10 Ziehen Sie beim Ausatmen das linke Bein nach vorne (bis Sie wieder Stellung 3 erreichen).

11 Wiederholen Sie Schritt 2.

12 Beenden Sie die Übung, indem Sie Schritt 1 wiederholen.

Versuchen Sie in dieser Phase alle alltäglichen Gedanken auszuschalten. Konzentrieren Sie sich auf die Atmung, sie soll gleichmäßig sein. Versuchen Sie sich vorzustellen, wie die Anspannung aus Ihnen herausgleitet.

Yoga zu Hause

Sie können durchaus zu Hause üben. Viele gute Bücher und Videos geben Anleitungen. Am besten besuchen Sie aber zusätzlich einen Kurs.

Der Sinn des Yoga liegt darin, sich in Balance zu bringen und alle Körperteile systematisch und symmetrisch einzusetzen. Wenn Sie keinen Kurs besuchen können, sollten Sie möglichst vor einem Spiegel üben, um eine Kontrolle zu haben.

Versuchen Sie vor dem Frühstück zu üben. Wenn das nicht möglich ist, warten Sie nach dem Essen mindestens drei Stunden (nach einer kleinen Zwischenmahlzeit eine Stunde), bis Sie mit dem Üben beginnen.

Trainieren Sie möglichst jeden Tag, wenn auch nur für zehn oder fünfzehn Minuten. Eine längere Phase ein- bis zweimal die Woche bringt ebenfalls gute Effekte.

Wählen Sie einen ruhigen, warmen, aber gut durchlüfteten Raum ohne Ablenkungen. Der Boden sollte nicht rutschig sein. Eine Matte oder Decke wird für die Sitz- und Liegeübungen benötigt. Dicker Teppichboden erschwert die Gleichgewichtsübungen. Eine angenehme Atmosphäre ist wichtig. Ob Sie nun sanfte Hintergrundmusik und Räucherstäbchen oder ein Üben im Freien vorziehen, bleibt Ihnen überlassen.

Tragen Sie lockere, bequeme Kleidung aus Naturfasern, die die Bewegung nicht behindert. Ein eng anliegendes Trikot macht die Bewegungen besonders gut kontrollierbar. Turnen Sie am besten barfuß oder mit dünnen Gymnastikschuhen, damit Sie nicht ausrutschen können.

Yoga für Anfänger

Yoga eignet sich für jeden – wobei es keine Rolle spielt, wie alt Sie sind, oder ob Sie körperlich durchtrainiert sind.

Im Lauf der Übungen werden Sie feststellen, daß ihre Bewegungen immer lockerer und freier werden.

Anfangs sollten Sie langsam an die Übungen herangehen und nichts übertreiben. Es macht nichts, wenn Sie manche Übungen nicht sofort perfekt beherrschen, führen Sie dann erst einmal Vorübungen durch und erleben Sie wie Sie sich in den verschiedenen Positionen fühlen.

Stellen Sie fest, wo Sie besonders steif und verspannt sind. Mischen Sie immer Übungen, die Ihnen schwerfallen, mit solchen, die Sie besonders gerne machen. Mit der Zeit lernen Sie das Gleichgewicht und die richtige Haltung zu finden.

Yoga-Lehrer

Eine 20seitige Broschüre anerkannter Yoga-Lehrer kann gegen Rückporto bei der Geschäftsstelle des Berufsverbandes deutscher Yogalehrer e. V., Grob-Str. 48, D-97250 Erlabrunn angefordert werden.

© RCS Rizzoli Libri 1994
Genehmigte Sonderausgabe für:
Nebel Verlag, Erlangen/Utting, 1995

Alle Rechte vorbehalten.
Kein Teil des Werkes darf in irgendeiner Form (durch Fotokopie,
Mikrofilm oder ein ähnliches Verfahren) ohne die schriftliche
Genehmigung des Verlages reproduziert oder unter Verwendung
elektronischer Systeme verarbeitet, vervielfältigt oder verbreitet
werden.

Titel der Originalausgabe: A-Z of alternative therapy
Übersetzung aus dem Englischen: Dieter Krumbach
Lektorat: Dieter Krumbach

ISBN 3-89555-068-X

5 4 3 2   96 97 98 99

5/17/42/52-01